U0127534

高等学校计算机专业教材精选·算法与程序设计

# Java项目实战教程

姜　华　刘　闯　主　编

邱秀伟　孙静怡　赵洪强　副主编

清华大学出版社

北京

## 内容简介

本书以培养应用型人才为目标，以项目案例开发为主线，全面而又系统地介绍Java编程技术。全书共分12章，内容包括Java开发基础、Java语法基础、类和对象、继承和多态、接口和常量、集合框架、异常处理、数据库连接、JSP开发基础、JSP实现数据交互、JSP优化处理和JavaEE框架。

本书既可作为高校计算机及其相关专业教材，也可供与计算机相关专业的技术人员使用，尤其适合有一定面向对象编程基础的数据库应用开发、JSP的Web应用开发人员阅读参考。



**图书在版编目(CIP)数据**

Java项目实战教程/姜华，刘闯主编. --北京：清华大学出版社，2012.9
高等学校计算机专业教材精选·算法与程序设计
ISBN 978-7-302-29393-4

Ⅰ. ①J…　Ⅱ. ①姜…　②刘…　Ⅲ. ①JAVA语言－程序设计－高等学校－教材　Ⅳ. ①TP312

中国版本图书馆CIP数据核字(2012)第159737号

**责任编辑**：白立军　顾　冰
**封面设计**：傅瑞学
**责任校对**：时翠兰
**责任印制**：王静怡

**出版发行**：清华大学出版社
**网　　址**：http://www.tup.com.cn，http://www.wqbook.com
**地　　址**：北京清华大学学研大厦A座　　**邮　　编**：100084
**社 总 机**：010-62770175　　**邮　　购**：010-62786544
**投稿与读者服务**：010-62776969，c-service@tup.tsinghua.edu.cn
**质量反馈**：010-62772015，zhiliang@tup.tsinghua.edu.cn
**课件下载**：http://www.tup.com.cn，010-62795954
**印 刷 者**：北京市人民文学印刷厂
**装 订 者**：三河市兴旺装订有限公司
**经　　销**：全国新华书店
**开　　本**：185mm×260mm　　**印　　张**：17.5　　**字　　数**：425千字
**版　　次**：2012年9月第1版　　**印　　次**：2012年9月第1次印刷
**印　　数**：1～3000
**定　　价**：29.50元

产品编号：046910-01

# 前　言

Java 语言作为一种优秀的面向对象的程序设计语言，具有平台无关性、安全机制、高可靠性和内嵌的网络支持等特点，是当前网络应用程序编写的首选工具。

Java 程序设计是一门实践性、专业性、实用性和可操作性很强的课程，要求在掌握基本操作理论和技能的基础上，注重项目开发能力的培养，以项目驱动的案例教学方法效果较佳。但在目前实际的教学中，针对本科生以项目案例开发为主的应用型教材不多，导致学生所用教材和教学目标脱节。因此，编者结合长期的一线教学实践，编写了这样一本面向应用型本科院校计算机及其相关专业，以项目驱动、案例实战为主的 Java 教材。

本书按照应用型人才培养的教学特点，从培养 Java 项目开发能力、注重 Java 项目开发技术的实用出发，以 JavaEE 主流框架整合应用及项目开发为主线，通过 Java Web 开发中最常见的典型模块和项目案例，全面地介绍了 Java 基本设计、Struts 2. x、JSP 等应用技术及 Java 项目开发的过程。在内容安排上，贯穿由浅入深、循序渐进的原则，符合认知规律。

全书共 12 章。第 1～7 章介绍 Java 编程基本知识，包括基本语法结构、面向对象编程的核心内容及 Java 集合框架等；第 8～12 章介绍 JavaEE 平台开发技术，包括数据库的 JDBC API、Servlets、JSP 开发、Struts/Hibernate/Spring 基本原理等。在注重系统性和科学性的同时，力求突出实用性，在介绍相关编程原理和基础知识的同时，着重利用丰富的实例演示。每章均附有一定数量的案例，分成上课案例和练习案例，在技术介绍过程中采用的上课案例，突出相关技术核心内容，帮助读者掌握使用 Java 进行系统分析、设计和实现的基本思路和方法。练习案例是结合对课堂知识的消化吸收，帮助读者完成项目的设计开发，提高编程能力。

本书第 1～3 章由姜华编写，第 4～6 章由邱秀伟编写，第 7 章由孙静怡编写，第 8～12 章由刘闯编写，全书由姜华统稿。

本书在编写过程中得到许多同行、专家及领导的关心和支持，在此表示衷心感谢。

虽然笔者非常认真地编写、校对本书全部内容，但由于时间仓促以及作者水平有限，错误和不足之处在所难免，恳请读者批评指正。

编　者
2012 年 4 月

# 目　录

# 第 1 章　Java 开发基础

**本章要点**

- Java 开发环境
- Java 程序结构
- Java 的注解和文档

Java 编程人员大部分是通过 Oracle 公司的 JDK(Java Developers Kits)学习 Java 的，通过这个免费的 JDK 开发工具包可以开发 Java 程序。随着应用的深入，目前大部分的 Java 项目开发都通过集成化开发环境来实现。

## 1.1　Java 的开发环境简介

### 1.1.1　Java 软件开发工具箱

Java 作为一门高级程序语言，需要经过编译、链接等才能运行。Oracle 公司提供的开发工具包 JDK 可以从 Oracle 的官方网站地址 http://www.oracle.com/technetwork/java/javase/downloads/index.html 免费下载。本书使用 JDK6 来开发程序。下载完工具包如：jdk-6-windows-i586.exe，就可以直接安装。安装完成之后，需要对环境变量做相关配置，这样才能较好地执行 Java 命令。

在 Windows XP 中的环境变量配置如下：

(1) 在 Windows 桌面上右击"我的电脑"然后单击"属性"选项，在"系统属性"对话框中选择"高级"选项卡，然后单击"环境变量"按钮，打开"环境变量"对话框，找到"系统变量"中变量名为 Path 的行，如图 1.1 所示。

(2) 单击"编辑"按钮，将 JDK 中的 bin 目录的安装位置加入到环境变量中。具体做法是，在当前变量值的最后加入";"，然后将安装 bin 的完整路径加入即可，如图 1.2 所示。

### 1.1.2　Java 集成开发环境

当完成基本的 JDK 安装之后就用记事本等文本编辑工具编写 Java 源程序。但是用此类单纯的字符编辑工具编写源程序效率比较低，并且还要通过 JDK 工具进行编译、运行。现在大部分的 Java 开发都是用集成开发环境(开发工具)，常见的有 JBuilder、NetBeans、MyEclipse 等。此类集成开发工具包含了编辑、编译、运行、调试等多种工具。这里主要介绍使用 MyEclipse 来开发 Java 项目。从 MyEclipse 的官方网站 http://www.myeclipseide.com 可以免费下载。安装完成之后就可以进行 Java 项目的开发。在使用该软件开发之前需要对其做简单配置，启动 MyEclipse，依次选择 Window|Preferences|Java|Installed JREs 命令，然后在该窗口的右侧选择 Add 按钮，将之前安装的 JDK 包中的 JRE 添加并选中即可，如图 1.3 所示。

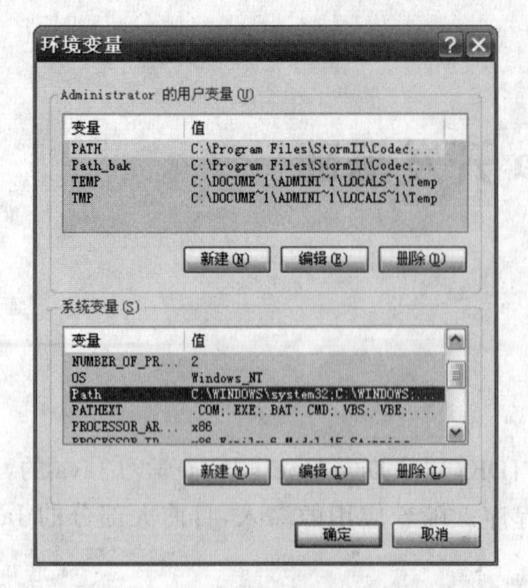


图 1.1 "环境变量"对话框

图 1.2 Path 环境变量配置

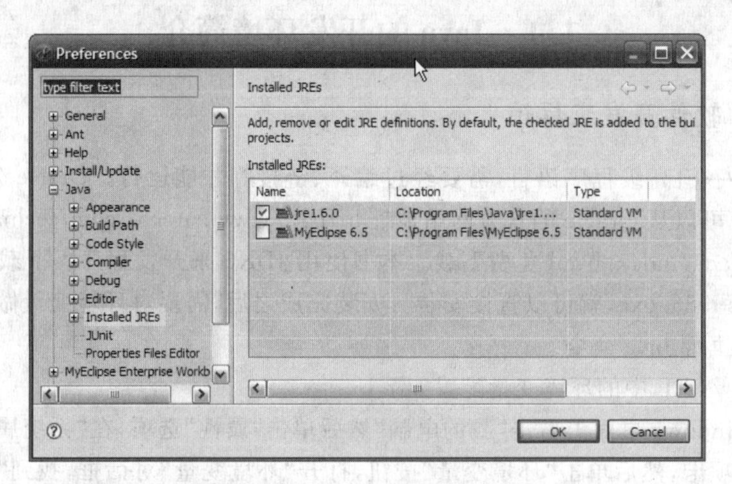


图 1.3 在 MyEclipse 中配置 JRE

在 MyEclipse 中开发 Java 程序需要下面几个步骤。

**1. 创建 Java 项目文件**

选择 File|New|Java Project 然后输入项目文件名称即可,项目文件即完成该项目的一组文件的集合。

**2. 编写 Java 源程序**

在当前窗口中编写源代码,最后保存为.java 文件。

**3. 编译及运行 Java 源程序**

直接单击"运行"按钮,将编译和运行一次完成。

## 1.2 Java 程序结构

Java 程序有基本的框架,一般包含类名、main 框架、基本代码三部分。Java 程序的主文件名必须和类名一致,下面以 HelloJava.java 程序为例说明。

**例 1.1** 简单的Java应用程序。

```
public class HelloJava {
    public static void main(String[] args) {
        System.out.println("Hello world!");
    }
}
```

程序输出结果如图 1.4 所示。

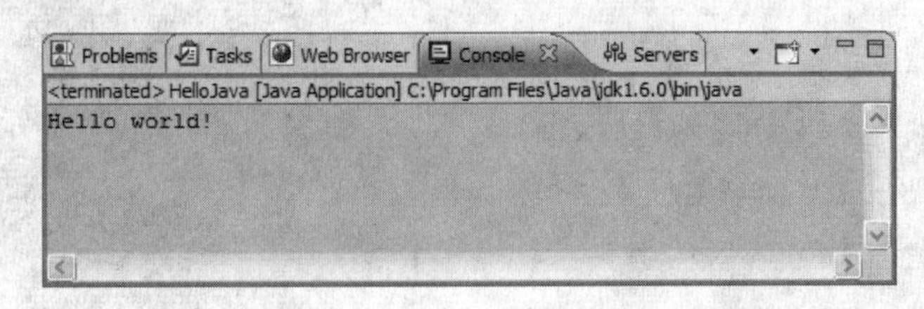


图 1.4 例 1.1 结果示意图

程序说明：

① class 的名称要与 Java 程序的主文件名称相同，否则编译过程会出错。

② 程序中必须有个"入口"，即 main 方法，一个程序最多只能有一个 main 方法，该标记必须是：

```
public static void main(String[] args) {}
```

其中 public 表示这是一个公开使用的函数。传入 main()函数的参数是 String 对象数组。该程序中的 args 没有用到，但是不能省略，args 用来存储"命令行参数"。

③ System. out. println("Hello world!")；为基本代码，System. out 表示标准输出，即显示器。调用标准输出流的 println()方法向显示器输出字符串，该语句的作用是向显示器输出一条语句。

④ Java 语言编程区分大小写，Class 和 class 代表不同含义，只有后者才是声明类的修饰符。

下面介绍编译与运行。

(1) 利用 JDK 开发 Java 程序。

当安装好 JDK 并设置好路径之后即可编译和运行 Java 源程序。首先将当前目录转入 Java 源程序所在目录，然后在命令提示符下输入"javac 文件名. java"，如 javac HelloJava. java，如没有任何回应，表示编译成功。接着输入 java HelloJava，就会看到程序执行结果，如图 1.5 所示。其中，HelloJava. java 是源文件，Javac. java 是 Java 编译器。

(2) 利用 MyEclipse 开发 Java 程序。

安装好 MyEclipse 工具之后就可以来开发 Java 程序。首先创建一个 Java 项目，选择 File|New|Java Project 命令，在弹出的对话框中输入项目名称，单击 Finish 按钮即可完成项目创建。当完成项目创建之后就可以编写 Java 源程序，右击项目文件名选择 New|Class 命令，然后在弹出的对话框中输入类名，可以在下面复选框中选择是否包含 main 函数，如图 1.6 所示。

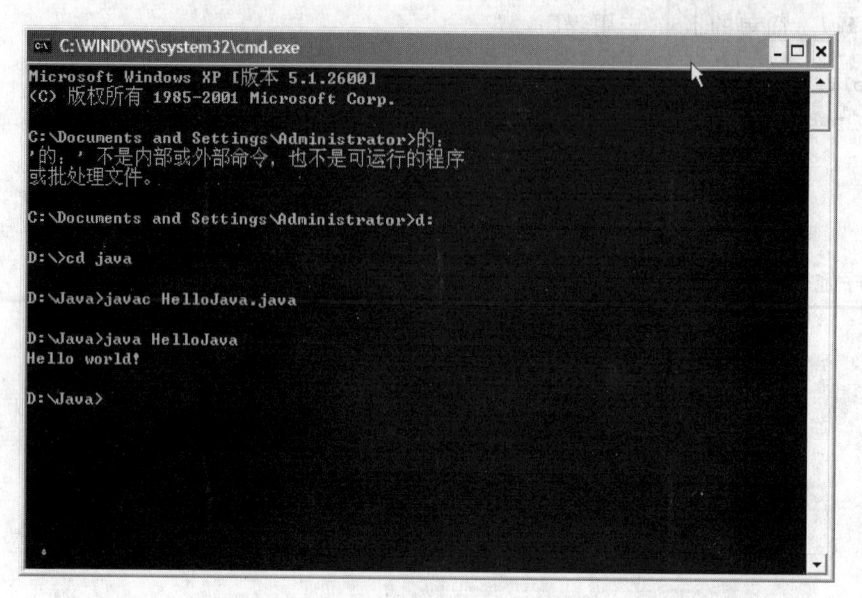


图 1.5　编译和运行 Java 源程序

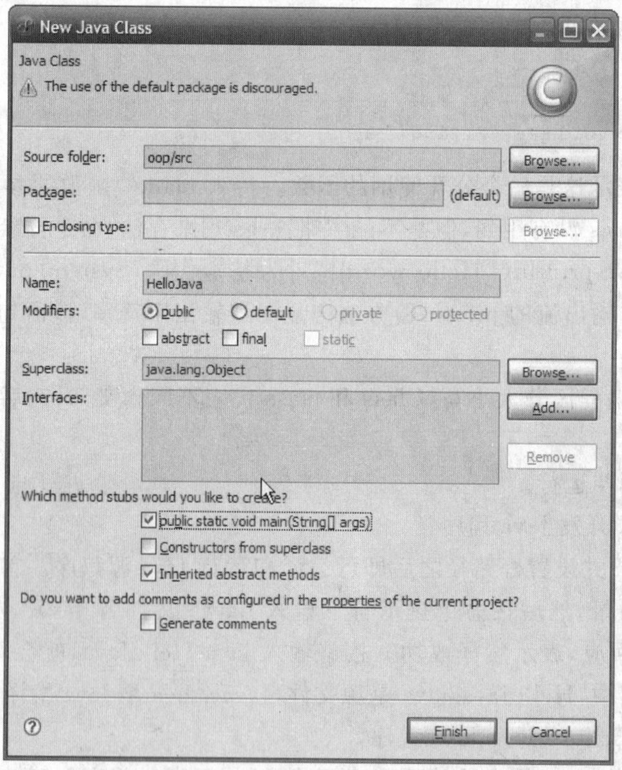

图 1.6　在项目中创建 Java 程序

接下来就可以在窗口中编写程序代码了，代码编写完成之后就可以利用 MyEclipse 的工具来编译和运行，通过选择 Run|Run 命令(或在工具栏直接单击按钮)即可完成编译和运行，如果程序正确则显示结果，否则会有错误信息提示。

## 1.3 Java 注解及内嵌式文档

### 1.3.1 Java 程序注解

为了便于 Java 程序的阅读和维护，需要有对应的注解说明，Java 提供了两种注解方式。一种是传统的注解风格，以/*开始，以*/结尾，之间的部分都认为注解，在编写过程中部分开发者喜欢在注解中以*开头。

```
/*
 * HelloJava.java
 * 我的第一个 Java 程序
 */
```

上述写法也可以用以下方式描述：

```
/* HelloJava.java
我的第一个 Java 程序 */
```

Java 的另一种注解方式为单行注解方式，以//开始，直到该行结束。这种注解方式更为简洁，所以被广泛使用。可以在行与行之间，或代码行的后面对代码做简短注解，例如：

```
//command on one line
```

### 1.3.2 Java 的内嵌式文档

程序在开发完成之后都附加有相应的说明文档。在程序改动时，对应的文档也要维护，单独维护文档工作量很大，Java 提供了一种简洁的文档维护方法，使得在程序修改完成之后相应的文档会自动更新，这种方法就是 Java 内嵌式文档，即将文档写入程序中，需要时即可通过 Javadoc 工具很轻松地将程序代码的内嵌式文档提取出来，生成相应的开发文档，和源程序保持一致。Javadoc 的命令语句以/**开始，以*/结束，有内嵌式 HTML 或文档标签(doc tag)两种方式。文档标签是以@开始的命令行，该符号要处于注解的最前面。文档内容一般有 class、variable、method，其中对 class 的注解要在 class 定义之前，对 variable 的注解恰好在变量定义之前，method 的注解在函数定义之前。

**1. 内嵌的 HTML**

Javadoc 可以将 HTML 的控制命令加到 HTML 文档中，因而可以像其他网页一样使用 HTML 格式对相应的文本描述排列美化。

**2. 文档标签**

文档标签常用的有 Class 文档标签和 Method 文档标签，其中 Class 文档标签有@version，模块的版本信息；@author，开发者的信息；@since，程序代码使用的最早版本。Method 文档使用的标签有@param，方法中的参数；@return，描述返回值的意义；@throws，描述抛出的异常信息。对例 1.1 加上注解后的程序描述如例 1.2 所示。

**例 1.2** 内嵌式文档和注解示例。

```
/**
```

```
 * @author Administrator
 * @version 2.0
 * @since 1.0
 * /
public class hello {
    /**
     *
     * @param args
     *            array of string arguments
     * @return No return value
     * @throws exception
     *             No exceptions thrown
     * /
    public static void main(String[] args) {
        //TODO Auto-generated method stub
        System.out.println("hello java");
    }
}
```

在 MyEclipse 中输入/**后自动显示注解的格式，并且输入@时会在下拉列表中显示 JavaDoc 的所有标签。

### 1.3.3 Java 的编码风格

为了增加程序的可读性，便于日常的开发和维护，Java 有自己的编码规范。

**1. 命名规范**

类名首字母应该大写；属性(成员变量)、方法、对象变量以及所有标识符(如形式参数、实际参数、局部变量)的首字母应小写，其中包含的所有单词都应紧靠在一起，而且大写中间单词的首字母。例如：

- 类名：ThisIsAClassName；
- 属性或方法名：thisIsMethodOrFieldName；
- 对象变量：thisIsAClassVariable。

Java 包(Package)属于一种特殊情况，它们全都是小写字母，包括中间的单词。例如：

```
package hotlava.net.stats
```

**2. 代码书写规范**

对于连接在一起，代码较长的程序，可采用分行显示，第二行一般在第一行的基础上缩进两个空格或一个 Tab。大括号{}在使用时，如果不在一行代码中，左括号{应与右括号}上下对齐，大括号里的首行代码，必须在下一行，并且缩进两个空格或一个 Tab。MyEclipse 提供了规范 Java 编码的方法，即采用按 Ctrl+Shift+F 键的方式实现对当前的程序文档的快速美化。

**例 1.3** MyEclipse 的快速格式化 Java 编码示例。

```
public class HelloJava {
```

```
    public static void main(String[] args) {
        //TODO Auto-generated method stub
        int anString;
        //……
    }
    void changeColor(int newHe) {
        //……
    }
}
```

## 1.4 Java 帮助文档

在 Java 中提供了大量的类库，实现了相应的功能，程序开发人员只需要调用即可。开发人员可以通过查询帮助文档获得方法的详细说明，通过登录 Java 的官方网站：http://docs.oracle.com/javase/6/docs/api/下载或者查看关于 API 的详细信息。

在 MyEclipse 中，也可以通过 Javadoc 窗口中看到方法的详细信息。例如若想查看 println()方法的详细信息，就可以在编辑区单击 println()方法名，在下面的 Javadoc 窗口就会显示详细信息，如图 1.7 所示。

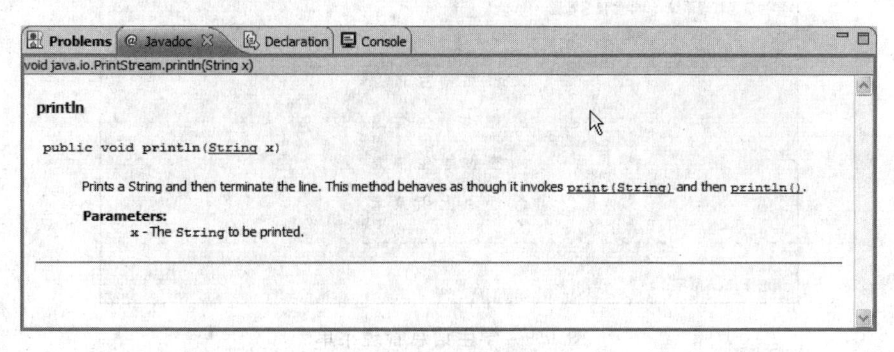


图 1.7 通过 Javadoc 窗口查看 println()方法详细信息

## 1.5 项 目 练 习

### 1.5.1 项目概述

本项目案例实现学生的基本信息管理。该信息管理系统包括：学生基本信息输入、学生信息查询、学生信息维护。要求在完成第 1 章和第 2 章的学习任务后完成系统的开发，其中第 1 章主要完成学生信息管理系统的菜单，第 2 章主要完成各个模块的详细功能。

### 1.5.2 上机任务 1

**1. 训练目标**

(1) 使用 MyEclipse 完成 Java 程序开发。

(2) 熟悉 Java 基本输出语句。

**2. 实验步骤**

(1) 下载并安装 Java 的 JDK 开发工具包,并配置好开发环境,能在 DOS 界面中输出"Hello World Java!"。

(2) 配置 MyEclipse 的开发环境。

(3) 编写系统登录菜单、系统主菜单和学生信息管理菜单,分别如图 1.8 和图 1.9 所示。

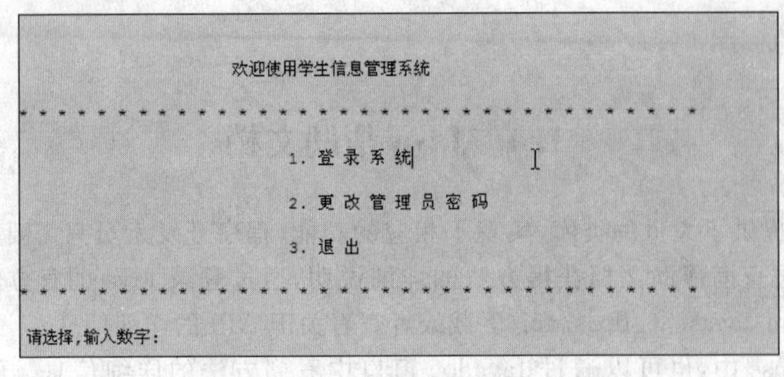


图 1.8 学生信息管理系统登录菜单

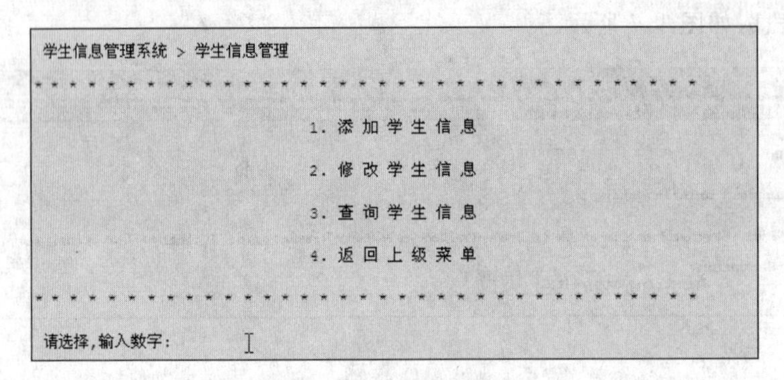


图 1.9 学生信息管理菜单

(4) 可以为每个菜单建立一个 Java 文件,使用"System. out. println();"实现字符的输出。图 1.8 所示的界面可由例 1.4 中代码来完成。

**例 1.4** 设计显示学生信息管理系统登录菜单。

```
package com.stu.management;

public class stu {
        /**
     * @param args
        * /
  public static void main(String[] args) {
        //TODO Auto-generated method stub
    System.out.println("\n\n\t\t\t      欢迎使用学生信息管理系统\n");
        System.out.println ("************************************\n");
        System.out.println("\t\t\t\t 1. 登 录 系 统\n");
```

```
        System.out.println("\t\t\t\t 2. 更 改 管 理 员 密 码\n");
        System.out.println("\t\t\t\t 3. 退 出\n");
        System.out.println ("***************************************\n");
        System.out.print("请选择,输入数字:");
    }
}
```

### 1.5.3 上机任务 2

**1. 训练目标**

掌握Java基本的输出语句。

**2. 需求说明**

在例1.4的基础上对程序进行调整,依次输出图1.8和图1.9所示的界面。

**3. 参考提示**

可以为每个菜单编写一个函数,在主函数中依次调用。

# 第2章　Java 语法基础

**本章要点**

- Java 的运算符
- Java 的基本数据类型
- 字符串和数组
- Java 的流程控制

## 2.1　Java 运算符

### 2.1.1　赋值运算符

赋值运算符将赋值运算符右边的值赋给运算符左边的变量。在赋值表达式的右侧可以是常量、变量,或者表达式,左侧只能是变量,在向对象赋值时一定要注意。

**例 2.1**　关于赋值运算符的示例。

```
public class Number {
    int i;

     /**
      * @param args
      * /
    public static void main(String[] args) {
      //TODO Auto-generated method stub
      Number x1=new Number();
      Number x2=new Number();
      x1.i=1;
      x2.i=2;
      System.out.println("x1.i="+x1.i+" "+"x2.i="+x2.i);
      x1=x2;
      System.out.println("x1.i="+x1.i+" "+"x2.i="+x2.i);
      x1.i=4;
      System.out.println("x1.i="+x1.i+" "+"x2.i="+x2.i);
    }
}
```

程序运行结果如图 2.1 所示。

程序说明:

(1) 在 main 函数中,首先创建两个对象 x1 和 x2,创建对象就是类的实例化过程,包括对象的声明和为对象分配内存两步。实际编程时,这两步可以放在一个语句中,其中 new

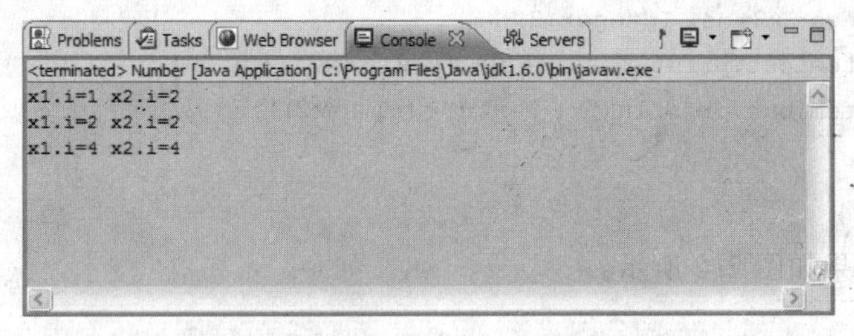


图 2.1　例 2.1 结果示意图

运算符和类的构造方法为声明的对象分配内存。

(2) 在更新 x1 的同时 x2 的内容也发生了变化，主要是 x1 和 x2 含有同一个对象。因此为对象赋值一定要谨慎。

(3) Java 语言是一种强类型语言，即对数据类型匹配要求非常严格。如果出现赋值号左右两端类型不一致等问题，编译器会给出类型不匹配的错误信息。

### 2.1.2　算术运算符

Java 的算术运算符和大多数程序设计语言一样用来完成基本的算术运算，表 2.1 展示了常用的算术运算符。

在算术运算符中还有两个经常用的运算符，就是自加运算符＋＋和自减运算符－－。自加运算符和自减运算符可以放到变量的前面或后面，由于放的位置不同会导致操作的顺序有所不同。

### 2.1.3　关系运算符

关系运算符是比较两个操作数之间的关系，其运算结果为一个逻辑类型的数值。如果运算结果为真，则结果为 true，反之为 false。常用的关系运算符如表 2.2 所示。

**表 2.1　常用算术运算符**

| 运算符 | 说明 |
| --- | --- |
| + | 加法运算符 |
| - | 减法运算符 |
| * | 乘法运算符 |
| / | 除法运算符 |
| % | 取余运算符，整数相除后的余数 |

**表 2.2　常用关系运算符**

| 运算符 | 说明 |
| --- | --- |
| == | 等于 |
| != | 不等于 |
| > | 大于 |
| < | 小于 |
| >= | 大于等于 |
| <= | 小于等于 |

关系运算在对象上使用时要谨慎，见例 2.2 所示。

**例 2.2**　关系运算应用示例。

```
public class Equivalence {
    public static void main(String[] args) {
        //TODO Auto-generated method stub
        Integer x1=new Integer(2);
```

```
        Integer x2=new Integer(2);
        System.out.println("x1==x2="+(x1==x2));
        System.out.println("x1 !=x2="+(x1 !=x2));
    }
}
```

程序运行结果如图 2.2 所示。

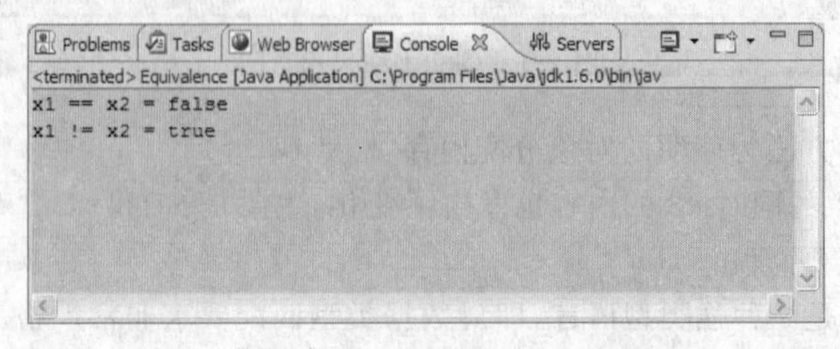


图 2.2　例 2.2 结果示意图

这样的结果主要由于==和!=比较的是引用的对象,而不是对象的内容。如果要比较对象的内容需要使用 equals()函数。

**例 2.3**　利用 equals()函数进行对象内容比较。

```
public class Equivalence {
    public static void main(String[] args) {
        //TODO Auto-generated method stub
        Integer x1=new Integer(2);
        Integer x2=new Integer(2);
        System.out.println(x1.equals(x2));
    }
}
```

该程序的运行结果如图 2.3 所示。

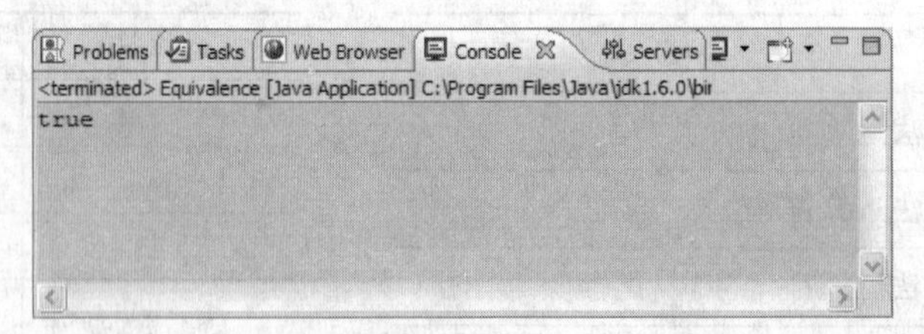


图 2.3　例 2.3 结果示意图

## 2.1.4　特殊运算符

### 1. 字符串加"+"运算符

在字符串连接中,经常用"+"连接不同的字符串。例如对于下面的程序段:

```
int x=1;
    String s="abcd";
        System.out.println(x+s);
```

计算机屏幕的输出结果为1abcd,即程序在编译时会将 x 转换为 String 类型然后进行字符串连接。

**2. 转型运算符**

Java 中能够在适当时候实现数据类型的自动转换,当数据类型不能自动转换时就需要强制类型转换,转换时将目的数据类型放到欲转换数据左边的括号中即可,语法如下。

```
(目标数据类型)原数据
```

例如:

```
i=(int) k;
```

该语句的功能是把变量 k 中的数值强制转换成 int 类型后赋给变量 i。转型的除了可以是变量,还可以是数值、表达式等。

**3. 条件运算符"?:"**

条件运算符也叫三元运算符。表达式如下:

```
boolean-exp?value1:value2
```

如果 boolean-exp 的值为 true,则整个表达式的值为 value1 的值,否则此表达式的值为 value2 的值。例如:

```
int a=1,b=2,max;
max=a>b?a:b;                                  //max 等于 2
```

**4. 实例运算符 instanceof**

实例运算符 instanceof 可以用来测试一个指定对象是否属于指定类(或其子类)的实例,若是返回 true,否则返回 false。

## 2.2 数据类型和变量

### 2.2.1 数据类型

定义数据类型就是确定内存中的一块空间,Java 中基本数据类型所占的空间确定不变,不会随机器硬件的不同而改变,基本数据类型说明见表 2.3。

**表 2.3 Java 基本数据类型**

| 数据类型 | 内容 | 内存空间大小/b | 数据类型 | 内容 | 内存空间大小/b |
| --- | --- | --- | --- | --- | --- |
| boolean | true/false | — | long | 整数 | 64 |
| char | Unicode | 16 | float | 单精度浮点型 | 32 |
| byte | 整数 | 8 | double | 双精度浮点型 | 64 |
| short | 整数 | 16 | void | — | — |
| int | 整数 | 32 | | | |

### 2.2.2 变量

变量是在程序运行中可以发生变化的量。变量要遵循先声明，后使用的原则。声明变量即指明变量的类型和名称，在声明变量的同时也可以初始化。变量名必须是一个合法的标识符。可以使用变量名来引用变量包含的数据，变量的类型决定了可以存放的数据类型以及进行的操作。Java 中的变量命名有基本规则：

(1) 变量中可以包含数字、字母、下划线或 $，但不能以数字开头。

(2) 变量中不能使用 Java 中的关键字，如 int、char、class 等。

(3) 变量区分大小写，一般变量的第一个单词首字母小写，其后单词的首字母大写。

(4) 变量有作用域，作用域由变量声明位置决定。变量在作用域中是唯一的，不同的作用域中才允许存在相同名字的变量。

## 2.3 字 符 串

Java 中没有内置的字符串类型，Java 中的字符串变量用 String 来定义，String 不是一个数据类型，而是 Java API 中定义的一个类，因此字符串变量是 Java 引用类型变量，是一个对象。

### 2.3.1 创建字符串

在使用字符串时，一般要先定义并初始化字符串，然后就可以对字符串进行处理。对字符串的创建可以使用赋值运算符和使用 String 对象完成。

**1. 使用赋值运算符**

可以利用“=”赋值操作完成对字符串的创建和初始化，这个操作和 Java 中的基本数据类型一样，例如：

```
String s1="Hello Java!";
```

**2. 利用 String 对象初始化**

创建 String 类对象需要使用 new 关键字和构造函数。

```
String s1=new String();                    //创建一个空字符串
```

如果创建的同时需要赋值，可以使用下面的方法，例如：

```
String s1=new String("Hello Java!");
```

### 2.3.2 字符串基本操作

**1. 字符串连接**

(1) 使用“+”将两个字符串连接起来。当一个字符串和一个非字符串的值用“+”相连时，非字符串会自动转换成字符串。

(2) 使用 String 类的 concat(String str)方法，将一个字符串连接到另一个字符串的后面。例如：

```
String s1="This is ";
String s2="a program.";
String str=s1.concat(s2);
```

则 str 的值为“This ia a program.”。

**2. 字符串比较**

字符串比较使用很频繁，在 Java 的类库中已经提供了几个专门的字符串比较函数，下面简要说明。

(1) equals(Object obj)。逐个对两个字符串的各个字符比较，完全相同返回 true，否则返回 false，equals()方法在比较时区分大小写。

(2) equalsIgnoreCase(String s)。和指定字符串比较，不区分大写小，相同返回 true，否则返回 false。

例如，在注册用户时一般都要两次输入密码，进行验证，此时可采用 equals()方法，简单代码见例 2.4。

**例 2.4** 用 equals()方法实现密码验证实例。

```
import java.util.Scanner;
public class Stu {
    /**
     * @param args
     * /
    public static void main(String[] args) {
        //TODO Auto-generated method stub
        //从键盘输入密码
        System.out.println("系统注册");
        Scanner input=new Scanner(System.in);
        System.out.println("请输入您的密码: ");
        String psw1=input.next();
        System.out.println("请确认您的密码: ");
        String psw2=input.next();
        //比较两次输入的密码是否一致
        if (psw1.equals(psw2)) {
            System.out.println("恭喜您!输入正确!");
        } else {
            System.out.println("两次密码不一致,请重新输入!");
        }
    }
}
```

程序运行结果分别见图 2.4 和图 2.5。

该程序要求用户从键盘输入两次密码，密码以字符串分别存入 psw1 和 psw2 变量中，利用 equals()方法比较字符串变量 psw1 和 psw2 中内容是否相同。

**3. 字符串常用操作**

字符串常用操作如表 2.4 所示。

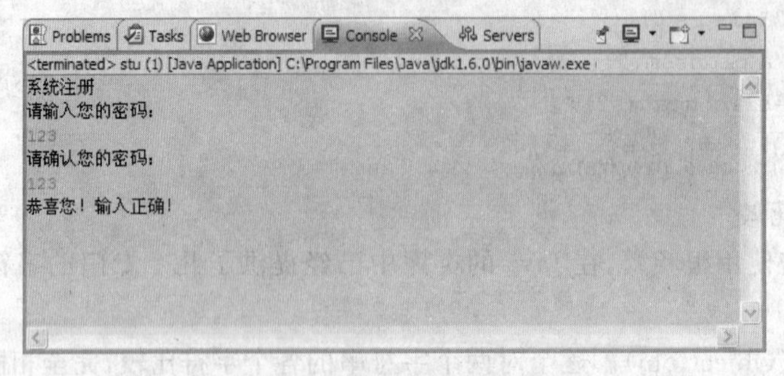


图 2.4　例 2.4 密码输入正确时的界面

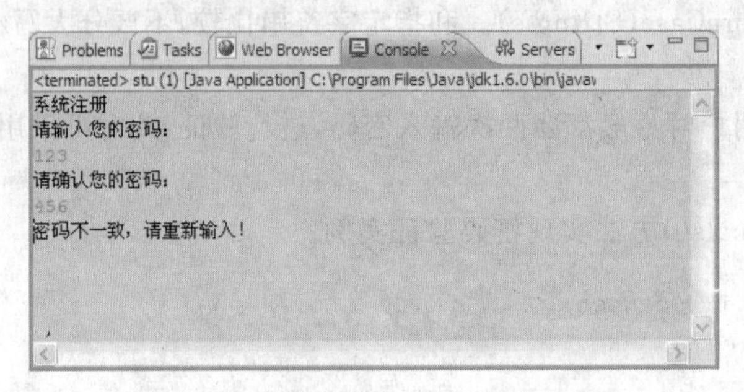


图 2.5　例 2.4 密码输入不正确时的界面

**表 2.4　字符串常用操作**

| 操作方法 | 功能描述 |
| --- | --- |
| concat(String s) | 在当前字符串的尾部添加字符串 s |
| chatAt() | 返回当前字符串中指定位置的字符 |
| indexOf(int index) | 返回被检索的字符在当前字符串中首次出现的位置 |
| indexOf(String s) | |
| lastIndexOf(int index) | 返回被检索的字符在当前字符串中最后一次出现的位置 |
| lastIndexOf(String s)) | |
| replace(char a, char b) | 用字符 b 替换字符串中的所有字符 a |
| substring(int start) | 截取从位置索引开始的子串 |
| substring(int start, int end) | 截取从 start 到 end 之间字符串 |
| toChararry() | 将当前字符串转换成字符数组 |
| trim() | 返回删除前后空字符串的当前字符串的子串 |

在实际使用中经常会用到字符串处理函数，例如在用户注册系统时一般要求提供 E-mail 地址，对提供的电子邮箱首先要进行合法性检测，具体方法见例 2.5。

**例 2.5**　字符串处理函数示例。

```
import java.util.Scanner;
public class Test1 {
```

```
    /**
     * @param args
     * /
    public static void main(String[] args) {
        //TODO Auto-generated method stub
        boolean emailCorrect=false;
        System.out.println("---欢迎注册---");
        Scanner input=new Scanner(System.in);
        System.out.println("请输入你的邮箱：");
        String email=input.next();
        //检查你的邮箱格式
        if (email.indexOf('@') !=-1 && email.indexOf('.') >email.indexOf('@')) {
            emailCorrect=true;
        } else {
            System.out.println("Email 无效。");
        }
        //输出检测结果
        if (emailCorrect) {
            System.out.println("Email 地址符合要求!");
        } else {
            System.out.println("请重新输入 Email!");
        }
    }
}
```

该程序运行结果如图 2.6 和图 2.7 所示。

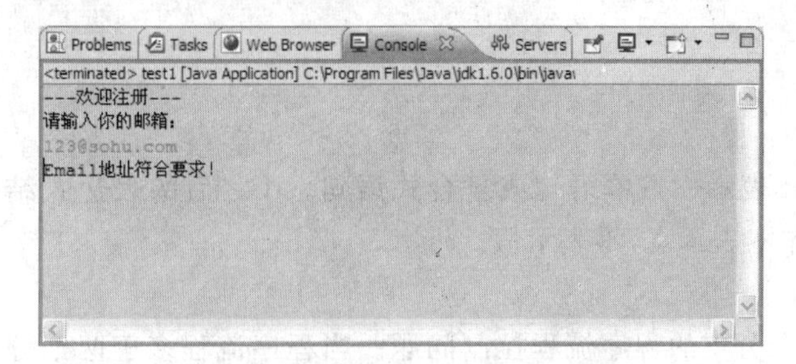


图 2.6　输入邮箱地址符合要求时的界面

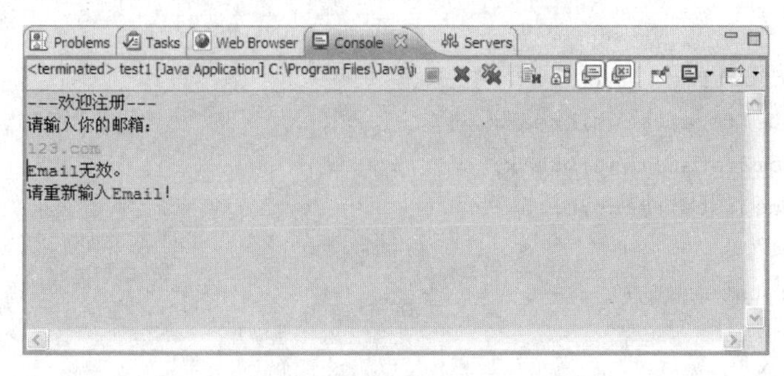


图 2.7　输入邮箱地址不符合要求时的界面

程序中利用字符串操作 indexOf()方法对邮箱包含的特有字符进行了检索。条件 email. indexOf('@') !=-1 && email. indexOf('. ')>email. indexOf('@')用以检查 email 变量中是否存在@符号,并且“.”的位置是否出现在@符号的后面。

## 2.4 流程控制

Java 中的流程控制语句和 C 语言中的流程控制语句基本一致,包括条件选择语句、循环语句和转移语句。其中条件选择语句为 if-else、switch-case;循环语句有 while、do-while、for;转移语句为 break、continue。另外,函数或类的成员函数运行结束后,需要返回原调用处,并可能需要带回函数或成员函数的返回值,这种流程控制用 return 语句实现。

### 2.4.1 条件选择语句

条件选择是指程序按照分支条件控制程序流程的执行。Java 语言有两种条件选择语句: if 语句和 switch 语句。

**1. if-else**

if-else 语句是基本的选择语句,其中的 else 语句可以没有,因此可以用两种形式表述选择结构。

```
if(Boolean-expression)
statement
```

或是:

```
if(Boolean-expression)
    statement
else
    statement
```

其中 statement 表示一条单语句或复合式语句。if 之后的表达式结果必须是 boolean 型的,不允许使用非零表示真,零表示假。

**2. switch 语句**

if 语句解决两个分支的程序流程控制问题。当程序流程多于两个分支时,可选用 Java 提供的多分支流程控制语句 switch 语句。switch 语句能根据表达式的值,选择相应的程序代码执行,形式如下:

```
switch(selector){
    case value1:statement;break;
    case value2:statement;break;
    case value3:statement;break;
    ⋮
    default:statement;
}
```

其中 selector 为表达式,其值为整型或字符型,这个值会和下面的 value 依次比较,如果有匹配的,就执行其后的语句。如果找不到匹配的,则执行 default 内的语句。在执行过程中,如果遇到 break 则跳出 switch 结构,break 是个可选项。利用 switch 可以高效地实现多向选择,可对整型和字符型做选择,要想用其他类型时可利用 if 语句的嵌套来完成。

**例 2.6** 利用 switch 语句实现由比赛名次确定冠军、亚军、季军的示例。

```
import java.io.IOException;

public class Test2 {
    /**
     * @param args
     * /
public static void main(String[] args) throws IOException {
        //TODO Auto-generated method stub
        int c;
        System.out.println("请输入名次: ");
        c= (char) System.in.read();
        switch (c) {
        case '1':
            System.out.println("冠军!");
            break;
        case '2':
            System.out.println("亚军!");
            break;
        case '3':
            System.out.println("季军!");
            break;
        default:
            System.out.println("抱歉,没有上榜或输入错误!");
        }
    }
}
```

分别输入不同字符,则程序运行结果如图 2.8 和图 2.9 所示。

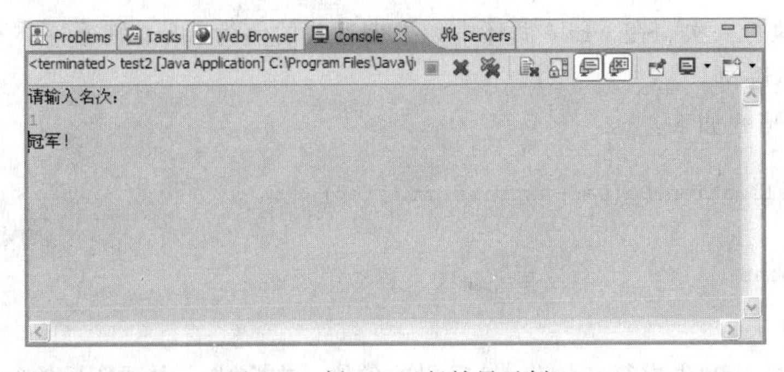


图 2.8 例 2.6 运行结果示例 1

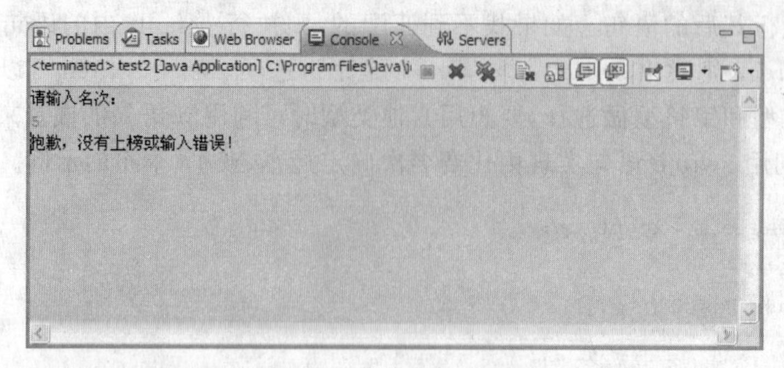


图 2.9　例 2.6 运行结果示例 2

## 2.4.2　循环语句

**1. while 语句**

while 循环的语法格式如下：

```
while(Boolean-expression)
{
    statement
}
```

其中的 Boolean-expression 的运算结果为布尔值，当表达式结果为 true 时，进入循环主体。如果表达式的结果为 false，则不执行 while 循环。

**2. do-while 语句**

do-while 循环的语法格式如下：

```
do
{
    statement
}
while(Boolean-expression);
```

do-while 循环和 while 循环之间的差别在于，do-while 循环不论条件表达式的值如何，主循环体至少执行一次。在 while 循环中如果表达式的值为 false，则循环体不会被执行。

**3. for 循环语句**

for 循环的形式如下：

```
for(initialization;Bolean-expression ;step)
{
    statement
}
```

for 循环在执行时先进行初始化，然后测试条件。在完成一次循环后执行递增表达式来完成累加或递减操作。这几个表达式的值都可以为空。在 for 循环中可以定义多个同型的变量。

```
for(int  i=0,j=10;i<5&&j>2;i++,j--)
{
    for主体
}
```

### 2.4.3 控制语句

在Java中常用的控制语句有break、continue、return和throw。

**1. break和continue**

break语句常和switch语句或循环语句配合使用,用在循环中表示跳出当前循环,继续执行循环体外的语句。特别说明的是break语句只能跳出它当前所在的循环。break语句的语法形式是:

```
break;
```

continue语句主要用于循环语句中,若在循环体中遇到continue语句,则表示终止当次循环,循环体的后续语句被忽略,回到循环起始处继续执行下次循环,即continue语句仅跳过当前层中循环体的剩余语句。continue语句的语法形式为:

```
continue;
```

关于break语句和continue语句的用法见例2.7。

**例2.7** break语句和continue语句使用方法示例。

```
public class BreakAndContinueTest {
    /**
     * @param args
     */
    public static void main(String[] args) {
        //TODO Auto-generated method stub

        for (int i=1; i<50; i++) {
            if (i==20)
                break;
            if (i%3 !=0)
                continue;
            System.out.println(i);
        }
    }
}
```

程序运行结果如图2.10所示。

在此循环中虽然条件表达式i<50,但i值不会超过20,因为break语句在i为20时会跳出循环体。当i不能被3整除时执行continue语句将重新开始新的循环,i会累加1;如果能被3整除,则该值输出。

**2. return**

return语句用于中断程序的运行,将程序的控制权交予调用程序。用途有两个:指明

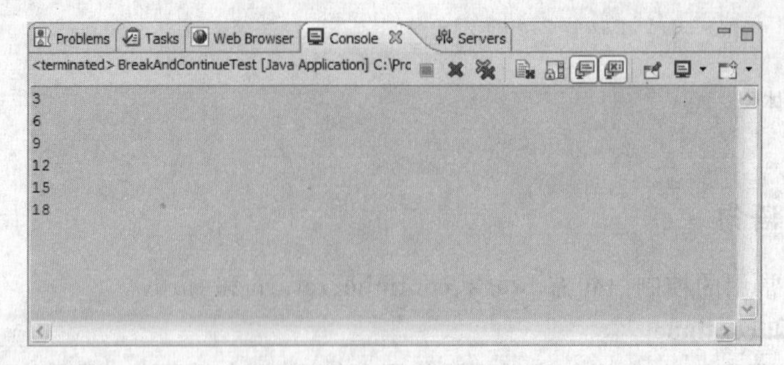


图 2.10 例 2.7 运行结果

某函数即将回传值,并将该函数值立即回传。return 语句有两种形式:一种是返回一个数值,另一种没有返回数值。当 return 语句不带返回值,并且位于函数最后时,return 语句可以省略。return 语句的语法形式如下:

```
return[value];
```

**3. throw**

throw 语句用于例外处理机制,在后续章节将详细介绍。

# 2.5 数　组

## 2.5.1 Java 中的数组

Java 中的数组是一组变量或对象的集合,用于将相同数据存放在一起。数组中的每个元素使用相同的数组名。和变量的使用方法类同,数组也要先定义后使用,不同的是数组在定义后还要经过内存分配单元分配后才能使用。

**1. 数组的定义**

数组变量定义的语法形式如下:

```
类型 数组名 []
```

或者

```
类型 [] 数组名
```

其中类型可以是基本数据类型也可以为引用数据类型。数组名为合法的变量名,在定义时不需要指明数组的长度。方括号[]表示定义的是数组变量。例如:

```
String name [];
```

定义了一个字符串类型的,数组名为 name 的数组。

```
int [] age;
```

定义了一个数据类型为 int,数组名为 age 的数组。

在数组定义后,系统将给数组名分配一个内存单元,用于指示数组在内存中的实际存放位置。由于在数组变量定义时,数组元素本身在内存中的实际存放位置还没有给出,所以,此时该数组名的值为空(null)。如果要使用数组就必须分配相应的存储空间即创建数组。

**2. 创建数组**

Java 中使用关键字 new 来分配存储空间进行数组的创建,其语法形式如下:

```
数组名=new 数据类型 [数组长度]
```

或者

```
数据类型 [] 数组名=new 数据类型 [数组长度]
```

其中,数组名必须是已定义的数组类型变量,数据类型必须和定义数组名时的数据类型一致,数组长度指出当前数组元素的个数,数组的长度确定之后,就不能修改。例如:

```
age=new int[4];
```

该语句具体分配了 4 个 int 类型数组元素的内存单元,并把该内存首地址赋给数组名 age。

另外,数组的定义和数组创建两步可以结合起来。例如:

```
int age[]=new int[4];
```

上述表明定义了一个长度为 4 的整型数组 age,并为之分配了 4 个元素的存储空间。

创建一个数组时,就相应地创建了一个对象,它具有方法和属性。通过 MyEclipse 很方便可以看到数组具有的属性,如图 2.11 所示。

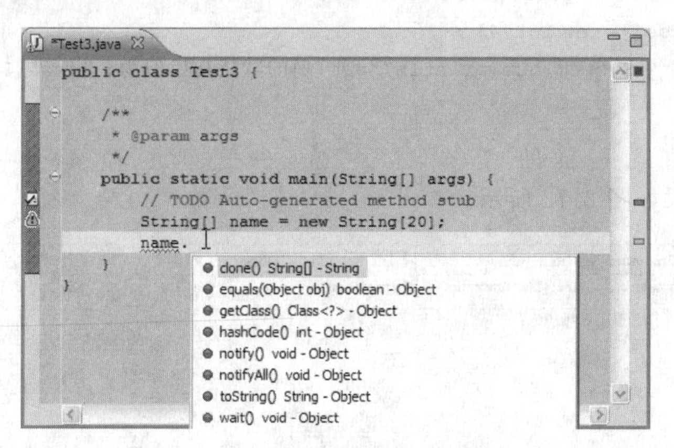


图 2.11 数组对象的方法和属性

从图 2.11 可以看出数组创建完成就有自己的属性和方法,因而就可以使用相应的方法和属性完成相应的操作。

**3. 数组初始化**

数组在建立之后需要对数组元素赋初值,即数组的初始化。数组的初始化有以下几种方法。

(1) 静态初始化。在定义数组的同时就为数组元素分配空间并赋值。此方法适用于元素个数不多,且初始化元素可以穷举的情况。用这种方式初始化数组,不需要预先给出数组的大小,系统会自动按照所给的初值个数算出数组长度,并分配相应的内存空间。例如:

```
String [] name={"rose","jack","tom"};
int [] age={23,20,25,19};
```

数组的长度由大括号{}中包含的数组元素数目决定。

(2) 动态初始化。数组定义与为数组元素分配空间并赋值的操作分开进行。例如：

```
int age [];
age=new int [4];
age[0]=23;
age[1]=20;
age[2]=25;
age[3]=19;
```

(3) 默认初始化。数组是引用类型，它的元素相当于类的成员变量，因此数组一经分配空间，其中的每个元素也被按照成员变量同样的方式被隐式初始化。

**例 2.8** 数组元素的默认初始化。

```
public class ArrayDefault{
    /**
     * @param args
     * /
    public static void main(String[] args) {
        //TODO Auto-generated method stub
        int age[]=new int[4] ;
              System.out.println("age[1]的默认初始值为: "+age[1])
        }
}
```

程序运行结果如图 2.12 所示。

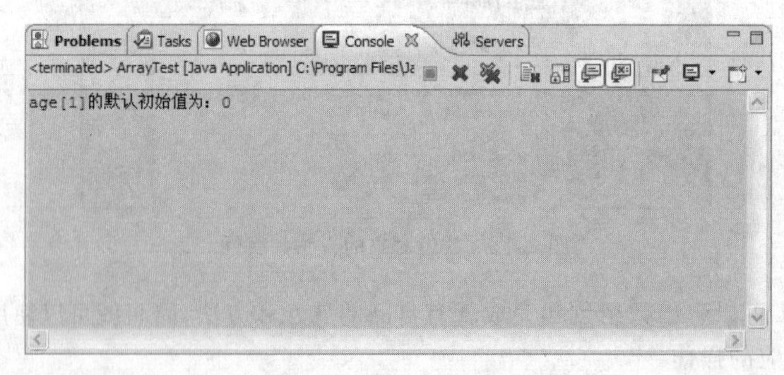


图 2.12 例 2.8 运行结果

因此，基本数据类型的数组元素具有确定的默认值。

## 2.5.2 数组的应用

数组在定义并初始化后就可以使用。数组的使用主要体现在对数组元素的处理上，数组元素用数组名和下标表示。下标的下界为 0，上界为数组的长度减 1。下面通过例 2.9 对数组元素进行排序说明数组的创建和应用。

**例 2.9** 对数组元素进行排序。

```
import java.util.Arrays;

public class ArrayTest {

    /**
     * @param args
     */
    public static void main(String[] args) {
        //TODO Auto-generated method stub
        int[] age={23, 20, 25, 19};
        Arrays.sort(age);
        System.out.println("排序后数组为: ");
        for (int i=0; i<age.length; i++) {
            System.out.print("\t"+age[i]);
        }
    }
}
```

程序运行结果如图 2.13 所示。

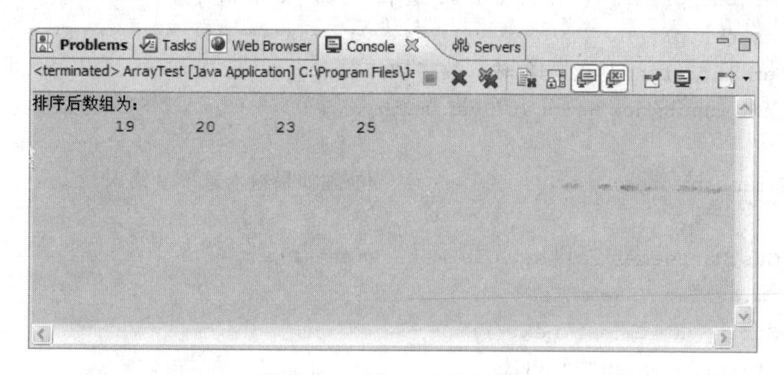


图 2.13 例 2.9 运行结果

程序说明:

(1) 该程序中首先定义并初始化了一个长度为 4 的整型数组 age。

(2) 程序中使用 for 循环语句,从数组的第一个元素到最后一个元素,依次输出。

(3) 应用了数组的 length 属性,用以确定数组的长度。

(4) 使用 sort 方法实现了对数组的快速排序。

需要说明的是,Java 语言只定义了一维数组。如果一维数组的每个数组元素都是一个一维数组,则构成了 Java 语言的二维数组。二维数组的使用也要先定义数组变量,然后为数组分配内存单元,再初始化使用数组元素。

# 2.6 项目练习

## 2.6.1 上机任务1

**1. 训练目标**

(1) 掌握关系运算和逻辑运算规则。

(2) 会使用多重条件结构。

(3) 会使用循环结构。

**2. 需求说明**

在第1章的基础上,能够从键盘输入数字实现不同界面的跳转。

**3. 参考提示**

从键盘输入数字或字符,通过switch()实现不同功能模块和界面之间的跳转。

**例2.10** 上机任务部分代码。

```
System.out.println("学生信息管理系统 >学生信息管理\n");
    System.out.println("*******************************************\n");
    System.out.println("\t\t\t\t 1. 添 加 学 生 信 息\n");
    System.out.println("\t\t\t\t 2. 修 改 学 生 信 息\n");
    System.out.println("\t\t\t\t 3. 查 询 学 生 信 息\n");
    System.out.println("\t\t\t\t 4. 返 回 上 级 菜 单\n");
    System.out.println("*******************************************\n");
    System.out.print("请选择,输入数字:");
    Scanner input=new Scanner(System.in);

    boolean con=true;                    //处理如果输入菜单号错误
    do{
        CustManagement cm=new CustManagement();
        cm.setData(sName, sNo,id);
        String num=input.next();
        if(num.equals("1")){
            cm.add();
            break;
        }else if(num.equals("2")){
            cm.modify();
            break;
        }else if(num.equals("3")){
            cm.search();
            break;

        }else if(num.equals("4")){
            showLoginMenu();
        break;
        }else{
```

```
            System.out.println("输入错误，请重新输入数字：");
            con=false;
        }
    }while(!con);
}
```

### 2.6.2 上机任务 2

**1. 训练目标**

(1) 掌握一元数组及二元数组类对象属性 length 的正确使用。

(2) 掌握字符串类型 String 与其他数值型数据类型的转换。

(3) 进一步掌握程序的基本结构。

**2. 需求说明**

定义系统所需的基本数据，存储学生的基本信息。学生的基本信息有学号、姓名字段，其中学号和姓名都为字符型数据。

**3. 参考提示**

首先创建基本数据类，用于存放学生的基本信息。该数据类中存放 3 个数组成员，分别表示存放数据的 id、学生的姓名和学生的学号，然后定义一个方法实现数组元素的初始化。

**例 2.11** 上机任务 2 部分代码。

```
public class Data {
    /*学生信息*/
    public String[] sName=new String[50];
    public int[] id=new int[50];
    public String[] sNo=new String[50];

  public void dataIn(){
        //数组元素的初始化
        sNo [0]="0001";                //第 1 个学生
        sName[0]="王林";
        id[0]=1;

        sNo [1]="0005";                //第 2 个学生
        sName[1]="赵鹏";
        id[1]=2;

        sNo [2]="0007";                //第 3 个学生
        sName[2]="林平";
        id[2]=3;

        sNo [3]="0015";                //第 4 个学生
        sName[3]="王萍";
        id[3]=4;
    }
```

}

**4. 练习**

(1) 从控制台向数组中添加数据,实现学生信息的添加,效果如图 2.14 所示。

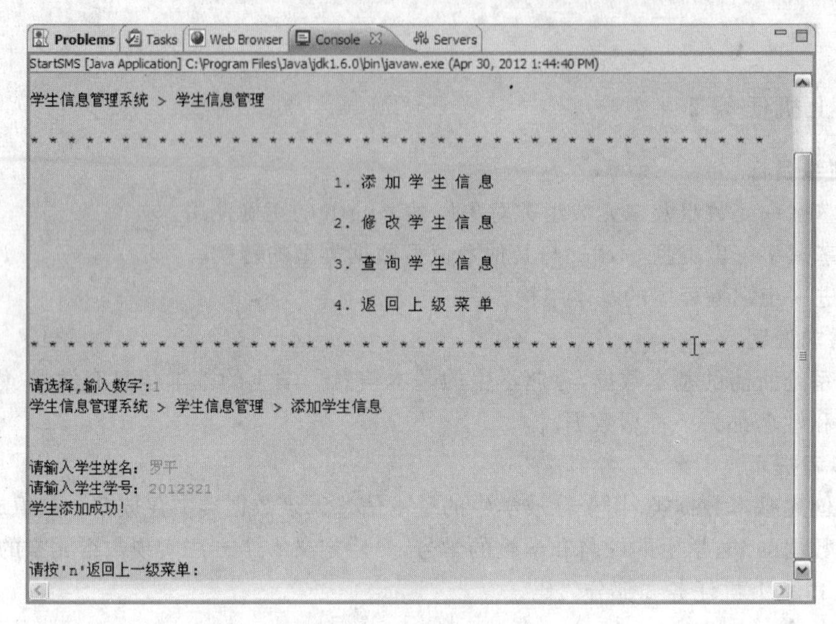


图 2.14　添加学生信息

(2) 添加完成后实现显示数组中所有学生的信息,如图 2.15 所示。

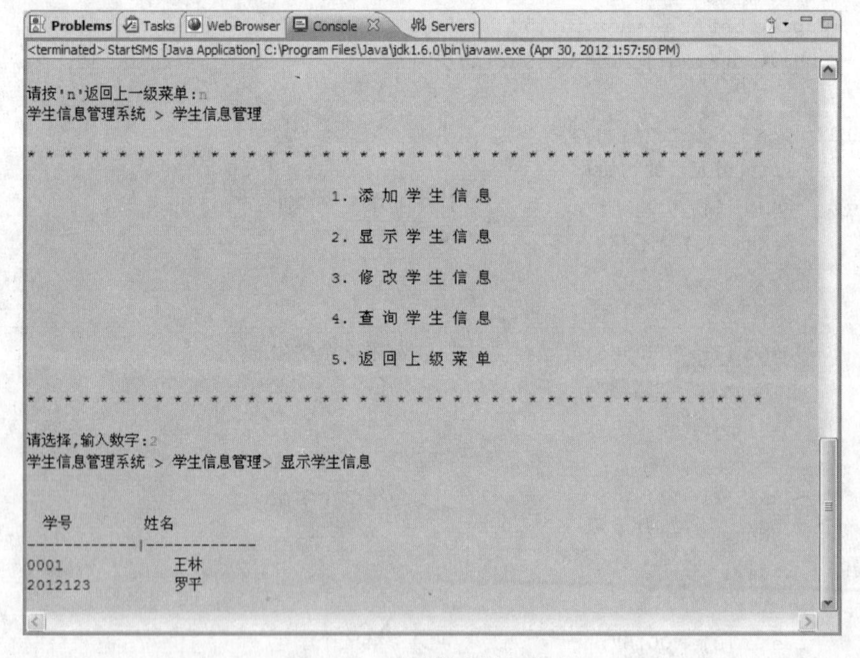


图 2.15　显示所有学生信息

### 2.6.3 上机任务3

**1. 训练目标**

(1) 掌握带参数的方法。

(2) 掌握字符串的比较方法。

(3) 进一步掌握程序的基本结构。

**2. 需求说明**

实现系统的查询功能,能够根据学号查询学生的基本信息,包括学号和姓名。

**3. 参考提示**

首先从控制台输入参数,根据输入数据判断。如果查询则遍历数组元素,输出相应的信息,如果找不到则给提示信息。

**例 2.12** 上机任务 3 部分代码。

```
public void search(){
    System.out.println("学生信息管理系统 >学生信息管理>查询学生信息\n");
    String con="y";
    Scanner input=new Scanner(System.in);
    while(con.equals("y")){
      System.out.print("请输入学号: ");
      String sno=input.nextLine();
      System.out.println("  学号            姓名            ");
      System.out.println("------------|------------");
      boolean is=false;
      for(int i=0; i<id.length; i++){
          if(sNo[i].equals(sno)){
          System.out.println(sNo[i]+"\t\t"+sName[i]+"\t\t");
          is=true;
          break;
          }
      }
      if(!is){
          System.out.println("抱歉,没有你查询的学生信息。");
      }
      System.out.print("\n要继续查询吗(y/n):");
      con=input.next ();
}
```

**4. 练习**

(1) 根据学号信息找到学生并实现信息的修改。

**提示**:首先根据输入的学号查找学生信息,并保存数组下标;然后对找到的学生信息进行修改,并保证是对需要修改的学生信息进行修改,运行结果如图 2.16 所示。

(2) 为学生信息管理的各个二级菜单添加返回上级菜单的功能。

**提示**:接收键盘输入,根据输入的数据实现函数的调用。

```
Problems  Tasks  Web Browser  Console  Servers
StartSMS [Java Application] C:\Program Files\Java\jdk1.6.0\bin\javaw.exe (Apr 30, 2012 2:12:32 PM)
请输入学号：0001
    学号        姓名
------------|------------
王林              0001
* * * * * * * * * * * * * * * * * * * * * * * * * * * * * * * * * * * * * * * *

                              1.修 改 学 生 姓 名.

                              2.修 改 学 生 学 号.

* * * * * * * * * * * * * * * * * * * * * * * * * * * * * * * * * * * * * * * *

请选择，输入数字：1
请输入修改后的姓名：罗平
姓名信息已更改！

请按'n'返回上一级菜单：n
学生信息管理系统 > 学生信息管理

* * * * * * * * * * * * * * * * * * * * * * * * * * * * * * * * * * * * * * * *

                              1. 添 加 学 生 信 息

                              2. 显 示 学 生 信 息

                              3. 修 改 学 生 信 息

                              4. 查 询 学 生 信 息

                              5. 返 回 上 级 菜 单

* * * * * * * * * * * * * * * * * * * * * * * * * * * * * * * * * * * * * * * *

请选择,输入数字：4
学生信息管理系统 > 学生信息管理> 查询学生信息

请输入学号：0001
  学号          姓名
------------|------------
0001            罗平
```

图 2.16　学生信息的修改

(3) 编写管理员登录模块,如图 2.17 所示。

```
Problems  Tasks  Web Browser  Console  Servers
StartSMS [Java Application] C:\Program Files\Java\jdk1.6.0\bin\javaw.exe (Apr 30, 2012 2:12:32 PM)

                              欢迎使用学生信息管理系统

* * * * * * * * * * * * * * * * * * * * * * * * * * * * * * * * * * * * * * * *

                              1. 登 录 系 统

                              2. 更 改 管 理 员 密 码

                              3. 退 出

* * * * * * * * * * * * * * * * * * * * * * * * * * * * * * * * * * * * * * * *

请选择,输入数字：1
请输入用户名：stu
请输入密码：123
```

图 2.17　学生管理系统登录

**提示**：初始化管理员登录的用户名及密码,如不正确则给出提示。正确进入后可以实现密码的修改。

用户名和密码验证参考代码：

```
public boolean verify(String username, String password){
    System.out.print("请输入用户名：");
    Scanner input=new Scanner(System.in);
    String name=input.next();
        System.out.print("请输入密码：");
        input=new Scanner(System.in);
        String psw=input.next();
        if(name.equals(username) && password.equals(psw)){
        return true;
        }else{
        return false;
    }
}
```

(4) 进行统一的调试，实现系统的基本功能。

# 第 3 章　类和对象

**本章要点**

- 类和对象的基本概念
- 对象及类的创建和使用
- 封装

## 3.1　类

在 Java 中，类是基本的构成要素。类是具有相同属性和行为的对象的集合，对象由类创建。在类中表示的对象或实体的特征称类的属性。对象执行的操作称为类的方法。

### 3.1.1　类和对象的区别

简单地说，类是一个抽象的概念，为对象定义了抽象的属性和行为，对象是真实的实体，是类的具体化、实例化。表 3.1 给出了类和对象的示例。

表 3.1　类和对象的示例

| 类 | 对象 |
|---|---|
| 人 | 张三 |
|  | 李四 |
| 水果 | 苹果 |
|  | 香蕉 |
| 蔬菜 | 白菜 |
|  | 萝卜 |

### 3.1.2　类的定义

在 Java 中类一般包括关键字 class、类名、类的属性和类的方法。其中类的关键字 class 用小写格式，类名要符合 Java 编程规范。一般定义一个类有以下几个步骤。

**1. 定义类名**

在 Java 中，类名符合其编程规范即可，框架如下：

```
public class 类名 {
//类的属性
//类的方法
}
```

**2. 编写类的属性**

类的属性即类的数据成员，在类中通过定义成员变量来说明类的属性特征。

**3. 编写类的方法**

类的方法主要实现类的功能。简单地说，方法就是实现特定功能的一段程序代码。下面通过一个例子说明。

**例 3.1**　类的定义示例。

```
public class School {
    //定义 school 的属性
```

```
    String schoolName;//学校的名称
    String schoolLocation;//学校的位置
    int stuNum;//在校生人数
    int collegeNum;//院系数目

    //定义 school 的方法
    public String toString() {
        return schoolName+"坐落于"+schoolLocation+"有"+collegeNum+"所院系"
                +"在校生"+stuNum;
    }
}
```

例 3.1 定义了一个 school 类，具有 schoolName、schoolLocation、stuNum、collegeNum 这 4 个成员变量和一个 toString()方法。该方法能够显示学校的基本信息。toString()方法是 Object 类中定义好的一个方法，可以返回一个字符串，在碰到 println 之类的输出方法时会自动调用，不用显示出来。

在 MyEclipse 中可以很方便地创建一个类。首先需要创建一个基本的项目；然后右击项目名称，在快捷菜单中选择 New|Class，然后在弹出的对话框中输入类名，单击 Finish 按钮完成，如图 3.1 所示。

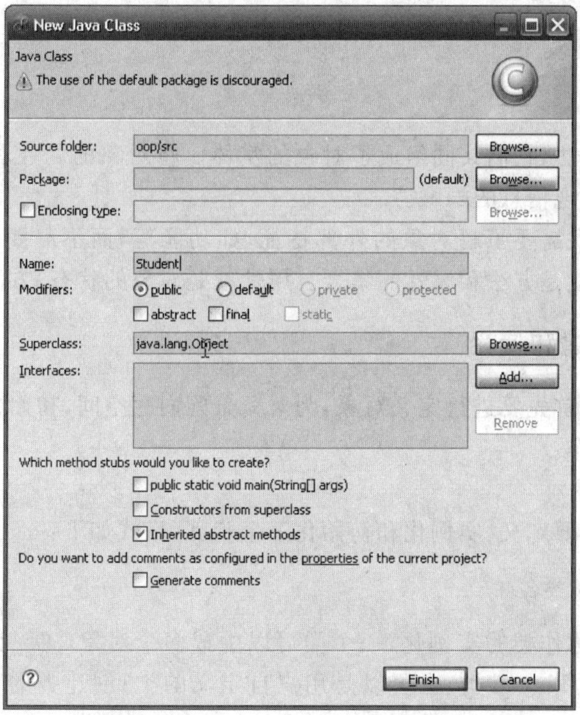

图 3.1　新建类对话框

在对话框中输入相应的类名，完成之后或自动创建一个类的框架，在上述对话框中如果选中 public static void main(String[] args)复选框还可以自动创建一个 main()方法，如图 3.2 所示。

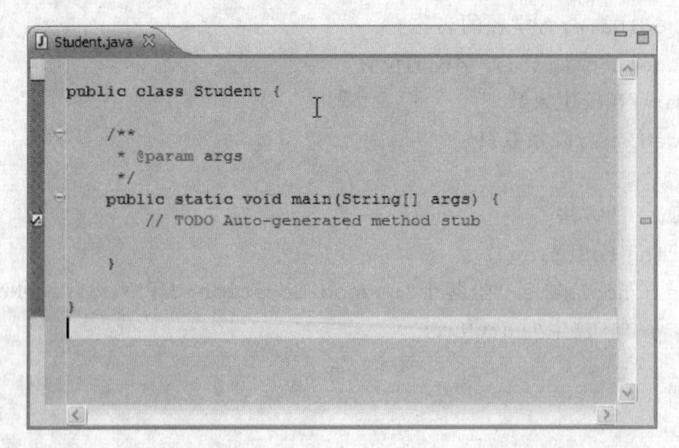

图 3.2　包含 main()方法的类框架

## 3.2　对　　象

面向对象（Object-Oriented,OO)的核心思想就是对象。对象就是现实中的实体，就有某种状态和行为，在 Java 中万事万物都可以作为对象，程序就是对象的组合。

在程序中，对象就是类的实例化，即类中所定义的变量和方法的集合。其中对象的特征，构成了对象属性的集合，对象执行的操作构成了对象的行为。

### 3.2.1　封装

对象有属性和方法，它们共同组成了对象的实体。将对象的属性和方法组合起来称为“封装”。封装可以实现信息的隐藏。

在使用对象时，只需要了解对象的外部特征，如功能等，而不需要关心其实现的细节。在程序设计中，对象就是方法和属性的集合。属性就是对象的状态，方法实现对象的行为。

### 3.2.2　对象的创建和使用

对象在使用之前首先要进行定义对象，为对象分配内存空间，初始化对象的成员变量的操作，即创建对象操作。

**1. 对象的创建**

创建一个对象需要定义、实例化和初始化三个步骤，格式如下：

```
类名　对象名=new 类名();
```

其中，由类生成对象称作类的实例化，一个类可以生成多个对象。类可以是 Java 类库中的系统类，如 String 类、Thread 类，也可以是用户自定义的类；创建类的对象用 new 关键字，它可以创建新的对象并且为对象分配内存空间；new 后面跟着类的构造方法为对象进行初始化。如果一个类没有显式声明任何构造方法，Java 平台自动提供一个没有参数的构造方法，这是一个默认的构造方法。实际上实例化的过程是用 new 调用对象的构造方法，返回一个对象的引用。在例 3.1 中已经定义好了一个 School 类，这时就可以由该类来创造对象。例如：

```
School sd=new School();
```

上述语句调用 School 类的构造方法实例化对象 sd,School()方法在本例中是默认的构造方法。

**2. 对象的使用**

对象的使用包括对象的成员变量和方法的调用,通过运算符“.”可以实现对变量的访问和方法的调用,使用格式如下:

```
对象名.变量;
对象名.方法名();
```

例如,对 sd 对象的变量赋初值,调用 sd 对象的 toString()方法语句如下:

```
sd.schoolName="聊城大学";                    //属性赋值初始化
sd.toString();                               //调用方法
```

下面来编写一个程序测试一下例 3.1 建立的 School 类。

**例 3.2** 对象的定义和使用。

```
public class SdSchool {
    /**
     * @param args
     * /
    public static void main(String[] args) {
        //TODO Auto-generated method stub
        School sd=new School();//建立一个 School 的对象
        //对象初始化
        sd.schoolName="聊城大学";//学校名称
        sd.schoolLocation="山东省聊城市";//学校位置
        sd.collegeNum=28;//院系数目
        sd.stuNum=29000;//在校生人数
        System.out.println(sd);
    }
}
```

程序运行结果如图 3.3 所示。

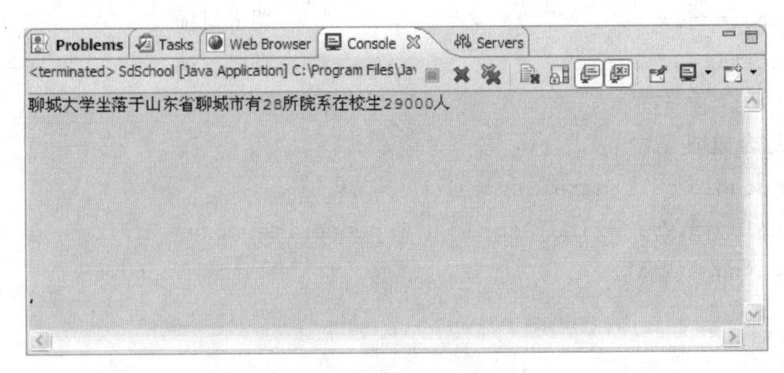


图 3.3 例 3.2 运行结果

## 3.3 类的方法

### 3.3.1 类方法的定义

类的方法实现了类的功能。当创建一个类的对象之后，就可以调用该类的方法实现相应的功能。方法一般必须有返回值类型、方法名和方法体三部分，格式如下：

```
修饰符 返回值类型 方法名(){
//方法体
}
```

其中的修饰符就是规定方法的特征，如访问控制 public、private 等。

**1. 返回值类型**

方法的返回值类型可以是简单变量也可以是对象，如果方法有返回类型就需要用 return 关键字返回值。用法如下：

```
return 表达式;
```

如果没有返回值，就用 void 表示。

**2. 方法名**

方法名要符合 Java 的命名规则，一般和变量的命名相同。方法名后的括号不能少。

**3. 方法体**

方法名后的大括号中的内容就是方法体。简单地说就是一段程序代码，包含变量的定义和执行语句。

### 3.3.2 类方法的调用

方法定义完就可以调用。调用格式和 3.2.2 节中的对象的方法调用一样，即当类的对象要实现相应的操作时就可以调用对象的方法实现。

**例 3.3** 类方法定义和调用示例。

```
//成绩计算的类代码
public class ScoreCal {
    int finalScore;                              //期末成绩
    int peacetimeScore;                          //平时成绩

    //计算综合成绩
    public double calGeneralScore() {
        double general=finalScore * 0.8+peacetimeScore * 0.2;
        return general;
    }

    //显示最后综合成绩
    public void showGeneralScore() {
```

```
        System.out.println("综合成绩是: "+calGeneralScore());
    }
}
//测试类代码
import java.util.Scanner;

public class TestScoreCal {

    /**
     * @param args
     */
    public static void main(String[] args) {
        //TODO Auto-generated method stub
        ScoreCal s=new ScoreCal();
        /*输入期末和平时成绩 */
        Scanner input=new Scanner(System.in);
        System.out.println("输入期末成绩: ");
        s.finalScore=input.nextInt();
        System.out.println("输入平时成绩: ");
        s.peacetimeScore=input.nextInt();
        /*计算并输出综合成绩 */
        s. showGeneralScore();
    }
}
```

程序运行结果如图 3.4 所示。

图 3.4　例 3.3 运行结果

程序说明:

(1) 在成绩计算类 ScoreCal 中定义了一个 calGeneralScore()方法和 showGeneralScore()方法,分别完成总成绩的计算和成绩显示功能。

(2) 在测试类 TestScoreCal 的测试类中调用 ScoreCal 类中的 showGeneralScore(),在使用该方法之前要先创建 ScoreCal 类的对象 s。

(3) 在一个类中允许方法的直接调用,在例 3.3 中 showGeneralScore()方法就调用了该类中的 calGeneralScore()方法。

## 3.4 包

在 Java 程序设计中经常需要调用,为了使程序结构清晰需要将源程序放到不同的文件夹中。在编写程序的过程中可能会由于类的命名等发生冲突,Java 为了解决这个问题就提出了"包"的概念。"包"就是区别类名空间的机制,提供了类的组织方法。Java 的类文件就可以存储在不同的包中。这样 Java 中的方法名和变量名就可以使用包含包名、类名来命名,从而减少命名冲突。简单地说 Java 中的包就相当于 Windows 的文件夹。

在 Java 中可以用包来保护类、方法和数据,是一种封装手段,限定了类中的方法和变量的作用域。同时有效地防止了命名的冲突,方便了类文件的使用和管理。

### 3.4.1 包的创建

在 Java 中创建包,只需把 package 命令作为 Java 源文件的第一条语句即可。语法格式如下:

```
package 包名;
```

在一个类文件中只允许有一条包声明语句。package 语句指明了存放 Java 类的命名空间。Java package 的命名习惯全部采用小写字母,通常使用网络组织域名的逆序。例如,域名为 lc.edu.cn,在程序中计划创建一个 simple 的程序库,则 package 的名称为:

```
package cn.edu.lc.simple;
```

在 MyEclipse 中可以方便地创建 Java 中的包。

(1) 在 Java 的项目文件上右击,在弹出的快捷菜单中依次选择 New|Package,然后在对话框中输入计划创建的包名,单击 Finish 按钮即可创建,如图 3.5 所示。

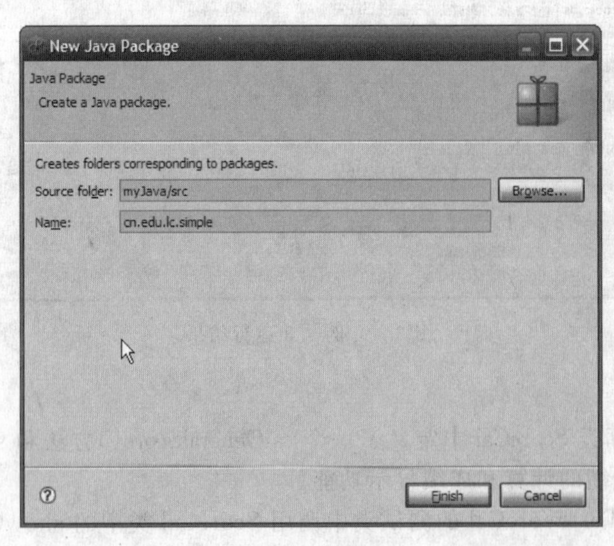


图 3.5 新建包

创建完包之后,就可以在包中创建类。

(2) 右击新建的包,然后在弹出的快捷菜单中选择 New|Class 命令,输入相应的类名,如 School 类,包名会自动添加。在包资源管理器中效果如图 3.6 所示。

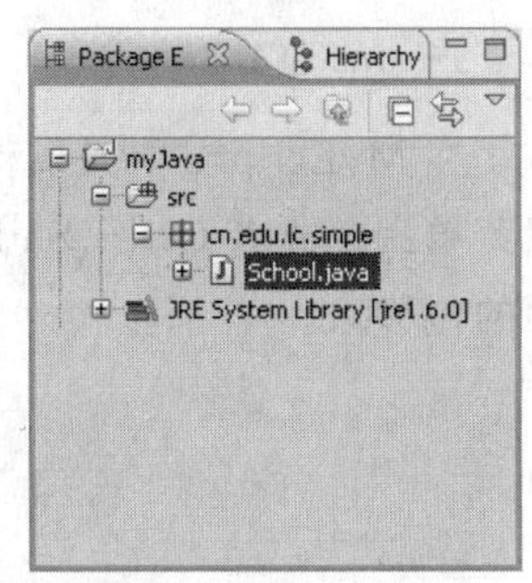

图 3.6　在包中创建类

此时 School 类就在 cn. edu. lc. simple 包中,在类文件中包的声明语句会自动加上。

(3) 在 MyEclipse 中支持在创建类的同时创建包。这时,只需先完成项目创建,然后创建类的同时输入包名即可,如图 3.7 所示。

之前在创建类时,使用的是默认的包,这时容易出现命名空间的冲突问题。因而在创建类时,尽量使用包来分类存放。

在 Java 中创建的包,实际就是一个目录结构。之前建立的包 cn. edu. lc. simple 实际就是文件系统中的 cn\edu\lc\simple。在 MyEclipse 的导航器中能很清楚地看见这个目录结构,如图 3.8 所示。

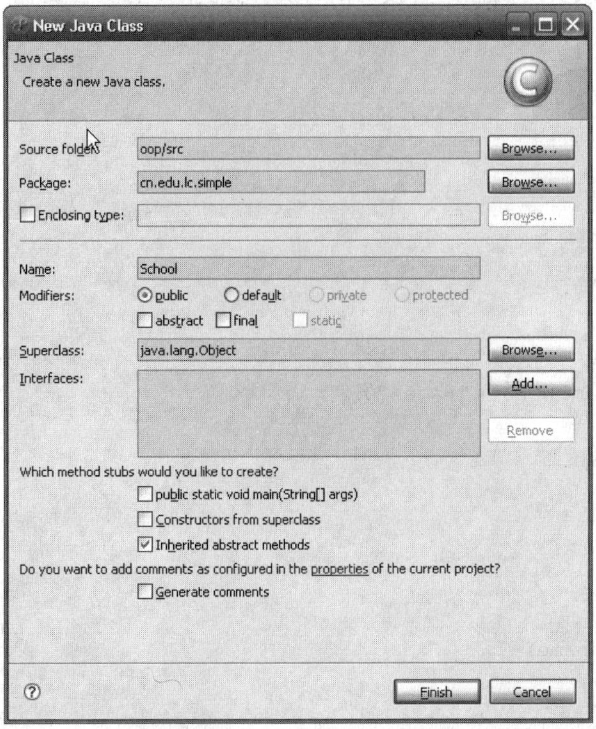

图 3.7　创建类同时创建包

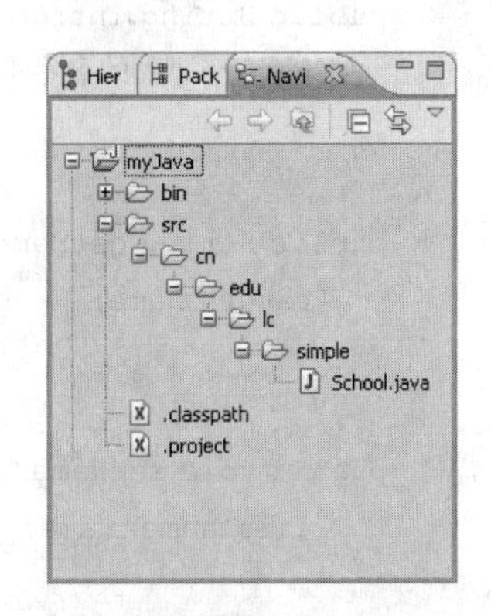

图 3.8　包的目录结构

### 3.4.2　包和类的导入

在 Java 中如果要使用不在同一个包中的类,就需要先将此类或包含此类的包导入。在 Java 中用 import 语句导入包或者类,形式如下:

```
import 包名.类名;
```

import 为 Java 关键字,多个包名和类名间用. 分隔。包可以是系统提供的包,也可以是自己建的。如果用到一个包下的多个类，可以用 * 导入整个包，形式如下：

```
import 包名.*;
```

在 MyEclipse 中如果程序所需要包或者类没有导入，则会提示编译错误。此时可以使用菜单命令或者 Ctrl+Shift+O 键将相应的包或者类添加到程序中，同时也可以将多余不用的包移除。

## 3.5 封 装

封装也称为信息隐藏，是指利用抽象数据类型将数据和基于数据的操作组合在一起，使其构成一个不可分割的独立实体，数据被保护在抽象数据类型的内部，只保留一些对外接口使之与外部发生联系。

用户无须知道其内部方法的实现细节，但可以根据类提供的方法取值和赋值。具体实现就是将类的属性私有化，限制其他成员对属性的直接访问，同时对每个私有属性提供一个公共的赋值和取值方法来访问。

**例 3.4** 类的封装性示例。

```
package cn.edu.lc.simple;

public class Stu {
    private String name;
    private int age;

    public String introduce() {
        return "我的名字是: "+name+",今年"+age+"岁。";
    }

    public String getName() {
        return name;
    }

    public void setName(String name) {
        this.name=name;
    }

    public int getAge() {
        return age;
    }

    public void setAge(int age) {
        this.age=age;
    }
}
```

在例 3.4 中类 Stu 的属性 name 和 age 用关键字 private 修饰后，除了 Stu 类外，其他的类都不能访问。为 name 和 age 增加了一对公共的取值 get()和赋值 set()方法后，就可以使用这对方法的访问属性。

例 3.5 通过调用例 3.4 中的 set()方法实现赋值操作。

**例 3.5** 利用 set()方法对私有属性赋值示例。

```
package cn.edu.lc.simple;

public class StuTest {

    /**
     * @param args
     */
    public static void main(String[] args) {
        //TODO Auto-generated method stub
        Stu st=new Stu();
        st.setAge(20);
        st.setName("王华");
        System.out.println(st.introduce());
    }
}
```

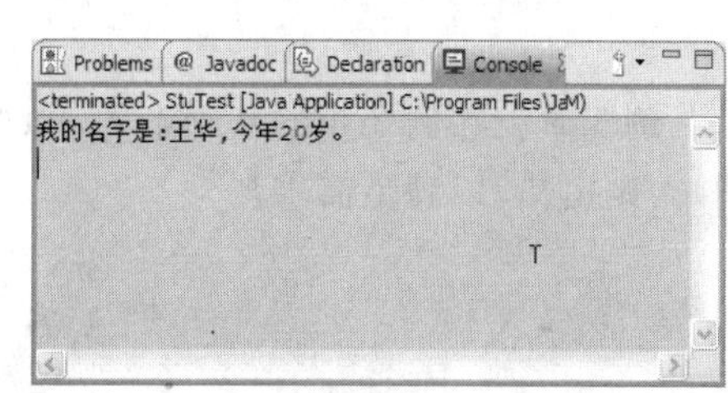


图 3.9 例 3.5 运行结果

程序运行结果如图 3.9 所示。

在 Java 中封装主要是为了实现细节的隐藏，将类的数据和类的方法包装起来。在 Java 中实现封装的方法就是访问权限的控制，指明哪些客户端可用，哪些不可用。常用的方法就是将类的属性私有化，然后提供一个取值和赋值的方法对属性操作。在例 3.4 中对属性的取值和赋值没有限制，在实际使用中，会加上对取值和赋值方法的限制，从而降低类之间的耦合度，实现属性的私有化，提高安全性。例如在例 3.4 的基础上可以重写 setAge()方法，在其中可以加上判断、条件等过程。由于实现了信息的隐藏，因此不会影响其他类的调用。

**例 3.6** 重写对 set()方法示例。

```
package cn.edu.lc.simple;

public class Stu1 {
    private String name;
    private int age;

    public String introduce() {
        return "我的名字是:"+name+",今年"+age+"岁。";
    }

    public String getName() {
        return name;
    }
```

```
    public void setName(String name) {
        this.name=name;
    }

    public int getAge() {
        return age;
    }

    public void setAge(int age) {
        if (age>=0 && age<=200) {
            this.age=age;
        } else {
            System.out.println("出错啦!不符合年龄要求");
        }
    }
}
```

例 3.6 就在例 3.4 的基础上对 setAge()方法加上了限制条件,要求年龄在 0~200 之间,否则出错,以满足需求。

## 3.6 构造方法

在 Java 中任何变量在被使用前都必须先设置初值。Java 提供了为类的成员变量赋初值的专门功能,这就是构造方法。构造方法(constructor)是一种特殊的成员方法。与一般方法不同。

(1) 构造方法的名字必须与定义它的类名相同,没有返回类型,甚至连 void 也没有。

(2) 构造方法的调用是在创建一个对象时使用 new 操作进行的。构造方法的作用是初始化对象。

(3) 每个类可以有零个或多个构造方法。

(4) 不能被 static、final、synchronized、abstract 和 native 修饰。构造方法不能被子类继承。

(5) 构造方法中不能使用 return 返回一个内容。

**例 3.7** 构造方法的使用。

```
package cn.edu.lc.simple;

public class Stu2 {
    private String name;
    private int age;
/*
 * 构造方法,为 name 和 age 赋值
 */
    public Stu2() {
        name="张华";
```

```
        age=21;
    }

    public String getName() {
        return name;
    }

    public void setName(String name) {
        this.name=name;
    }

    public int getAge() {
        return age;
    }

    public void setAge(int age) {
        if (age>=0 && age<=200) {
            this.age=age;
        } else {
            System.out.println("出错啦!不符合年龄要求");
        }
    }
}
```

在例 3.7 中直接使用构造方法实现了为实例变量赋值,就可以不用 set 方法赋值。接下来在测试中用 new 实例化对象时,就调用了构造方法。

**例 3.8** 构造函数进行对象初始化测试用例。

```
package cn.edu.lc.simple;

public class Stu1Test {

    /**
     * @param args
     */
    public static void main(String[] args) {
        //TODO Auto-generated method stub
        Stu1 s=new Stu2();
        System.out.println("该学生姓名: "+s.getName()+",年龄"+s.getAge()+"岁");
    }
}
```

程序运行结果如图 3.10 所示。

在例 3.8 中用 new 实例化对象时,实现了变量的赋值。然而,在实际应用中要求不同的对象有不同的初始值,因此这种赋值方式需要改进,可采用有参数的构造方法,如例 3.9 所示。

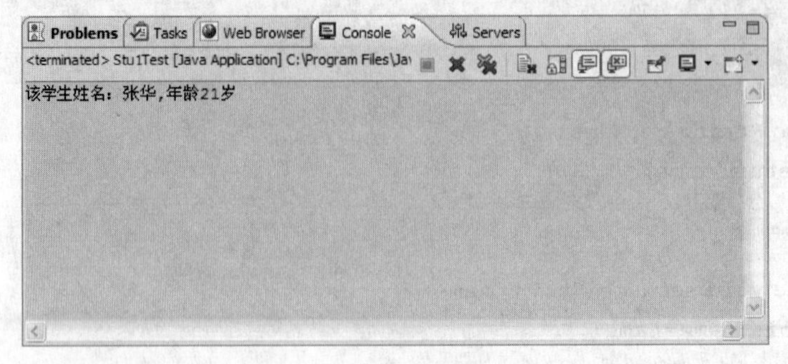


图 3.10　例 3.8 运行结果

**例 3.9**　带参数的构造方法。

```
package cn.edu.lc.simple;

public class Stu3 {
    private String name;
    private int age;

    /*
     * 带参数的构造方法
     */
    public Stu3(String name, int age) {
        this.name=name;
        if (age>=0 && age<=200) {
            this.age=age;
        } else {
            System.out.println("出错啦!不符合年龄要求");
        }
    }

    public String introduce() {
        return "我的名字是:"+name+",今年"+age+"岁。";
    }
}
```

利用带参数的构造方法，在实例化对象时，可以显式的为实例变量赋值。

**例 3.10**　带参数构造方法的对象初始化。

```
package cn.edu.lc.simple;

public class Stu3Test {

    /**
     * @param args
     */
```

```
    public static void main(String[] args) {
        //TODO Auto-generated method stub
        Stu3 s=new Stu3("王华", 20);
        System.out.println(s.introduce());
    }
}
```

## 3.7 项目练习

### 3.7.1 项目概述

本项目案例实现企业日常管理。该管理系统包括：用户信息注册、企业信息发布和企业信息维护。该案例任务将分散到第3～11章。各章的主要内容如下：

第3章：基础类的实现，包括用户类、消息类。

第4章：批复类和回复类的实现。

第5章：创建基本接口。

第6章：创建集合对象，实现信息的保存。

第7章：利用Java的异常处理机制实现异常信息的捕捉和处理。

第8章：通过JDBC访问数据库，实现从数据库中读取数据。

第9章：创建基本的JSP页面，在Tomcat下能正常运行。

第10章：实现企业日常管理系统中用户注册功能。

第11章：优化企业日常管理系统。

### 3.7.2 上机任务1

**1. 训练目标**

(1) 了解类与对象的基本概念。

(2) 掌握类与对象的定义格式及调用方法。

**2. 需求说明**

定义用户类，并为用户类添加私有属性并赋值。编写测试函数，实现用户的基本信息的输出。

**3. 参考提示**

(1) 首先创建一个Java项目，之后创建员工类employee。

(2) 实现属性的私有化，其中员工的属性有员工编号、姓名、性别、年龄、电话、住址、登录密码、级别。

(3) 在类中编写方法，实现员工信息的输出。

(4) 编写测试函数，调用员工了类中的方法，实现员工信息的输出。

主要代码如下：

**例3.11** 企业日常管理类的定义和初始化。

```
public class Employee {
    private int id=001;                     //员工编号
    private String name="彭林";              //员工姓名
```

```
    private boolean sex=false;              //员工性别,false 表示女性
    private int age=28;                     //出生日期
    private String phone="13586948569";     //电话
    private String place="山东省聊城市";     //住址
    private String password="123";          //系统口令
    private boolean isLead=false;           //是否为管理层领导,false 表示不是管理层领导
    private String joinTime="2012-03-21 15:30:25";      //录入时间

    /**
     * 定义方法,实现员工信息的输出
     */
    public void info() {
        System.out.println("*********员工信息***********");
        System.out.println("员工编号: "+id);
        System.out.println("员工姓名: "+name);
        if (sex) {
            System.out.println("员工性别:  男");
        } else {
            System.out.println("员工性别: 女");
        }
        System.out.println("年龄: "+age);
        System.out.println("电话: "+phone);
        System.out.println("住址: "+place);
        System.out.println("登录密码: "+password);
        if (isLead) {
            System.out.println("员工级别:  普通员工");
        } else {
            System.out.println("员工级别: 管理领导");
        }
        System.out.println("录入时间: "+joinTime);
    }
}
```

**4. 练习**

要求自行编写测试类,结果如图 3.11 所示。

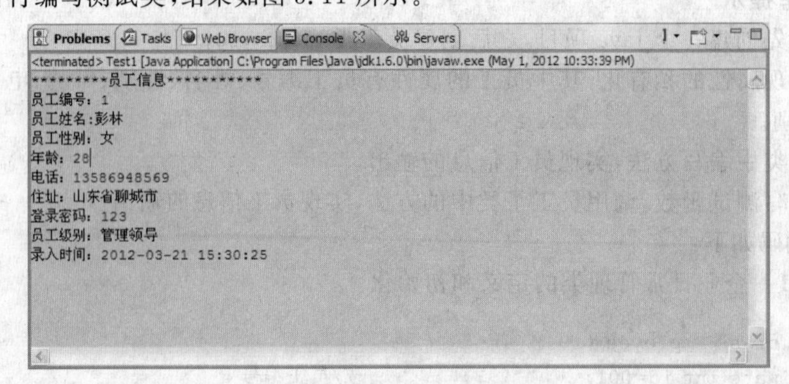


图 3.11　输出员工信息

### 3.7.3 上机任务 2

**1. 训练目标**

(1) 掌握封装的基本实现。

(2) 掌握类方法的调用。

**2. 需求说明**

定义消息类,并为消息类添加私有属性并完成初始化。消息类的属性有消息标题、消息内容、发布人 ID 和发布时间。编写测试函数,输出详细内容。

**3. 参考提示**

参照任务 1 中编写相应的代码。

运行结果如图 3.12 所示。

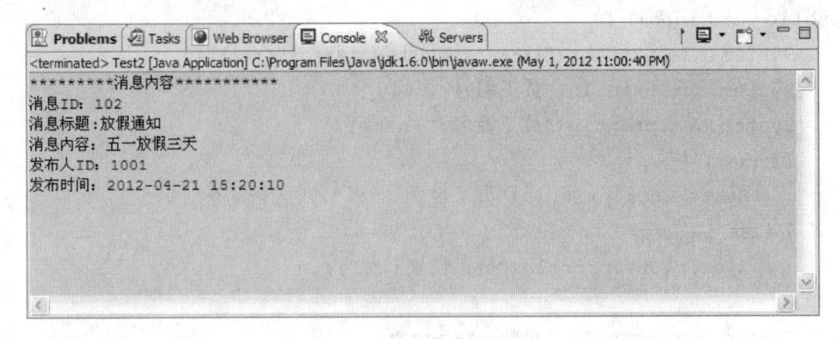


图 3.12　输出消息内容

### 3.7.4 上机任务 3

**1. 训练目标**

(1) 掌握包的创建和导入。

(2) 掌握类封装的实现。

**2. 需求说明**

创建系统的包,将之前编写的代码放入建好的包中,并将类中所需的包导入。为建立的员工类和消息类添加 get 和 set 方法,实现封装对象的赋值和取值。

**3. 参考提示**

(1) 利用 MyEclipse 创建包,存放实体类的包名称为 com. entity,存放测试类的包名为 com. test。

(2) 将之前建立的类文件放入包中,并导入所需的包。

建好的目录结构如图 3.13 所示。

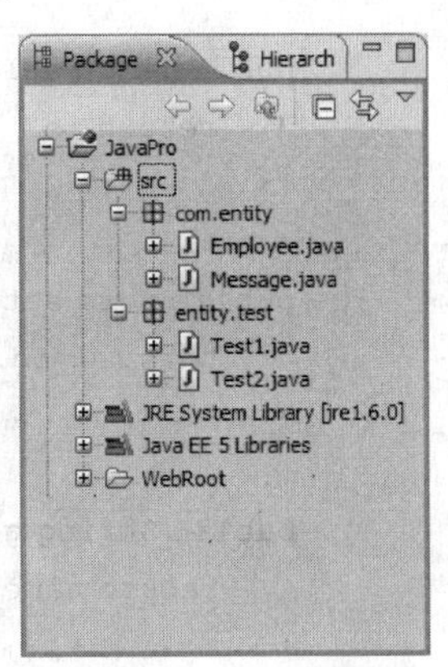


图 3.13　创建包

(3) 为员工类的私有属性添加 get 和 set 方法,并测试函数中调用实现赋值和取值。

**例 3.12**　上机任务 3 主要代码。

```
package com.entity;
public class Employee {
```

```
private int id;
private String name;                        //员工姓名
private boolean sex;                        //员工性别,false 表示女性
private int age;                            //出生日期
private String phone;                       //电话
private String place;                       //住址
private String password;                    //系统口令
private boolean isLead;                     //是否为管理层领导,false 表示不是管理层领导
private String joinTime;                    //录入时间

/**
 * 定义方法,实现员工信息的输出
 * /
public void info() {
    System.out.println("*********员工信息***********");
    System.out.println("员工编号: "+id);
    System.out.println("员工姓名:"+name);
    if (sex) {
        System.out.println("员工性别:  男");
    } else {
        System.out.println("员工性别:女");
    }
    System.out.println("年龄: "+age);
    System.out.println("电话: "+phone);
    System.out.println("住址: "+place);
    System.out.println("登录密码: "+password);
    if (isLead) {
        System.out.println("员工级别:  普通员工");
    } else {
        System.out.println("员工级别:管理领导");
    }
    System.out.println("录入时间: "+joinTime);
}

public int getId() {
    return id;
}

public void setId(int id) {
    this.id=id;
}

public String getName() {
    return name;
}
```

```
public void setName(String name) {
    this.name=name;
}

public boolean isSex() {
    return sex;
}

public void setSex(boolean sex) {
    this.sex=sex;
}

public int getAge() {
    return age;
}

public void setAge(int age) {
    this.age=age;
}

public String getPhone() {
    return phone;
}

public void setPhone(String phone) {
    this.phone=phone;
}

public String getPlace() {
    return place;
}

public void setPlace(String place) {
    this.place=place;
}

public String getPassword() {
    return password;
}

public void setPassword(String password) {
    this.password=password;
}

public boolean isLead() {
```

```
        return isLead;
    }

    public void setLead(boolean isLead) {
        this.isLead=isLead;
    }

    public String getJoinTime() {
        return joinTime;
    }

    public void setJoinTime(String joinTime) {
        this.joinTime=joinTime;
    }
}
```

测试函数主要代码如下：

```
package entity.test;

import com.entity.Employee;

public class Test1 {

    /**
     * @param args
     * /
    public static void main(String[] args) {
        //TODO Auto-generated method stub
        Employee employee=new Employee();
        employee.setAge(28);
        employee.setId(1);
        employee.setJoinTime("2012-03-21 15:30:25");
        employee.setLead(false);
        employee.setName("彭林");
        employee.setPassword("123");
        employee.setPhone("13586948569");
        employee.setPlace("山东省聊城市");
        employee.setSex(false);
        employee.info();
    }
}
```

**4. 练习**

为消息类添加 get 和 set 方法，并编写相应的测试函数。提示：利用 MyEclipse 的工具快速添加 get 和 set 方法。

### 3.7.5 上机任务 4

**1. 训练目标**

(1) 掌握类的无参构造方法。

(2) 掌握类的有参构造方法。

**2. 需求说明**

为员工类和消息类分别添加无参和有参构造方法,实现对象的初始化。

**3. 参考提示**

(1) 为员工类编写无参构造方法,实现初始化,在测试类中调用员工类的 info()方法输出员工信息。

(2) 为员工类编写有参构造方法,实现初始化,在测试类中调用员工类的 info()方法输出员工信息。

**例 3.13** 员工类的构造方法练习参考部分代码。

```
package com.entity;

public class Employee {

    private int id=001;                              //员工编号
    private String name="彭林";                      //员工姓名
    private boolean sex=false;                       //员工性别,false 表示女性
    private int age=28;                              //出生日期
    private String phone="13586948569";              //电话
    private String place="山东省聊城市";             //住址
    private String password="123";                   //系统口令
    private boolean isLead=false;                    //是否为管理层领导,false 表示不是管理层领导
    private String joinTime="2012-03-21 15:30:25";   //录入时间

    /**
     * 员工类无参构造方法
     */
    public Employee() {
        int id=0021;
        String name="赵鹏";
        boolean sex=true;
        int age=30;
        String phone="0635-1234567";
        String place="山东省聊城市文化路";
        String password="123456";
        boolean isLead=true;
        String joinTime="2012-04-5 15:30:25";
        System.out.println("无参构造方法");
    }
```

```
    public Employee(int id, String name, boolean sex, int age, String phone,String
    place, String password, boolean isLead, String joinTime) {
        this.age=age;
        this.id=id;
        this.isLead=isLead;
        this.joinTime=joinTime;
        this.name=name;
        this.password=password;
        this.phone=phone;
        this.place=place;
        this.sex=sex;
        System.out.println("有参构造方法");
    }
    /**
     *定义方法,实现员工信息的输出
     */
    public void info() {
        System.out.println("*********员工信息*************");
        System.out.println("员工编号: "+id);
        System.out.println("员工姓名:"+name);
        if (sex) {
            System.out.println("员工性别: 男");
        } else {
            System.out.println("员工性别:女");
        }
        System.out.println("年龄: "+age);
        System.out.println("电话: "+phone);
        System.out.println("住址: "+place);
        System.out.println("登录密码: "+password);
        if (isLead) {
            System.out.println("员工级别: 普通员工");
        } else {
            System.out.println("员工级别:管理领导");
        }
        System.out.println("录入时间: "+joinTime);
    }
...........省略 get()和 set()方法
}
```

测试函数:

```
package entity.test;
import com.entity.Employee;
public class Test1 {

    /**
```

```
 * @param args
 * /
public static void main(String[] args) {
    //TODO Auto-generated method stub
    Employee employee1=new Employee();
    employee1.info();
    Employee employee2=new Employee(1001, "远远", false, 20, "123123","北京颐和
    园", "111111", true, "2010-10-5 10:20:10");
    employee2.info();
}
}
```

程序运行结果如图 3.14 所示。

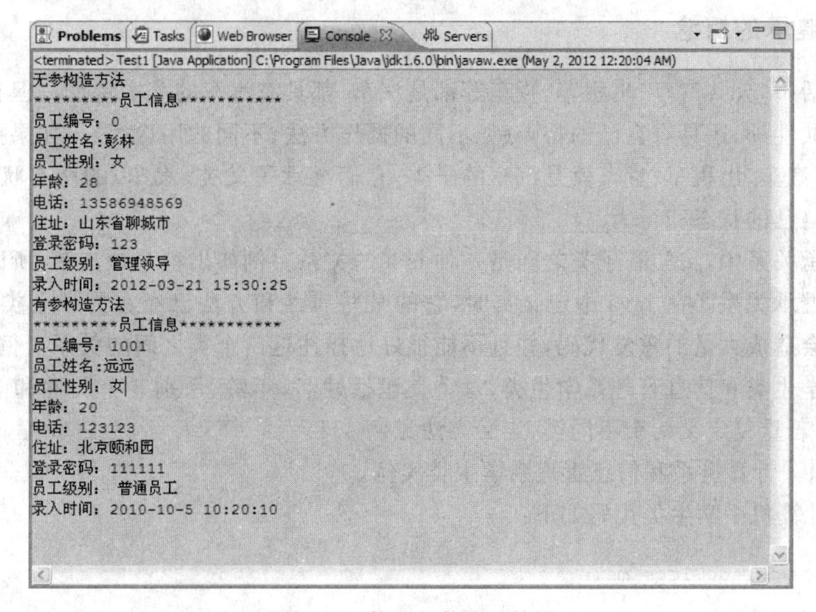


图 3.14　构造函数测试结果

**4. 练习**

给消息类分别添加无参和有参构造方法，并编写测试类测试。

# 第4章 继承和多态

**本章要点**

- 继承和多态的基本概念
- 继承和多态的应用

## 4.1 继　　承

### 4.1.1 继承的概念

在生活中,公共汽车、出租车、货车等都是汽车,都具有汽车的基本特征。但它们除了具有汽车的共性外,还具有自己的特点(如不同的操作方法、不同的用途等)。如果把汽车作为父类,公共汽车、出租车、货车就是汽车的子类,它们继承了父类(汽车)的所有状态和行为,同时增加自己的状态和行为。

在继承关系中,父类和子类之间是一种is-a的关系。例如出租车是汽车,所以出租车和汽车构成继承关系。在Java中定义类时,它的某些属性和方法已经在另一个类中定义了,再次定义会造成大量的重复代码,并且不能很好地描述这两个类之间的关系。例如,要设计计算机系学生类和信息管理系学生类,每个类包括姓名、年龄、系别3个属性和1个自我介绍的方法,若重复定义两个不同类,定义方法见例4.1。

**例4.1** 计算机系和信息管理系学生类实例。

(1) 计算机系学生类代码如下:

```
package cn.edu.lc.simple;

public class ComputerStu {
    private String name;
    private int age;
    private String dept;

    /*
     * 构造方法,对属性赋值
     */
    public ComputerStu(String myName, int myAge, String myDept) {
        name=myName;
        age=myAge;
        dept=myDept;
    }

    /*
```

```
     * 自我介绍的方法
     */
    public void introduce() {
        System.out.println("我的名字是:"+name+",是"+dept+"的学生"+",今年"+age+"岁。");
        System.out.println("毕业授予工学学位。");
    }
}
```

(2) 信息管理系学生类代码如下：

```
package cn.edu.lc.simple;

public class InformationManagementStu {
    private String name;
    private int age;
    private String dept;

    /*
     * 构造方法,对属性赋值
     */
    public InformationManagementStu(String myName, int myAge, String myDept) {
        name=myName;
        age=myAge;
        dept=myDept;
    }

    /*
     * 自我介绍的方法
     */
    public void introduce() {
        System.out.println("我的名字是:"+name+",是"+dept+"的学生"+",今年"+age+"岁。");
        System.out.println("毕业授予管理学学位。");
    }
}
```

上例中 ComputerStu 类和 InformationManagementStu 类存在大量重复代码，并且看不出这两个类的关系。这时，可抽象出一个父类(学生类)，使其有 ComputerStu 类和 InformationManagementStu 类的共有的属性和方法，而子类 ComputerStu 类和 InformationManagementStu 类实现自己特有的属性和方法，这就是继承的思想。

**例 4.2** 抽象父类和子类，子类继承父类实例。

(1) 学生类代码如下：

```
package cn.edu.lc.simple;

public class Student {
    private String name;
```

```
    private int age;
    private String dept;

    /*
     *构造方法,对属性赋值
     */
    public Student(String myName, int myAge, String myDept) {
        name=myName;
        age=myAge;
        dept=myDept;
    }

    /*
     *自我介绍的方法
     */
    public void introduce() {
        System.out.println("我的名字是:"+name+",是"+dept+"的学生"+",今年"+age+"岁。");
    }
}
```

(2) 计算机系学生类代码如下：

```
package cn.edu.lc.simple;

public class ComputerStu1 extends Student {
    public ComputerStu1(String myName, int myAge, String myDept) {
        super(myName, myAge, myDept);
    }

    public void introduce() {
        super.introduce();
        System.out.println("毕业授予工学学位。");
    }
}
```

(3) 信息管理系学生类代码如下：

```
package cn.edu.lc.simple;

public class InformationManagementStu1 extends Student {

    public InformationManagementStu1(String myName, int myAge, String myDept) {
        super(myName, myAge, myDept);
    }

    public void introduce() {
        super.introduce();
```

```
        System.out.println("毕业授予管理学学位。");
    }
}
```

经过例 4.2 的修改，重复的代码统一在父类 Student 中实现了，子类集成了父类的属性和方法，提高了程序的效率。在子类的构造方法中，如果调用父类构造方法，此调用语句需要作为该子类构造方法的首条语句，通过调用可以完成对属性的初始化。

### 4.1.2 继承的实现

Java 中通过关键字 extends 表示一个类继承了另一个类。extends 后面的是父类，新定义的是子类。例如：

```
public class ComputerStu1 extends Student{}
```

其中，Student 是父类，ComputerStu1 是子类。

若 Java 中没有使用 extends 关键字，则该类直接继承了 Object 类。这主要是因为在 Java 中 java.long.Object 类是所有类的祖先。例如：

```
public class Student{
}
```

Student 类的直接父类就是 Object 类，Student 类继承了 Object 类的所有方法和属性。

需要注意的是，Java 仅支持单继承，即 extends 后面只能有一个父类。子类继承父类时，只继承父类中访问权限为 public、protected 和默认权限（域或方法定义前不添加访问修饰符）的域和方法，它不能访问父类中被 private 修饰的域和方法，并且子类继承父类成员时，不会改变其访问权限。

### 4.1.3 super 关键字

Java 中的关键字 super 表示当前对象的直接父类，使用 super 关键字可以引用被子类隐藏的直接父类的成员变量或方法，是当前对象的直接父类的引用。super 引用的语句格式如下：

```
super.成员变量名
super.方法名
```

super 一般用于以下场合：

（1）访问直接父类中被隐藏的域和被子类覆盖的方法。

（2）调用直接父类的构造方法对父类中的成员进行初始化。

创建子类对象实例时，系统可以自动调用父类的无参数构造方法初始化属于父类的数据。对于父类中带参数的构造方法，系统不能自动调用，只能通过在子类构造方法中使用 super 进行调用。子类调用父类带参的构造方法采用的语句格式如下：

```
super(参数列表)
```

**注意**：super 语句必须是子类构造方法中的第一条执行语句。

## 4.2 多　态

Java 中的多态是指继承中的类可以有多个同名但不同方法体及不同形参的方法,即具有相同的实现接口,由于使用不同的实例而执行不同操作。多态主要有重写和重载两种形态。

### 4.2.1 重写和重载

重写又称覆写或覆盖,如果在子类中定义一个方法,其名称、返回值类型和参数列表都和父类中的匹配,则称子类方法重写了父类的方法。重载指在同一个类中定义有多个同名的方法,但参数不同,每个方法有不同的方法体,调用时根据形参的类型和个数决定所调用的方法。

**1. 重写**

在例 4.2 中子类 ComputerStu1 和 InformationManagementStu1 中重写了父类 Student 中的 introduce()方法,并用 super 调用了父类的 introduce()方法,实现了相应的功能并避免了代码的重复。例如,在例 4.2 的基础上,要求开发一个类代表公司,负责对学生面试,面试内容为学生自我介绍。

**例 4.3** Company 类代码。

```
package cn.edu.lc.simple;

public class Company {
    /*
     *对计算机系学生面试,面试内容为学生自我介绍。
     */
    public void interview(ComputerStu1 s) {
        s.introduce();
    }

    /*
     *对信息管理系学生面试,面试内容为学生自我介绍。
     */
    public void interview(InformationManagementStu1 s) {
        s.introduce();
    }
    /*
     *测试
     */
    public static void main(String[] args) {
        //TODO Auto-generated method stub
        Company c=new Company();
        c.interview(new ComputerStu1("王华", 21, "计算机"));
        c.interview(new InformationManagementStu1("张明", 22, "信息管理"));
```

```
    }
}
```

程序运行结果如图 4.1 所示。

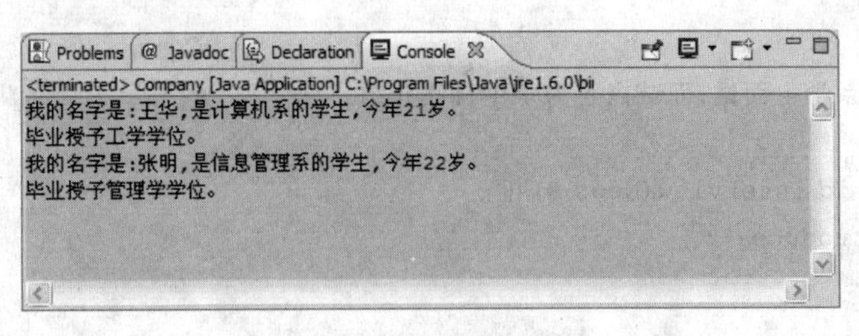


图 4.1　例 4.3 测试结果

如果有新闻系的学生来应聘,则需要增加 News 类,表示新闻系的学生。该类的学生具有基本姓名、年龄、系别等基本属性和自我介绍的方法。需要编写新闻系学生类代码,同时 Company 类也需要进行相应的改动,代码设计如例 4.4 所示。

**例 4.4**　增加新类的代码修改示例。

新闻系学生类代码如下:

```
package cn.edu.lc.simple;

public class News extends Student {
    public News(String myName, int myAge, String myDept) {
        super(myName, myAge, myDept);
    }

    public void introduce() {
        super.introduce();
        System.out.println("毕业授予文学学位。");
    }
}
```

Company 类代码。

```
package cn.edu.lc.simple;

public class Company {
    /*
     * 对计算机系学生面试,面试内容为学生自我介绍。
     */
    public void interview(ComputerStu1 s) {
        s.introduce();
    }

    /*
     * 对信息管理系学生面试,面试内容为学生自我介绍。
     */
```

```
    public void interview(InformationManagementStu1 s) {
        s.introduce();
    }

    /*
     * 对新闻系学生面试,面试内容为学生自我介绍。
     */
    public void interview(News s) {
        s.introduce();
    }

    /*
     * 测试
     */
    public static void main(String[] args) {
        //TODO Auto-generated method stub
        Company c=new Company();
        c.interview(new ComputerStu1("王华", 21, "计算机"));
        c.interview(new InformationManagementStu1("张明", 22, "信息管理"));
        c.interview(new News("王芳", 20, "新闻"));
    }
}
```

测试结果如图 4.2 所示。

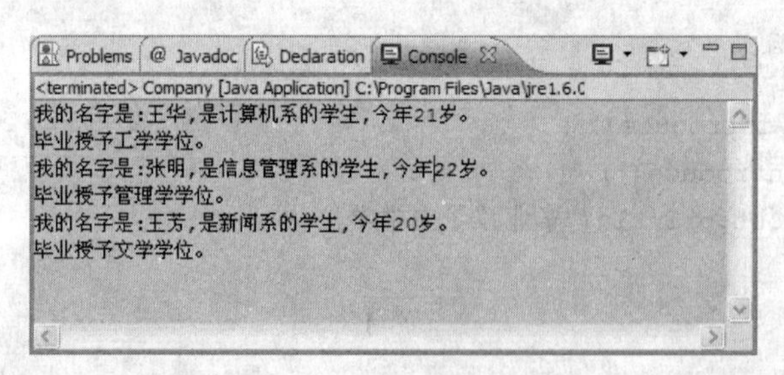


图 4.2　例 4.4 测试结果

在例 4.4 中增加了新闻系学生类,结果导致 Company 类的修改。这样的设计不利于程序的维护和扩展。如果利用多态对 Company 类进行修改,就可以改变因增加新类所引发的问题。

**例 4.5**　利用多态重写 Company 类代码。

```
package cn.edu.lc.simple;

public class Company1 {
    /*
     * 对学生面试,内容为: 自我介绍。
     */
    public void interview(Student s) {
```

```java
        s.introduce();
    }
    public static void main(String[] args) {
        //TODO Auto-generated method stub
        Company c=new Company();
        c.interview(new ComputerStu1("王华", 21, "计算机"));
        c.interview(new InformationManagementStu1("张明", 22, "信息管理"));
        c.interview(new News("王芳", 20, "新闻"));
    }
}
```

例 4.5 中 Company1 的 interview()方法和例 4.3 中 Company 类 interview()方法，由于不同的参数实现了不同的功能。修改后减少了代码的重复，提高了程序的可扩展性和可维护性，这就是多态的使用。

**2. 重载**

在 Java 中，重载是指多个方法享有相同的名字，但方法的参数列表必须不一样，即参数列表中参数的个数和类型不一样。当重载方法被调用时，Java 通过参数的类型和数量来确定具体调用哪个方法。在实际调用过程中，参数和调用参数匹配的方法将被执行。重载和方法的返回值无关，返回值可以相同，也可以不同。例 4.6 是一个重载的具体实例。

**例 4.6** 方法重载示例。

```java
package cn.edu.lc.simple;

public class Stu4 {
    private String name;                              //学生姓名
    private int age;                                  //学生年龄
    private String dept="计算机系";                    //学生系别

    /*
     *构造方法
     */

    public Stu4(String name, int age) {
        this.name=name;
        this.age=age;
    }

    public Stu4(String name, int age, String dept) {
        this.name=name;
        this.age=age;
        this.dept=dept;

    }

    public String intoduce() {
```

```
        return "我是"+dept+"的学生,"+"名字是:"+name+",今年"+age+"岁。";
    }
}
```

在例 4.6 中 Stu4 类有两个具有相同名字 Stu4 的构造方法,但是参数列表不同,这就是方法的重载。由于这两个方法是构造方法,有时也将这种特殊的方法重载称为构造方法重载。通过调用例 4.6 中的构造方法就可以实现对象的多种初始化。下面对例 4.6 进行简单测试。

**例 4.7** 重载的测试用例。

```
package cn.edu.lc.simple;

public class Stu6Test {

    /**
     * @param args
     * /
    public static void main(String[] args) {
        //TODO Auto-generated method stub
        Stu4 stu1=new Stu4("王华", 20);
        System.out.println(stu1.intoduce());
        Stu4 stu2=new Stu4("张芳", 21, "软件工程");
        System.out.println(stu2.intoduce());
    }
}
```

例 4.7 的结果如图 4.3 所示。

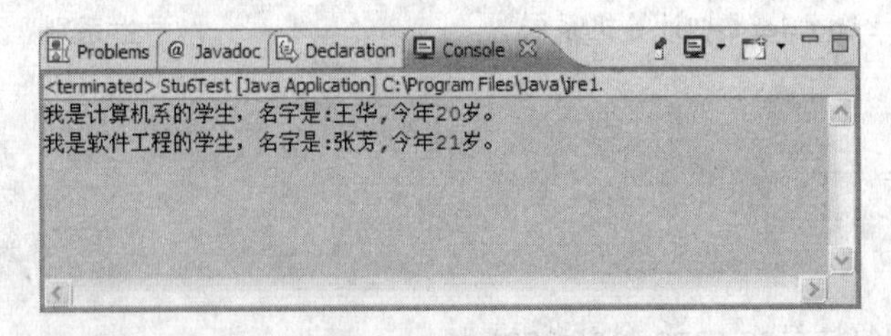


图 4.3 例 4.7 运行结果

在例 4.7 中,由于例 4.6 中同名构造方法 Stu4 的参数不同,在调用该方法时,可以带两个参数,也可以带三个参数,编译器会根据构造方法的参数列表的数目和类型确定实际调用哪个方法。

### 3. 方法重写和重载的比较

方法的重写(Overriding)和重载(Overloading)是 Java 多态性的不同表现。重写是父类与子类之间多态性的一种表现,重载是一个类中多态性的一种表现。如果在子类中定义某方法与其父类有相同的名称和参数,该方法称为被重写。子类的对象使用这个方法时,将调用子类中的定义,对它而言,父类中的定义如同被"屏蔽"了。如果在一个类中定义了多个同名的方法,它们或有不同的参数个数或有不同的参数类型,则称为方法的重载,重载的方法可以改变返回值的类型。

### 4.2.2 this 关键字

Java 的关键字 this 代表了当前对象的一个引用,通过 this 的使用,可以方便的访问当前对象的属性值,也可以用在构造方法的重载中。

在同一个范围内两个相同名称的局部变量是不允许的。但方法内的局部变量名、方法的参数名可以和对象的域名相同。使用 this 关键字可以进行区分。使用格式如下:

```
this.成员变量名
this.方法名
```

this 和 super 是 Java 中常用的两个关键词,其用法和 C ++语言中的用法相似,本文不再一一举例说明,表 4.1 归纳出这两个关键词的主要区别。

**表 4.1 this 与 super 区别**

| 比较 | this | super |
|---|---|---|
| 属性 | this 属性表示本类中的属性,在子类中没有的话就在父类中找 | super 属性表示找父类中的属性 |
| 方法 | this()方法表示调用本类中的方法,如果找不到就从父类中找 | 从子类直接找到父类中被子类重写的方法。 |
| 构造方法 | 可以调用本类中其他构造方法,但至少有一个构造方法没有 this() | 子类调用父类的构造方法,子类首先调用父类的构造方法 |
| | 调用构造方法时 this 放置构造方法的首行 | 调用构造方法时,放在子类构造方法的首行 |

注:this 表示当前对象。

## 4.3 项目练习

### 4.3.1 上机任务 1

**1. 训练目标**

掌握类的继承,会通过继承调用父类的方法。

**2. 需求说明**

定义消息回复类 Reply,该类继承消息类 Message。增加属性回复时间和回复消息的 ID。

**3. 参考提示**

(1) 首先创建一个回复类 Reply,继承 Message 类。

(2) 增加属性回复时间属性和回复消息 ID 属性。

(3) 添加 get()和 set()方法。

(4) 编写测试函数,调用 Message 类中的方法,实现回复信息的输出。

主要代码如下:

**例 4.8** 利用继承思想编写回复类并进行测试。

(1) 回复类代码如下:

```
package com.entity;
```

```
public class Reply extends Message {
    private int replyId;
    private String replyTime;

    public int getReplyId() {
        return replyId;
    }

    public void setReplyId(int replyId) {
        this.replyId=replyId;
    }

    public String getReplyTime() {
        return replyTime;
    }

    public void setReplyTime(String replyTime) {
        this.replyTime=replyTime;
    }
}
```

(2) 测试类代码如下：

```
package entity.test;

import com.entity.Reply;

public class Test3 {

    /**
     * @param args
     */
    public static void main(String[] args) {
        //TODO Auto-generated method stub
        Reply reply=new Reply();
        reply.setMessageTitle("放假通知");
        reply.setMessageContent("谢谢,知道了!");
        reply.setPublishTime("2012-4-28 16:30:30");
        reply.info();
    }
}
```

程序运行结果如图 4.4 所示。

**4. 练习**

创建消息的审核类 Criticism.java，继承消息类。增加审核 ID、审核时间，并添加 get()和

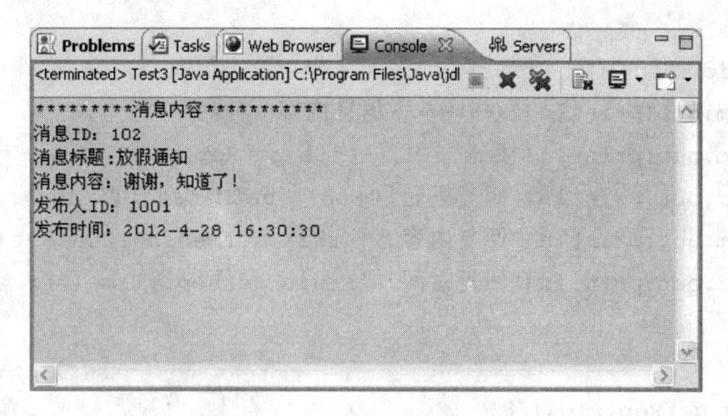


图 4.4　例 4.8 运行结果

set()方法。编写测试类,调用消息类的 info()方法实现信息的输出,运行结果如图 4.5 所示。

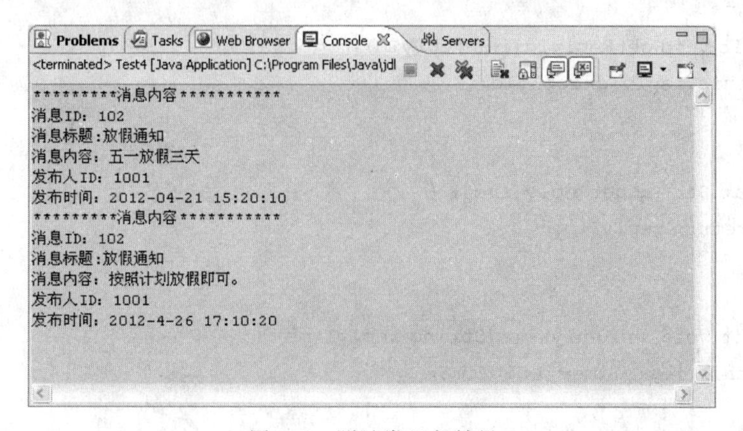


图 4.5　测试类运行结果

## 4.3.2　上机任务 2

**1. 训练目标**

(1) 掌握多态的基本概念及用法。

(2) 掌握方法重写及通过 super 调用父类的方法。

**2. 需求说明**

在回复类中重写消息类的 info()方法。

**3. 参考提示**

(1) 在回复类中重写消息类的 info()方法,输出回复消息。

(2) 编写测试函数,调用 info()方法实现信息的输出。

**例 4.9**　函数重写的实例。

(1) 回复类代码如下:

```
package com.entity;

public class Reply extends Message {
    private int replyId;
    private String replyTime;
```

```
    public void info() {
        System.out.println("*********消息内容***********");
        System.out.println("回复 ID: "+this.getReplyId());
        System.out.println("回复标题:"+this.getMessageTitle());
        System.out.println("回复内容: "+this.getMessageContent());
        System.out.println("回复时间: "+this.getReplyTime());
    }

    public int getReplyId() {
        return replyId;
    }

    public void setReplyId(int replyId) {
        this.replyId=replyId;
    }

    public String getReplyTime() {
        return replyTime;
    }

    public void setReplyTime(String replyTime) {
        this.replyTime=replyTime;
    }
}
```

(2) 测试类代码如下：

```
package entity.test;

import com.entity.Reply;

public class Test3 {

    /**
     * @param args
     */
    public static void main(String[] args) {
        //TODO Auto-generated method stub
        Reply reply=new Reply();

        reply.setMessageTitle("放假通知");
        reply.setMessageContent("谢谢,知道了!");
        reply.setReplyTime("2012-4-28 16:30:30");
        reply.setReplyId(123);
        reply.info();
```

```
    }
}
```

程序运行结果如图 4.6 所示。

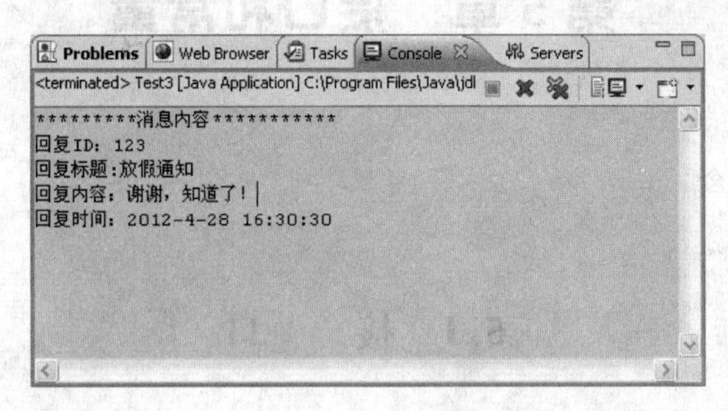


图 4.6 例 4.9 运行结果

**4. 练习 1**

(1) 在审核类中重写消息类的 info()方法。

(2) 为审核类添加无参构造方法，并用 super 实现初始化。

(3) 为审核类添加有参构造方法，并 super 实现初始化。

(4) 编写测试函数测试输出信息。

**5. 练习 2**

有三种形状(Shape)：三角形(Triangle)、四边形(Rectangle)和五边形(Pentagon)，它们的绘画(draw)方法各不相同。编写一个测试类 ShapeTest，在 main 方法中使用多态实现对各种形状进行测试，要依据形状的不同，进行相应的绘画。

# 第5章　接口和常量

**本章要点**

- 接口基本概念
- 接口的应用

## 5.1　接　　口

### 5.1.1　Java 接口

在Java中，接口是一些抽象方法的集合，没有方法体。Java接口中的方法可以在不同的地方实现，具有不同的行为。接口的包括定义、实现和使用几个过程。

**1. Java 接口定义**

例如，大汽车和小汽车都有共同的方法：启动和停止。而且大汽车和小汽车对启动和停止方法有各自不同的实现，因此可以抽象出一个Java接口Car(代表机动车)，在其中定义start()和stop()方法。

Java接口定义格式如下：

```
[public]interface 接口名{
//成员变量初始化
//方法声明
}
```

具体的汽车的接口定义见例5.1。

**例5.1**　Car接口的定义。

```
package cn.edu.lcu.dao.c05;

public interface Car {
    public void start();

    public void stop();
}
```

**2. Java 接口实现**

例5.1定义的接口Car中，定义了start()和stop()方法，它们方法只是抽象方法，本身不能提供方法的实现，接口中的方法是通过类来实现的。如果一个类要实现某个接口，需要在类定义时使用关键字implements声明。类实现接口的语法格式如下：

```
Public class 类名 implements 接口1,接口2,…,接口n{
//域的定义
```

```
//方法的定义
//接口中所有抽象方法的实现
}
```

例 5.1 中由于大汽车、小汽车对 start()和 stop()方法有各自不同的实现,因此需要设计大汽车、小汽车两个类分别实现 Car 接口,实现各自的 start()和 stop()方法。

**例 5.2** Car 接口的实现方法。

(1) 小汽车代码实现。

```
package cn.edu.lcu.impl.c05;

import cn.edu.lcu.dao.c05.Car;

public class SmallCar implements Car {
    public void start() {
        System.out.println("smallcar start…… ");
    }

    public void stop() {
        System.out.println("smalllcar stop!");
    }
}
```

(2) 大汽车代码实现。

```
package cn.edu.lcu.impl.c05;

import cn.edu.lcu.dao.c05.Car;

public class BigCar implements Car {
    public void start() {
        System.out.println("bigcar start…… ");
    }

    public void stop() {
        System.out.println("bigcar stop!");
    }
}
```

例 5.2 中定义了 SmallCar 和 BigCar 两个类分别实现 Car 接口,其中 public class SmallCar implements Car 为 SmallCar 类实现 Car 接口的声明语句,声明后在两个类中即可分别实现接口中的 start()和 stop()方法,并且功能各不相同从而实现各自的要求。

**3. 使用 Java 接口**

Java 接口及其实现类都已经创建完毕,接着,就要使用面向接口编程的原则,让接口构成系统的骨架,以便达到更换实现接口的类就可以更换系统的实现的目的。

**例 5.3** 接口的使用示例。

```
package cn.edu.lcu.test.c05;

import cn.edu.lcu.dao.c05.Car;

public class TestCar {
    public void operCar(Car c) {
        c.start();
        c.stop();
    }
}
```

例 5.3 的 TestCar 类中，operCar( )方法接收的参数类型是 Car，这样，就可以向 operCar()方法传递任意一个 Car 接口的实现类，在运行时，Java 虚拟机会根据实际创建的对象类型调用不同的方法实现。这就意味着：可以通过更换实现接口的类来更换系统的实现，这就是 Java 的面向接口编程思想。

设计 main()方法对上述关于接口的设计进行测试，见例 5.4。

**例 5.4**　在 main()方法中测试接口。

```
package cn.edu.lcu.test.c05;

import cn.edu.lcu.impl.c05.BigCar;
import cn.edu.lcu.impl.c05.SmallCar;

public class TestInterface {
    public static void main(String[] args)
    {
        TestCar tc=new TestCar();
        SmallCar sc=new SmallCar();
        BigCar  bc=new BigCar();
        tc.operCar(sc);
        tc.operCar(bc);
    }
}
```

程序运行结果如图 5.1 所示。

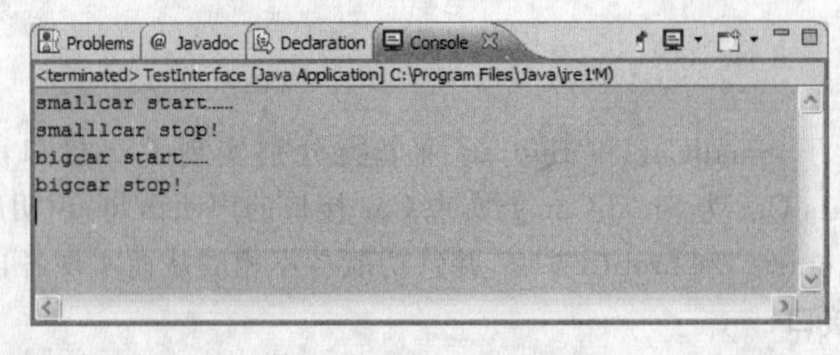


图 5.1　例 5.4 运行结果

从图 5.1 所示的结果可以看出大汽车和小汽车都可以正常工作了。当问题发生变化，如要骑自行车，由于自行车仍然有启动和停止，因此只需要编写自行车类实现 Car 接口即可。

**例 5.5** 编写自行车类，实现 Car 接口。

```
package cn.edu.lcu.impl.c05;

import cn.edu.lcu.dao.c05.Car;

public class Bike implements Car{
    public void start() {
        System.out.println("bike start…… ");
    }

    public void stop() {
        System.out.println("bike stop!");
    }
    …                                    //其他特有方法
}
```

例 5.5 中 Bike 类实现 Car 接口时不用其余修改代码，只需要重新实现接口中的类即可，这样的实现提高了 Java 的可扩展性，便于程序的维护。在 Java 接口中，成员自动设置为 public 属性，并且只定义了抽象的方法，不能有方法体的实现。在实现接口的方法时，需要将接口所定义的全部方法实现。

在 Java 中接口把方法的特征和方法的实现分割开来，能够在客户端未知的情况下修改实现代码。在编程的时候，主体构架使用接口，接口构成系统的骨架。这样就可以通过更换实现接口的类来更换系统的实现，使各层之间实现强内聚低耦合。当有代码发生变动时，使代码的波动量控制在最小，避免向外扩散。

### 5.1.2 扩充接口

利用 Java 的继承关系，可以实现将函数加到接口中，也可以通过继承的方式将多个接口合并成一个新的接口。下面的例 5.6 展示通过继承产生新接口的方法。

**例 5.6** 通过继承产生新的接口。

```
package cn.edu.lcu.c05;

public interface Monster {
    public void menace();
}

package cn.edu.lcu.c05;

public interface DangerousMinster extends Monster {
    public void destory();
}
```

```
package cn.edu.lcu.c05;

public class DragonZilla implements DangerousMinster {
    public void menace() {
    }

    public void destory() {
    }
}
```

DangerousMonster 是 Monster 的直接扩展，它产生了一个新接口，在 DragonZilla 中实现了这个接口。

## 5.2 常　量

由于接口中的所有数据成员会自动成为 static 和 final，所以利用接口定义常量十分方便。

### 5.2.1 常量

在程序执行过程中，其值不能改变的量称为常量，分为字面常数与标识符常量两种。标识符常量被初始化后，其值就不允许再发生改变。字面常数是指 Java 程序中具体的数值，例如 200、5.1、'C'、true 等，它会存储在内存中的某个位置，用户将无法改变它的值。

在 Java 语言中，主要是利用 final 关键字来进行 Java 常量定义。当常量被设定后，一般情况下就不允许再进行更改。例如，final double PI＝3.14159265358976。接下来通过例 5.7体验一下常量的使用。

**例 5.7**　常量的定义和使用。

```
package cn.edu.lcu.c05;

public class Infor {
    public final double PI=3.14159265;

    public double area(int r) {
        return PI * r * r;
    }

    public static void main(String[] args) {
        //TODO Auto-generated method stub
        Infor s=new Infor();
        System.out.println("area is:"+s.area(3));

    }
}
```

例 5.7 中定义了一个常量 PI,在方法 area()中引用了该常量。由于是常量,因此在程序中不能被改变和重新赋值。程序中使用常量时,若需要修改,只需要在定义处修改即可,避免到处修改,增强了程序的可读性和可维护性。

在 Java 中定义常量,有以下规则:

(1) Java 常量定义的时候,就需要对常量进行初始化。也就是说,必须要在常量声明时对其进行初始化。当在常量定义的时候初始化过后,在应用程序中就无法再次对这个常量进行赋值。

(2) final 关键字使用的范围。final 关键字不仅可以用来修饰基本数据类型的常量,还可以用来修饰对象的引用或者方法。如数组就是一个对象引用。为此可以使用 final 关键字来定义一个常量的数组。当一个数组对象被 final 关键字设置为常量数组之后,它只能够指向一个数组对象,无法将其改变指向另外一个对象,也无法更改数组中的值。

(3) 需要注意常量的命名规则。如在给常量取名的时候,一般都用大写字符。虽然给常量取名时采用小写字符,不会产生语法错误,但为了在编写代码时能够一目了然地判断变量与常量,最好将常量设置为大写字符。

(4) final 关键字与 static 关键字同时使用。被定义为 final 的对象引用或者常量只能够指向唯一的一个对象,不可以将它再指向其他对象。但是,对象本身内容的值可以改变。为了做到一个常量在一个应用程序真的不被更改,就需要将常量声明为 static final。加上 static 关键字之后,相当于改变了 Java 常量定义的作用范围。如果需要在多个对象中引用这个常量,并且需要其值相同,则 static 必不可少,即不同对象中引用的常量指向内存中的同一块区域。但在一般情况下,如果只需要保证在对象内部使用该常量,static 可以省略。

### 5.2.2 接口中的常量

由于接口中的数据成员在编译时,会自动加上 static final 的关键字,即自动声明为静态的常量,因而 Java 中的接口是存放常量的最佳地点。Java 接口中定义的属性和方法都是 public 型的,因此可以使用例 5.8 中的定义方法。

**例 5.8** 接口中常量的定义方法。

```
package cn.edu.lcu.c05;

public interface Study {
    void detail();

    int FAMAIL=0;
    int MAIL=1;
}
```

也可以如例 5.9 所示加上修饰符。

**例 5.9** 接口中加上修饰符后的常量的定义方法。

```
package cn.edu.lcu.c05;

public interface Study {
```

```
public void detail();

    public final static int FAMAIL=0;
    public final static int MAIL=1;
}
```

例 5.8 和例 5.9 的定义效果是一样的。

## 5.3 项目练习

### 5.3.1 上机任务 1

**1. 训练目标**

掌握接口的声明，会使用接口。

**2. 需求说明**

定义接口 EmployeeDao，声明接口的方法。

**3. 参考提示**

(1) 定义接口类 EmployeeDao.java。

(2) 声明接口 EmployeeDao.java 的方法。

```
public void addEmployee(Employee employee);                    //添加员工信息的方法
public void updateEmployee(Employee employee);                 //修改员工信息的方法
public void deleteEmployee(int employeeID);                    //删除员工信息的方法
public Employee findEmployeeById(int employeeID);              //按 ID 查询员工信息的方法
```

**例 5.10** EmployeeDao 接口的定义。

```
package com.dao;

import com.entity.Employee;

    public interface EmployeeDao {
    public void addEmployee(Employee employee);          //定义添加员工信息的方法

    public void updateEmployee(Employee employee);       //定义修改员工信息的方法

    public void deleteEmployee(int employeeID);          //定义删除员工信息的方法

    public Employee findEmployeeById(int employeeID);    //定义按 ID 查询员工信息的方法
}
```

**4. 练习**

(1) 定义消息类的接口 MessageDao；

(2) 声明接口的方法，定义消息的添加、修改、删除、查询方法。

```
public void addMessage(Message message);                      //定义添加消息的方法
```

```
public void updateMessage(Message message);           //定义修改消息的方法
public void deleteMessage(int messageID);             //定义删除消息的方法
public Message findMessageById(int messageID);        //定义按 ID 查询消息的方法
public int findAllCount();                            //定义查询消息记录数
```

### 5.3.2 上机任务 2

**1. 训练目标**

掌握接口的实现,会使用接口。

**2. 需求说明**

实现接口 EmployeeDao 中 addEmployee()的方法和 findEmployeeById()方法。

**3. 参考提示**

(1) 定义接口 EmployeeDao 的实现类 EmployeeDaoImpl.java。

(2) 实现接口 EmployeeDao 中的 addEmployee()方法和 findEmployeeById()方法。

(3) 在测试类中使用接口 EmployeeDao 中的 addEmployee()方法和 findEmployeeById()方法。

**例 5.11** 接口中 addEmployee()的方法和 findEmployeeById()方法实现及测试实例。

(1) EmployeeDaoImpl.java 代码如下:

```
package com.daoImpl;

import com.dao.EmployeeDao;
import com.entity.Employee;

public class EmployeeDaoImpl implements EmployeeDao {
    private Employee[] employees=new Employee[100];

    public void addEmployee(Employee employee) {
        for (int i=0; i<100; i++) {
            if (employees[i]==null) {
                employees[i]=employee;
                break;
            }
        }
    }

    public Employee findEmployeeById(int employeeID) {
        for (int i=0; i<100; i++) {
            if (employees[i] !=null && (employees[i].getId()==employeeID)) {
                return employees[i];
            }
        }
        return null;
```

```
    }

    public void updateEmployee(Employee employee) {

    }

    public void deleteEmployee(int employeeID) {

    }

}
```

(2) 测试类代码如下：

```
package entity.test;

import com.dao.EmployeeDao;
import com.daoImpl.EmployeeDaoImpl;
import com.entity.Employee;

public class Test5 {

    /**
     * @param args
     */
    public static void main(String[] args) {
        EmployeeDao employeeDao=new EmployeeDaoImpl();
        Employee employee1=new Employee();
        employee1.setAge(21);
        employee1.setId(2);
        employee1.setName("王辉");
        employee1.setPassword("123456");
        employee1.setJoinTime("2012-4-2 14:20:30");
        employee1.setLead(false);
        employee1.setPhone("13500000000");
        employee1.setPlace("山东");
        employee1.setSex(true);
        Employee employee2=new Employee();
        employee2.setAge(20);
        employee2.setId(3);
        employee2.setName("赵云");
        employee2.setPassword("123");
        employee2.setJoinTime("2012-3-20 15:12:20");
        employee2.setLead(false);
        employee2.setPhone("123456789");
```

```
        employee2.setPlace("北京");
        employee2.setSex(true);
        employeeDao.addEmployee(employee1);
        employeeDao.addEmployee(employee2);
        employeeDao.findEmployeeById(2).info();
        employeeDao.findEmployeeById(3).info();
    }
}
```

程序运行结果如图 5.2 所示。

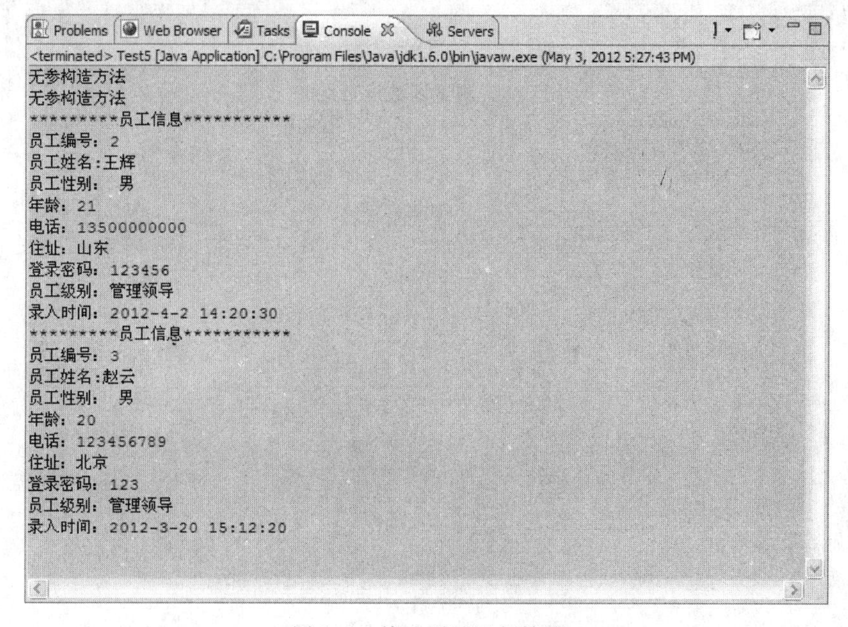


图 5.2 接口测试运行结果

**4. 练习**

(1) 实现接口 MessageDao 中的 addMessage()和 findMessageById()方法。

(2) 编写测试类,在测试类中调用 addMessage()和 findMessageById()方法。

## 5.3.3 上机任务 3

**1. 训练目标**

掌握常量的定义和使用,会在接口中定义常量。

**2. 需求说明**

定义一个圆类 Circle 及接口 CircleDao,并实现该接口中计算面积的方法。要求在接口中定义 $\pi$ 常量。

**3. 参考提示**

(1) 定义基本类 Circle,包括私有属性半径。

(2) 添加 get()和 set()方法。

(3) 定义接口 CircleDao,并在其中声明常量 $\pi$ 定义计算面积和周长的方法。

(4) 实现接口的计算面积和周长的方法。

(5) 编写测试类进行测试。

在测试函数中设置半径为 4，则运行效果如图 5.3 所示。

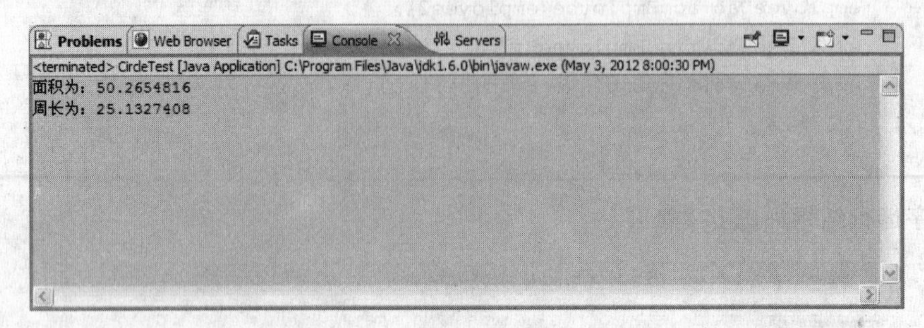


图 5.3 测试函数运行结果

# 第6章 集合框架

**本章要点**

- 集合框架的基本概念
- 集合框架的应用

## 6.1 集合框架

### 6.1.1 集合框架简介

在程序设计中,会根据条件产生新的对象,而条件需要在程序的执行期才能知道。并且也不知道在程序中需要多少数量的对象以及对象的类别。为了适应程序设计的需要,必须解决这个问题,在需要的时候能产生任意个数的对象。

为了解决这类复杂数据存储问题,Java 提供了一套完整的框架体系来应对这种问题。简单来说,Java 的集合框架就是一组使用很方便的接口和类。这组接口和类就在 Java 的公有程序库(utilities)中,称为容器类(container classes)或者集群类,它们给出了精巧的实现。

### 6.1.2 集合框架体系

Java 的集合框架一般包括接口、类和算法,如图 6.1 所示。

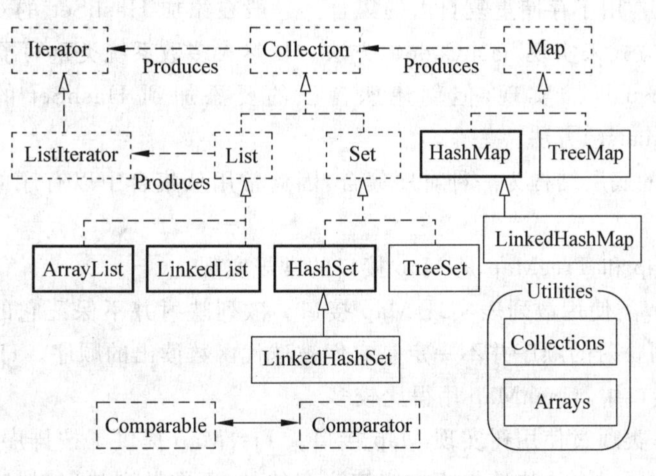


图 6.1 Java2 集合框架

在 Java2 的集合框架图中包括接口(interface,短虚线表示),表示不同集合类型,是集合框架的基础;抽象类(abstract classes,长虚线表示),对集合接口的部分实现,可扩展为自定义集合类。还包括实现类(class,实线表示),对接口的具体实现。

**1. 接口**

(1) Collection 接口是最基本接口,代表一组允许重复的对象。

(2) List 接口继承了 Collection 接口以定义一个允许重复项的有序集合。该接口不但能够对列表的一部分进行处理,还添加了面向位置的操作。

(3) Set 接口继承 Collection 接口,而且它不允许集合中存在重复项,每个具体的 Set 实现类依赖添加对象的 equals()方法检查独一性。Set 接口没有引入新方法,所以 Set 就是一个 Collection,只不过其行为不同。

(4) Map 接口不是 Collection 接口的继承。Map 接口用于维护键/值对(key/value pairs)。该接口描述了从不重复的键到值的映射。拥有自己的内部排列机制。

集合框架容器的元素类型都为 Object。从容器中取得元素时,必须把它转换成原来的类型。

**2. 实现类**

(1) List 接口的实现类常用的有 ArrayList 和 LinkedList。

① ArrayList 类封装了一个动态再分配的 Object[]数组。每个 ArrayList 对象有一个 capacity。这个 capacity 表示存储列表中元素的数组的容量。当元素添加到 ArrayList 时,它的 capacity 在常量时间内自动增加。ArrayList 的优点在于允许快速随机访问和快速遍历,但是 List 的中央位置插入或删除元素时,效率很差。

② LinkedList 类可以实现快速地在 List 中央位置插入和删除元素。另外 LinkedList 类提供了 addFirst()、addLast()、getFirst()、getLast()、removeFirst()、removeLast()等方法,可以快速在 LinkedList 的首部和尾部实现插入和删除操作,因此 LinkedList 在栈和队列中使用很频繁。

(2) Set 接口的实现类有 HashSet 和 TreeSet。

① HashSet 常用于存储重复自由的集合。一般在添加 HashSet 的对象时需要采用恰当分配哈希码的方式来实现 hashCode()方法。虽然大多数系统类重写了 Object 中缺省的 hashCode()和 equals()实现,但创建您自己的要添加到 HashSet 的类时,需要重写 hashCode()和 equals()方法。

② TreeSet 的底层结构为一种有序集合,因此常用从集合中以有序的方式插入和抽取元素。

(3) HashMap 和 TreeMap 是 Map 接口的常规实现。

① HashMap 类使用散列表实现 Map 接口。散列映射并不保证它的元素的顺序。因此,元素加入散列映射的顺序并不一定是它们被迭代函数读出的顺序。HashMap 用于快速查找。在 Map 接口中,HashMap 用得比较多。

② TreeMap 类通过使用树实现 Map 接口。TreeMap 提供了按排序顺序存储关键字/值对的有效手段,同时允许快速检索。应该注意的是,不像散列映射,树映射保证它的元素按照关键字升序排序。如果需要对集合中的元素进行排序,才可以用 TreeMap。

**3. 算法**

Java 的集合框架中的类 Collections,实现了对集合操作的多种算法。具体的用法可以参看 Java 的 JDK 帮助文档。

## 6.2 List 接口及实现

List 接口是一种可含有重复元素的、有序的数据集合，也称为序列。它是基本的位置性集合，用户可以控制向序列中插入元素的位置，并可以按元素的位序（加入顺序）进行访问，位序从 0 开始。下面通过案例说明 List 接口的使用。

开发一个学生管理系统，要求如下：

（1）存储学生的基本信息：学号、姓名、系别、年龄。

（2）对学生信息可以执行基本增加信息、删除信息等基本操作。

（3）获取学生总数。

（4）逐条输出学生的姓名和系别。

### 6.2.1 ArrayList 类

由于 ArrayList 类实现了可变大小数组，可以用较高的效率实现元素的随机访问和遍历，因此采用 ArrayList 类实现学生数据的存储较合适。

**1. 学生类的创建**

先创建一个学生类，包含有学号、姓名、系别和年龄属性。代码实现见例 6.1。

**例 6.1** 创建学生信息类。

```
package cn.edu.lcu.c06;

public class Student {
    private int sID;                                    //学号
    private String sName;                               //姓名
    private int age;                                    //年龄
    private String dept;                                //系别

    /*
     *构造方法实现初始化
     */

    public Student(int sID, String sName, int age, String dept) {
        this.sID=sID;
        this.sName=sName;
        this.age=age;
        this.dept=dept;
    }

    public String getSName() {
        return sName;
    }

    public void setSName(String name) {
```

```
        sName=name;
    }

    public String getDept() {
        return dept;
    }

    public void setDept(String dept) {
        this.dept=dept;
    }
}
```

**2. 利用 ArrayList 类存储学生信息**

对定义的 Student 类,利用 ArrayList 类型实现学生信息的存储和如下功能:

(1) 添加学生基本信息。

(2) 获取学生总数。

(3) 根据位置获取学生基本信息并显示。

具体实现过程代码见例 6.2。

**例 6.2** 利用 ArrayList 类实现添加、获取学生信息功能。

```
package cn.edu.lcu.c06;

import java.util.ArrayList;
import java.util.List;

public class StudentD1 {

    /**
     * @param args
     * /
    public static void main(String[] args) {
        //TODO Auto-generated method stub
        Student no1=new Student(2012001, "张华", 20, "信息管理");
        Student no2=new Student(2012010, "王芳", 20, "软件工程");
        List studentList=new ArrayList();
        studentList.add(no1);
        studentList.add(no2);
        System.out.println("学生总数为: "+studentList.size()+"人");
        for (int i=0; i<studentList.size(); i++) {
            Student stu=(Student) studentList.get(i);
            System.out.println(i+1+":"+stu.getDept()+"系---"+stu.getSName());
        }
    }
}
```

程序运行结果如图 6.2 所示。

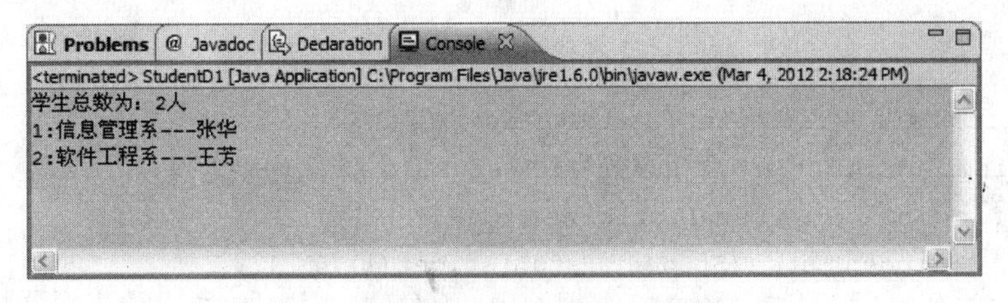


图 6.2　例 6.2 运行结果

在例 6.2 的基础上，系统可以增加以下几方面的功能：

(1) 在指定位置添加学生信息。

(2) 判断是否存储了某条学生信息。

(3) 删除指定的学生信息。

**例 6.3**　利用 ArrayList 类实现信息的判断、添加和删除功能。

```
package cn.edu.lcu.c06;

import java.util.ArrayList;
import java.util.List;

public class StudentD2 {

    /**
     * @param args
     */
    public static void main(String[] args) {
        //TODO Auto-generated method stub
     Student no1=new Student(2012001, "张华", 20, "信息管理");
     Student no2=new Student(2012010, "王芳", 20, "软件工程");
     Student no3=new Student(2012030, "赵乐", 21, "网络工程");
        List studentList=new ArrayList();
        studentList.add(no1);
        studentList.add(no2);
        studentList.add(2, no3);
        print(studentList);
        if (studentList.contains(no3)) {
            System.out.println("有姓名为赵乐的学生。");
        } else {
            System.out.println("没有姓名为赵乐的学生。");
        }
        studentList.remove(1);
        System.out.println("\n删除第一个元素后：");
        print(studentList);
        studentList.remove(no3);
        System.out.println("\n删除 no3 学生后：");
        print(studentList);
```

```
    }

    public static void print(List stuList) {
     System.out.println("学生总数为: "+stuList.size()+"人");
        for (int i=0; i<stuList.size(); i++) {
            Student stu= (Student) stuList.get(i);
            System.out.println(i+1+":"+stu.getDept()+"系---"+stu.getSName());
        }
    }
}
```

程序运行结果如图 6.3 所示。

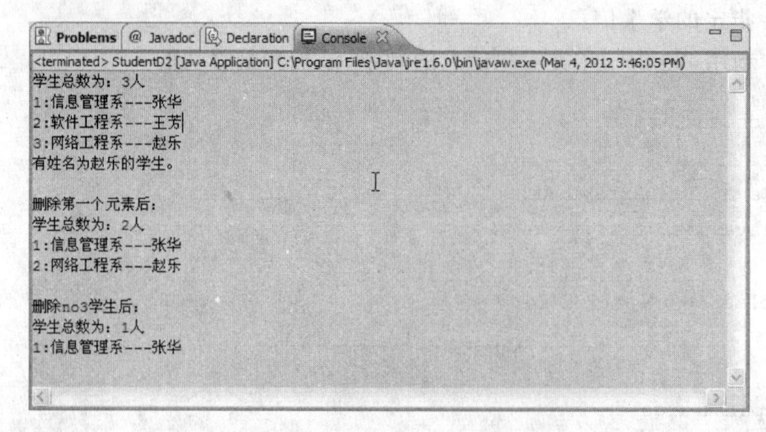


图 6.3 例 6.3 运行结果

在例 6.2 和例 6.3 中使用了 List 接口中的 ArrayList 方法，实现了系统的功能。在例 6.3 中通过 List 的 add(Object element)方法实现从集合末尾添加元素；通过 contains(Object element)方法实现判断 List 中是否存在元素；通过 remove(Object element)实现元素的从 List 集合中删除。表 6.1 给出了例 6.2 和例 6.3 中用到的 List 接口中的常用方法。

**表 6.1 List 接口中常用方法**

| 方　法 | 说　明 |
|---|---|
| boolean add(Object element) | 在列表末尾顺序添加元素，起始位置从 0 开始 |
| int size() | 返回列表中元素个数 |
| Object get(int index) | 返回 List 中指定位置的元素，由于返回值为 Object 型，一般使用前需要转换 |
| void add(int index, Object element) | 在指定位置 index 上添加元素 element，其中 index 的值应该在 0 和 List 中元素个数之间 |
| boolean contains(Object element) | 判断 List 中是否存在指定元素 |
| boolean remove(Object element) | 从 List 中删除元素 |
| Object remove(int index) | 删除指定位置上的元素 |

### 6.2.2 LinkedList 类

在例 6.2 和例 6.3 中使用 List 接口的 ArrayList 类实现了系统的主要功能。在实际使用过程中有时会在集合的首部、中间或者尾部等进行插入和删除操作。相比之下，使用 ArrayList 类实现效率低下，LinkedList 类提供了 addFirst()、addLast()、getFirst()、getLast()、removeFirst()、removeLast()等方法，可以快速地在 LinkedList 的首部和尾部实现插入和删除操作。例如对上述学生管理系统，若要求能够在集合头部或者尾部插入或删除学生信息，则可使用 LinkedList 类实现。

**例 6.4** 利用 LinkedList 类实现快速的插入和删除操作。

```
package cn.edu.lcu.c06;

import java.util.LinkedList;
import java.util.List;

public class StudentD3 {

    /**
     * @param args 说明 args 为参数
     */
    public static void main(String[] args) {
     Student no1=new Student(2012001, "张华", 20, "信息管理");
     Student no2=new Student(2012010, "王芳", 20, "软件工程");
     Student no3=new Student(2012030, "赵乐", 21, "网络工程");
        LinkedList studentList=new LinkedList();
        studentList.add(no1);
        studentList.addFirst(no2);                    //在集合的首部添加学生信息
        studentList.addLast(no3);                     //在集合的尾部添加学生信息
        Student studentFirst=(Student) studentList.getFirst();
        System.out.println("第一位学生的姓名是: "+studentFirst.getSName());
        Student studentLast=(Student) studentList.getLast();
        System.out.println("最后一位学生的姓名是: "+studentLast.getSName());
        studentList.removeFirst();                    //删除第一条学生信息
        studentList.removeLast();                     //删除最后一条学生信息
        /*
         * 显示删除后学生信息
         */
        System.out.println("\n删除后学生人数为: "+studentList.size()+"人");
        for (int i=0; i<studentList.size(); i++) {
            Student stu=(Student) studentList.get(i);
            System.out.println(i+1+":"+stu.getDept()+"系---"+stu.getSName());
        }
    }
}
```

程序运行结果如图 6.4 所示。

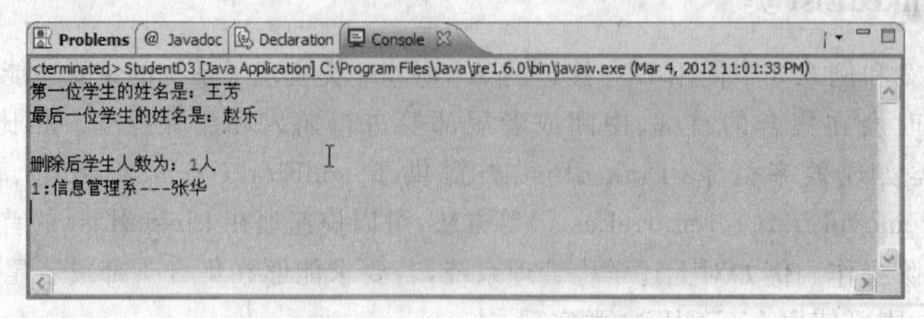


图 6.4　例 6.4 运行结果

使用 LinkedList 中提供的方法，能以较高的效率实现系统的需求，下面在表 6.2 的表格中列出了 LinkedList 的常见用法。

**表 6.2　LinkedList 常用方法**

| 方　法 | 说　明 |
| --- | --- |
| void addFirst(Object o) | 将对象 o 添加到列表的开头 |
| void addLast(Object o) | 将对象 o 添加到列表的结尾 |
| Object getFirst() | 返回列表开头的元素 |
| Object getLast() | 返回列表结尾的元素 |
| Object removeFirst() | 删除并且返回列表开头的元素 |
| Object removeLast() | 删除并且返回列表结尾的元素 |
| LinkedList() | 构建一个空的链接列表 |
| LinkedList(Collection c) | 构建一个链接列表，并且添加集合 c 的所有元素 |

### 6.2.3　Iterator 接口

在 Collection 接口中，iterator()方法返回 Iterator。Iterator 接口方法能以迭代方式逐个访问集合中各个元素，并安全地从 Collection 中除去适当的元素。Iterator 接口中常用方法有以下几种。

(1) boolean hasNext()：判断是否存在另一个可访问的元素。

(2) Object next()：返回要访问的下一个元素。如果到达集合结尾，则抛出 NoSuchElementException 异常。

(3) void remove()：删除上次访问返回的对象。本方法必须紧跟在一个元素的访问后执行。如果上次访问后集合已被修改，方法将抛出 IllegalStateException。

因此，可以通过 Iterator 接口的方法可实现集合的遍历。例 6.2～例 6.4 中就可以使用 iterator()方法实现集合的遍历。下面利用该方法重新编写例 6.3 中的 print()方法，代码如例 6.5 所示。通过 Iterator 接口的方法可实现集合的遍历。例 6.2～例 6.4 中可以使用 iterate()方法实现集合的遍历。例 6.5 为利用该方法重新编写例 6.3 中的 print()方法，代码见例 6.5。

**例 6.5**　利用 Iterator 对象实现集合的遍历。

```
public static void print(List stuList) {
    System.out.println("使用 iterator 遍历,学生总数为: "+stuList.size()+"人");
    Iterator t=stuList.iterator();
    while(t.hasNext()){
            Student stu=(Student)t.next();
            System.out.println(stu.getDept()+"系---"+stu.getSName());
        }
    }
```

在例 6.5 中通过 Iterator 的 hasNext()方法访问序列内容,无须知道该集合中实际有多少元素。重新修改例 6.3 中的 print()方法后,其运行结果如图 6.5 所示。

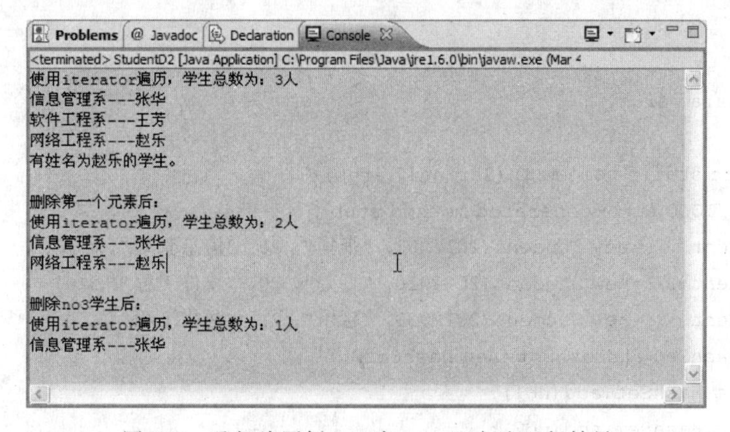


图 6.5　重新编写例 6.3 中 print()方法运行结果

## 6.3　Set 接口及实现

### 6.3.1　Set 接口

Set 接口也是 Collection 的一种扩展,而与 List 不同的是,在 Set 中的对象元素不能重复。它的常用具体实现有 HashSet 和 TreeSet 类。

HashSet 扩展 AbstractSet 并且实现 Set 接口。它创建一个类集,该类集使用散列表进行存储。散列表通过使用散列法的机制来存储信息。散列法的优点在于即使对于大的集合,它允许一些基本操作,如 add()、contains()、remove()和 size()方法的运行时间保持不变。散列集合并没有确保其元素的顺序,因为散列法的处理通常不让自己参与创建排序集合。如果需要排序存储,TreeSet 将更有优势。

TreeSet 为使用树来进行存储的 Set 接口提供了一个工具,是一个有序集合,在存储了大量的需要进行快速检索的排序信息的情况下,TreeSet 是一个很好的选择。

在各种 Sets 中,HashSet 通常优于 TreeSet(插入、查找)。只有当需要产生一个经过排序的序列,才用 TreeSet。下面仍以 6.2.1 节的问题为例子来说明 HashSet 和 TreeSet 类的使用。

### 6.3.2 HashSet 类

**例 6.6** 利用 HashSet 实现元素的添加、删除等操作。

```
package cn.edu.lcu.c06;

import java.util.HashSet;
import java.util.Iterator;
import java.util.List;

public class StudentD4 {

    /**
     * @param args
     * /
    public static void main(String[] args) {
        //TODO Auto-generated method stub
     Student no1=new Student(2012001, "张华", 20, "信息管理");
     Student no2=new Student(2012010, "王芳", 20, "软件工程");
     Student no3=new Student(2012030, "赵乐", 21, "网络工程");
        HashSet stuHashSet=new HashSet();
        stuHashSet.add(no1);
        stuHashSet.add(no2);
        stuHashSet.add(no3);
        System.out.println(stuHashSet.size());          //集合中元素个数
        System.out.println(stuHashSet.isEmpty());       //测试集合是否为空
        System.out.println(stuHashSet.contains(no1));   //测试集合中是否包含某个元素
        String cz=stuHashSet.add(no3) ?"此对象不存在" : "已经存在";
                                                        //测试能否插入重复元素
        System.out.println("测试是否可以添加对象"+cz+"\n");
        print(stuHashSet);
        //测试某个对象是否可以删除
        System.out.println("是否可删除?"+stuHashSet.remove(no3));
        System.out.println("删除后:");
        print(stuHashSet);
    }

    public static void print(HashSet stuHashSet) {
        Iterator t=stuHashSet.iterator();
        while (t.hasNext()) {
            Student stu=(Student) t.next();
            System.out.println(stu.getDept()+"系---"+stu.getSName());
        }
    }
}
```

例 6.6 的运行结果如图 6.6 所示。

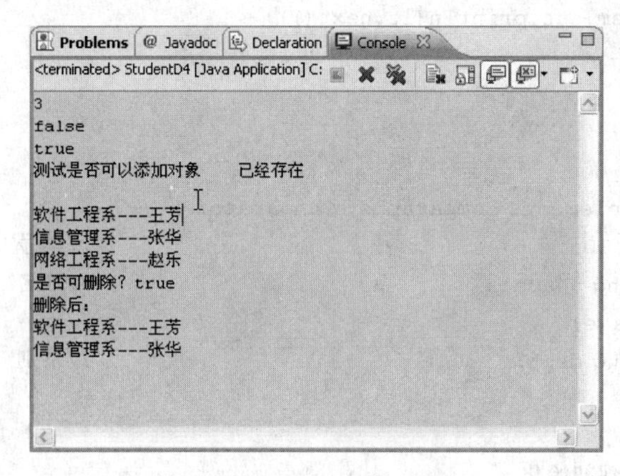


图 6.6　例 6.6 运行结果

在例 6.6 中使用 HashSet 类的方法实现了元素的插入和删除,结果发现 HashSet 是以散列表进行存储的。输出的结果并不是按照输入的先后输出。由于使用了散列函数,因此查找元素的速度较快。

### 6.3.3　TreeSet 类

**例 6.7**　利用 TreeSet 类实现元素的排序操作。

```
package cn.edu.lc.test;

import java.util.Comparator;
import java.util.Iterator;
import java.util.TreeSet;

public class TreeSetTest {

    /**
     * @param args
     * /
public static void main(String[] args) {
        //TODO Auto-generated method stub
        //传递一个比较器来实现你自己的排序方式
    TreeSet tr=new TreeSet(new Student.StudentComparator());
    Student no1=new Student(2012001, "张华", 20, "信息管理");
    Student no2=new Student(2012010, "王芳", 20, "软件工程");
    Student no3=new Student(2012030, "赵乐", 21, "网络工程");
    Student no4=new Student(2012030, "王亚", 21, "网络工程");
        tr.add(no1);
        tr.add(no2);
        tr.add(no3);
        tr.add(no4);
        Iterator it=tr.iterator();
```

```
        while (it.hasNext()) {
            System.out.println(it.next());
        }
    }
}

class Student implements Comparable, Comparator {
    private int sID;                                    //学号
    private String sName;                               //姓名
    private int age;                                    //年龄
    private String dept;                                //系别

    /*
     *构造方法实现初始化
     */
public Student(int sID, String sName, int age, String dept) {
        this.sID=sID;
        this.sName=sName;
        this.age=age;
        this.dept=dept;
    }

    public int compareTo(Object o) {
        Student st= (Student) o;
        int result;
        result=sID>st.sID ?1 : (sID==st.sID ?0 : -1);  //如果学号相等,就按姓名排列
        /*
         *if(result==0) {return name.compareTo(st.name);}
         */
        return result;
    }

    //实现 Comparator 接口并实现它的抽象方法
    public int compare(Object o1, Object o2) {
        Student st1= (Student) o1;
        Student st2= (Student) o2;
        return st1.sName.compareTo(st2.sName);

    }

    //重写 toString()方法,因为如果不重写,打印出来的是 16 进制代码
    public String toString() {
        return "学号="+sID+"; 姓名="+sName;
    }

    public static class StudentComparator implements Comparator {
```

```
        public int compare(Object o1, Object o2) {
            Student st1=(Student) o1;
            Student st2=(Student) o2;
            int result;
            result=st1.sID>st2.sID ?1 : (st1.sID==st2.sID ?0 : -1);
            if (result==0)                          //如果学号相等,就进行名字排序
            {
                result=st1.sName.compareTo(st2.sName);
            }
            return result;
        }
    }
}
```

程序运行结果如图 6.7 所示。

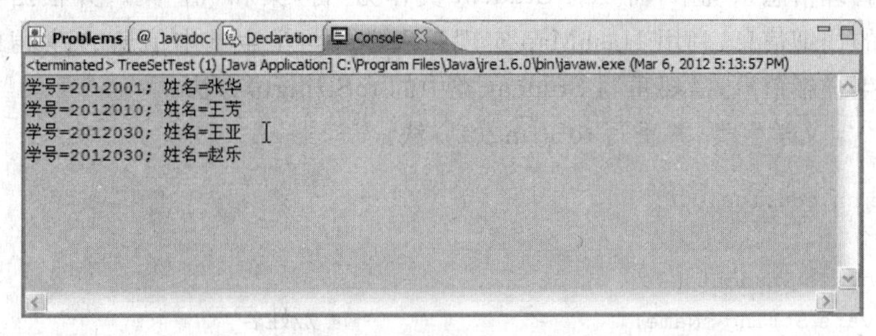


图 6.7 例 6.7 运行结果

从例 6.7 中可以看出,TreeSet 是一个有序集合,它的元素按照升序排列,默认是按照自然顺序排列,也就是说 TreeSet 中的对象元素需要实现 Comparable 接口。HashSet 是基于 hash 算法实现的,性能优于 TreeSet。通常使用 HashSet,在需要对其中元素排序的时候才使用 TreeSet。表 6.3 列出了 HashSet 和 TreeSet 类的常用方法。

**表 6.3 HashSet 和 TreeSet 类的常用方法**

| 方　法 | 说　明 |
| --- | --- |
| HashSet() | 构建一个空的哈希集 |
| HashSet(Collection c) | 构建一个哈希集,并且添加集合 c 中所有元素 |
| HashSet(int initialCapacity) | 构建一个拥有特定容量的空哈希集 |
| HashSet(int initialCapacity, float loadFactor) | 构建一个拥有特定容量和加载因子的空哈希集。LoadFactor 是 0.0～1.0 之间的一个数 |
| TreeSet() | 构建一个空的树集 |
| TreeSet(Collection c) | 构建一个树集,并且添加集合 c 中所有元素 |
| TreeSet(Comparator c) | 构建一个树集,并且使用特定的比较器对其元素进行排序 |

## 6.4 Map 接口及其实现

在学生管理系统中，需要一个学号对应一名学生，这样就可以通过学号获取该学生的基本信息。如果将学号作为“键”，则学生信息就为“值”，这样键和值之间就形成了关联。在 Java 的集合对象中，Map 接口用于维护键/值对(key/value pairs)，该接口描述了从不重复的键到值的映射。Map 接口常用的实现类有：HashMap 和 TreeMap。Map 用 put(k,v) / get(k)，还可以使用 containsKey()/containsValue()来检查其中是否含有某个 key/value。

HashMap 用于快速查找。在 Map 接口中，HashMap 用得比较多，如果需要对集合中的元素进行排序，才可以用 TreeMap，不需要排序就用 HashMap。

### 6.4.1 HashMap 用法

在学生管理信息系统中，需要有 Student 类作为“键”集和“值”集。并根据学生学号输出对应学生的详细信息，利用 HashMap 实现学生学号与学生基本信息的键-值映射。首先为了输出学生详细信息，需要重写 Student 类中的 toString()方法。

**例 6.8** 定义学生类，并重写 toString()方法。

```
package cn.edu.lcu.c06;

public class Student {
    private String sName;                          //姓名
    private int age;                               //年龄
    private String dept;                           //系别

    /*
     * 构造方法实现初始化
     */

    public Student(String sName, int age, String dept) {
        this.sName=sName;
        this.age=age;
        this.dept=dept;
    }

    public String getSName() {
        return sName;
    }

    public void setSName(String name) {
        sName=name;
    }

    public String getDept() {
```

```
        return dept;
    }

    public void setDept(String dept) {
        this.dept=dept;
    }

    /*
     * 重写 object 中的 toString()方法
     */
    public String toString() {
        return dept+"系,"+"姓名:"+sName+","+age+"岁\n";
    }
}
```

利用例 6.8 所示代码使用 HashMap 实现具体功能,具体操作见例 6.9。

**例 6.9** 利用 HashMap 实现对学生信息的操作。

```
package cn.edu.lcu.c06;

import java.util.HashMap;
import java.util.Map;

public class HashMapTest {

    /**
     * @param args
     */
    public static void main(String[] args) {
        //TODO Auto-generated method stub
        Student stu1=new Student("张华", 20, "信息管理");
        Student stu2=new Student("王芳", 20, "软件工程");
        Student stu3=new Student("赵乐", 21, "网络工程");
        Map stu=new HashMap();
        //实现学生学号与学生基本信息的键-值映射,存放于 HashMap 中
        stu.put(2012001, stu1);
        stu.put(2012010, stu2);
        stu.put(2012030, stu3);
        //输出集合中的键集、值集和键-值对
        System.out.println("键集:"+stu.keySet());
        System.out.println("值集:"+stu.values());
        System.out.println("键--值对:"+stu);
        //返回当前集合中映射数量
        System.out.println(stu.size());
        //判断当前集合中是否存在映射
        System.out.println(stu.isEmpty());
```

```
        //判断集合中是否存在某键,存在则输出其对应的值
        if (stu.containsKey(2012001)) {
            System.out.println(stu.get(2012001));
        }
        //删除集合中与 key 相关的映射
        stu.remove(2012030);
        System.out.println("键--值对:"+stu);
        //删除集合中所有映射
        stu.clear();
        System.out.println("键--值对:"+stu);
    }
}
```

程序运行结果如图 6.8 所示。

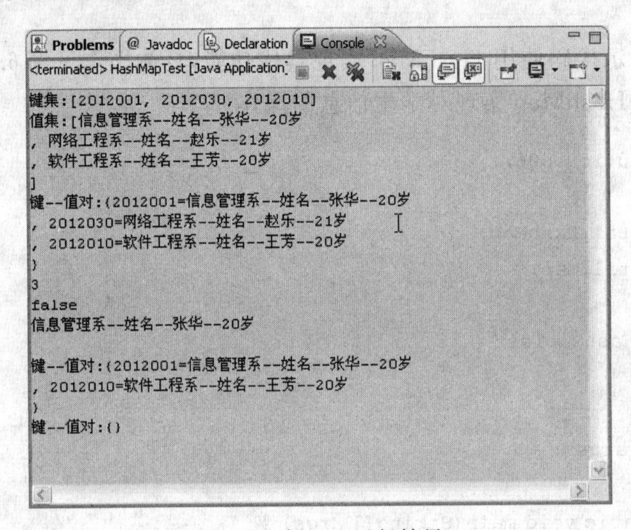


图 6.8　例 6.9 运行结果

从例 6.9 可以看出,使用 Map 接口中的 HashMap 实现了系统的功能。

### 6.4.2　TreeMap 用法

TreeMap 同样实现了 Map 的接口。在 TreeMap 中的 key 或 key-value pairs 是以排序形式出现,因此执行效率没有 HashMap 高。但如果需要得到以排序形式的结果,就需要使用 TreeMap 实现。表 6.4 给出了 Map 接口常用的方法。

**表 6.4　Map 接口常用方法**

| 方　法 | 说　明 |
|---|---|
| Object put(Object key, Object value) | 将互相关联的一个关键字与一个值放入该集合。如果该关键字已经存在,那么与此关键字相关的新值将取代旧值。方法返回关键字的旧值,如果关键字原先并不存在,则返回 null |
| Object remove(Object key) | 从集合中删除与 key 相关的映射 |
| void putAll(Map t) | 将来自特定集合的所有元素添加给该映像 |

续表

| 方　法 | 说　明 |
|---|---|
| void clear() | 从集合中删除所有映射 |
| Object get(Object key) | 获得与关键字 key 相关的值，并且返回与关键字 key 相关的对象，如果没有在该集合中找到该关键字，则返回 null |
| boolean containsKey(Object key) | 判断集合中是否存在关键字 key |
| boolean containsValue(Object value) | 判断集合中是否存在值 value |
| int size() | 返回当前集合中映射的数量 |
| boolean isEmpty() | 判断集合中是否有任何映射 |
| Set keySet() | 返回映像中所有关键字的集合 |
| Collection values() | 返回映像中所有值的集合 |

注：键和值都可以为 null

## 6.5 泛型集合

泛型(Generic type 或者 generics)是对 Java 语言的类型系统的一种扩展，以支持创建可以按类型进行参数化的类。使用 Map 的 put(Object key, Object value)和 get (Object key)存取对象时必须进行强制类型转换，烦琐而且容易出现异常。例如：

```
Map m=new HashMap();
m.put("key", "value");
String s=(String) m.get("key");
```

要让程序通过编译，必须将 get()的结果强制类型转换为 String。但对于该映射中保存的非 String 类型，上述代码将会抛出 ClassCastException 异常。为有效的解决此类问题，JDK5.0 中通过引入泛型的概念，并通过使用泛型改写了集合框架中的所有接口和类。下面通过使用泛型集合修改例 6.4 以体验泛型带来的好处。

**例 6.10**　利用泛型集合，避免了元素的强制转换。

```
package cn.edu.lcu.c06;

import java.util.LinkedList;
import java.util.List;

public class StudentD3 {

    /**
     * @param args
     */
    public static void main(String[] args) {
        //TODO Auto-generated method stub
        Student no1=new Student(2012001, "张华", 20, "男", "信息管理");
```

```
        Student no2=new Student(2012010, "王芳", 20, "女", "软件工程");
        Student no3=new Student(2012030, "赵乐", 21, "男", "网络工程");
        LinkedList<Student>studentList=new LinkedList<Student>();
                                                    //标记元素类型为 Student
        studentList.add(no1);
        studentList.addFirst(no2);                  //在集合的首部添加学生信息
        studentList.addLast(no3);                   //在集合的尾部添加学生信息
        Student studentFirst=studentList.getFirst();  //无需强制类型转换
        System.out.println("第一位学生的姓名是: "+studentFirst.getSName());
        Student studentLast=studentList.getLast();    //无需强制类型转换
        System.out.println("最后一位学生的姓名是: "+studentLast.getSName());
        studentList.removeFirst();                  //删除第一条学生信息
        studentList.removeLast();                   //删除最后一条学生信息
        /*
         * 显示删除后学生信息
         */
        System.out.println("\n 删除后学生人数为: "+studentList.size()+"人");
        for (int i=0; i<studentList.size(); i++) {
            Student stu=studentList.get(i);         //无需强制类型转换
            System.out.println(i+1+":"+stu.getDept()+"系---"
                    +stu.getSName());
        }
    }
}
```

在例 6.10 中使用泛型对例 6.4 进行了修改,有效地避免了在集合中通过 get(int index) 取出 List 中元素时的强制转换问题。同样,泛型也可以在有两个参数的集合中如 Map 接口中使用。

**例 6.11** 泛型在有两个参数的集合中的使用。

```
package cn.edu.lcu.c06;

import java.util.HashMap;
import java.util.Map;

public class Test {

    /**
     * @param args
     */
    public static void main(String[] args) {
        //TODO Auto-generated method stub
        //1、使用 HashMap 存储省级域名和相应省市的键值集合
        Map<String, String>citys=new HashMap<String, String>();
        citys.put("sd", "山东");
        citys.put("bj", "北京");
```

```java
        citys.put("sh", "上海");
        citys.put("sx", "陕西");

        //2、显示"bj"对应省级域名的省市
        String city=citys.get("bj");
        System.out.println("bj 域名对应的省市是: "+city);
    }
}
```

# 6.6 项目练习

## 6.6.1 上机任务 1

**1. 训练目标**

掌握 List 接口的定义,会使用基本的 ArrayList 和 LinkedList。

**2. 需求说明**

修改 EmployeeDao,增加查询所有员工信息的方法,并用 ArrayList 实现该方法。

**3. 参考提示**

(1) 修改接口类 EmployeeDao. java,添加查询所有员工信息的方法。

(2) 用 ArrayList 实现该方法。

(3) 在测试函数中调用该方法输出员工全部信息。

**例 6.12** 用 ArrayList 实现查询所有员工信息的方法。

(1) EmployeeDao. java 代码如下:

```java
package com.dao;
import java.util.List;
import com.entity.Employee;
public interface EmployeeDao {
    public void addEmployee(Employee employee);          //定义添加员工信息的方法
    public void updateEmployee(Employee employee);       //定义修改员工信息的方法
    public void deleteEmployee(int employeeID);          //定义删除员工信息的方法
    public Employee findEmployeeById(int employeeID);    //定义按 ID 查询员工信息的方法
    public List findAllEmployee();                       //定义查询所有员工信息的方法
}
```

(2) 接口实现类 EmployeeDaoImpl. java 主要代码如下:

```java
public List findAllEmployee() {
    List list=new ArrayList();
    for (int i=1; i<3; i++) {
        Employee employee=new Employee(i, ""+i, false, 20+i, ""+i,""+i, ""+i,
        true, ""+i);
        list.add(employee);
    }
    return list;
```

```
}
```

(3) 测试类主要代码如下：

```
package entity.test;

import java.util.List;
import com.dao.EmployeeDao;
import com.daoImpl.EmployeeDaoImpl;
import com.entity.Employee;

public class TestList {

    /**
     * @param args
     */
    public static void main(String[] args) {
        //TODO Auto-generated method stub
        EmployeeDao employeeDao=new EmployeeDaoImpl();
        List listEmployee=employeeDao.findAllEmployee();
        for (int i=0; i<listEmployee.size(); i++) {
            Employee employee=(Employee) listEmployee.get(i);
            employee.info();
        }
    }
}
```

测试结果如图 6.9 所示。

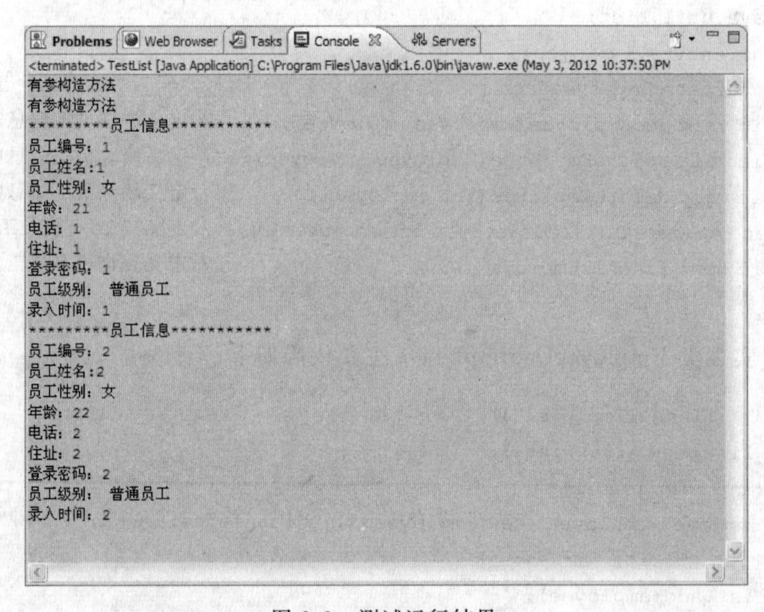


图 6.9 测试运行结果

**4. 练习**

修改 MesssageDao，增加查询所有消息的方法，用 LinkedList 实现该方法。

**5. 参考提示**

(1) 修改接口类 MesssageDao，添加查询所有消息的方法。

(2) 用 LinkedList 实现该方法。

(3) 在测试函数中调用该方法输出全部信息。

### 6.6.2 上机任务 2

**1. 训练目标**

掌握 Set 接口的定义，会使用基本的 HashSet 和 TreeSet。

**2. 需求说明**

编写一个测试类，创建 HashSet 对象，向 HashSet 对象中添加 Message 基本信息。在插入对象前调用 HashSet 对象的方法测试该集合中是否存在重复元素，接着实现元素的删除，并实现集合元素的输出。

### 6.6.3 上机任务 3

**1. 训练目标**

掌握 Map 接口的定义，会使用基本的 HashMap。

**2. 需求说明**

编写一个测试类，创建 HashMap 对象，并添加 Message 基本信息(消息标题、消息内容、消息 ID)。然后通过消息 ID 判断该集合中是否存在该消息，如果存在就输出。运行结果如图 6.10 所示。

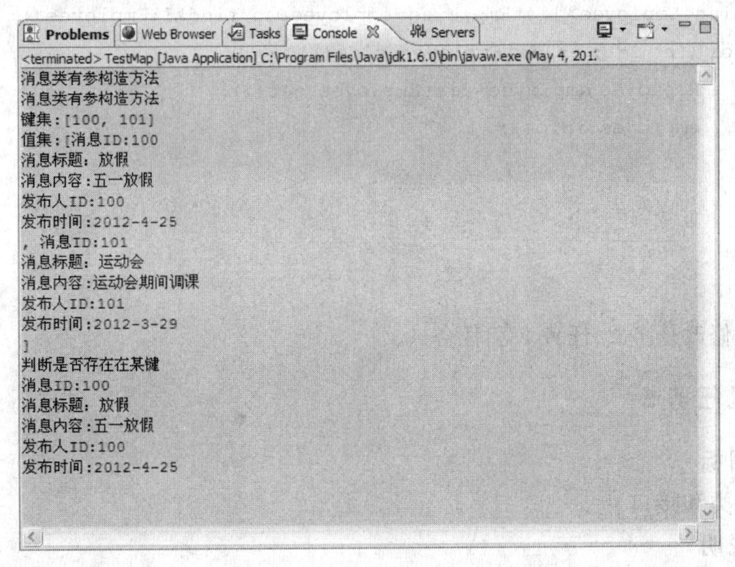


图 6.10　HashMap 输出结果

### 6.6.4 上机任务 4

**1. 训练目标**

掌握泛型的使用。

**2. 需求说明**

利用泛型改写上机任务 1 中的代码。

修改后的测试类代码见例 6.13。

**例 6.13** 利用泛型改写上机任务 1 中测试用例。

```
package entity.test;

import java.util.List;
import com.dao.EmployeeDao;
import com.daoImpl.EmployeeDaoImpl;
import com.entity.Employee;

public class TestList {

    /**
     * @param args
     */
    public static void main(String[] args) {
        //TODO Auto-generated method stub
        EmployeeDao employeeDao=new EmployeeDaoImpl();
        List<Employee>listEmployee=employeeDao.findAllEmployee();
        for (int i=0; i<listEmployee.size(); i++) {
            Employee employee=listEmployee.get(i);
            employee.info();
        }
    }
}
```

**3. 练习**

利用泛型修改任务 2、任务 3 和任务 4。

### 6.6.5 上机任务 5

**1. 训练目标**

修改实体类和接口。

**2. 需求说明**

修改实体类和接口。

(1) 实体类见表 6.5。

(2) 接口见表 6.6。

**表 6.5 实体类**

| 类名 | Employee | Message | Reply | Criticism |
|---|---|---|---|---|
| 属性 | int employeeId | int messageId | int replyId | int criticismId |
| | String name | String messageTitle | String replyContenet | String criticismContenet |
| | boolean sex | String messageContenet | Date replyTime | Date criticismTime |
| | int age | int employeeId | int messageId | int messageId |
| | String phone | Date publishTime | int employeeId | int employeeId |
| | String place | | | |
| | String password | | | |
| | boolean isLead | | | |

**表 6.6 接口**

| 接口 | EmployeeDao | MessageDao | ReplyDao | CriticismDao |
|---|---|---|---|---|
| 方法 | 添加员工信息 | 添加消息 | 添加回复消息 | 添加批复 |
| | 修改员工信息 | 修改消息 | 按照消息 Id 查找回复消息 | 按文章 ID 查找批复 |
| | 删除员工信息 | 删除消息 | 查询消息回复记录数 | |
| | 查询所有员工信息 | 分页查询消息 | | |
| | 按照 Id 查询员工信息 | 按照 Id 查询消息 | | |
| | | 查询消息记录数 | | |

# 第7章 异常处理

**本章要点**

- 异常的基本概念
- 处理异常的方法

## 7.1 Java异常

### 7.1.1 异常简介

异常(exception)即意外,就是在程序执行过程中出现本身没有预料的情况,从而导致程序错误结束。当程序出现异常后,就必须处理异常,之后才能继续执行。传统语言编写程序时,程序员只能通过函数返回值来发出错误信息,这容易导致很多错误,因为在很多情况下需要知道错误产生的内部细节。

在Java中有专门的异常处理机制实现对异常的处理。Java对异常的处理是面向对象的,一个Java的异常就是一个描述异常情况的对象。当出现异常时,一个异常对象就产生了,并放到产生这个异常的成员函数中。由于异常的存在,使得用以处理错误程序的代码变得井然有序。通过异常处理机制能够处理程序中可能产生的异常,提高了程序代码的可读性。

### 7.1.2 异常的产生

有一段程序代码,要求从键盘输入两个数,并计算这两个数的商。具体代码见例7.1。

**例7.1** 由于异常的出现可能会造成程序中断执行。

```
package cn.edu.lcu.c07;

import java.util.Scanner;

public class ExceptionTest1 {

    /**
     * @param args
     */
    public static void main(String[] args) {
        //TODO Auto-generated method stub
        System.out.println("请输入两个数字:");
        Scanner in=new Scanner(System.in);
        int n1=in.nextInt();
        int n2=in.nextInt();
```

```
            int s=n1 / n2;
            System.out.println("n1与n2的商为: "+s);
        }
    }
```

在正常情况下,按照提示输入两个数,结果如图 7.1 所示。

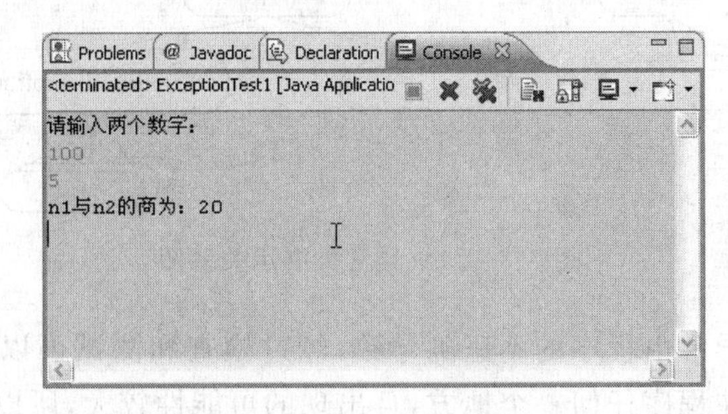


图 7.1　例 7.1 正常情况输出

在输入时,如果 n2 的值输入为零,则程序就会发生异常,并显示异常类型,其结果如图 7.2 所示。

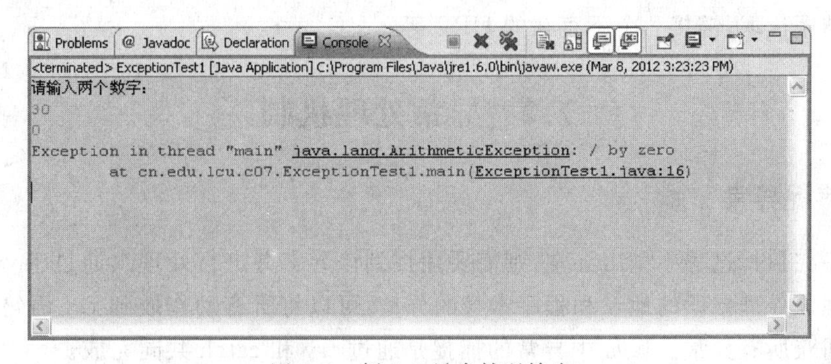


图 7.2　例 7.1 异常情况输出

例中,程序运行遇到了异常信息 Java. lang. AtithmeticException,该信息指明本例中所遇到的异常信息类型为:被 0 除。

在 Java 中异常的产生,首先会先用 new 创建一个异常对象,然后停止当前程序执行并释放当前异常对象的地址。此时异常处理机制利用异常处理函数处理异常,之后可以继续执行程序或结束当前程序并报错。

## 7.1.3　Java 的异常类

Java 对大多数常见的异常都定义了异常类,均为 java. lang. Throwable 类的子类,如图 7.3 所示。

由图 7.3 可知,Throwable 类直接派生出两个子类:Error(错误)类和 Exception(异常)类。Error 类指系统异常或运行环境的异常,一般即使捕捉到通常也无法处理,由系统保留;Exception 类的异常指 Java 虚拟机运行时产生的,一般应用程序可以处理的异常。

常见异常类型如下:

(1) RuntimeException(运行时异常):主要包括错误的类型转换、数组下标越界和空指

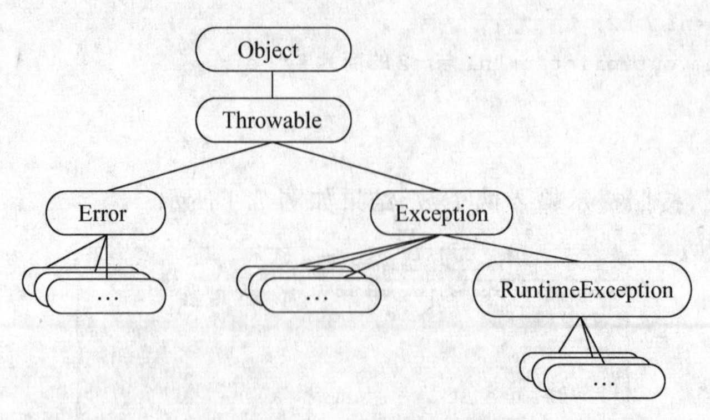


图 7.3　Java 异常类继承关系图

针、数组越界等，该类异常由程序的不正确导致，经过检查和测试可以检查出该类异常。由于该类错误可能出现在程序任何一个地方，且出现的可能性较大，所以编译器不要求程序去捕捉该类异常，而是由编译器提供默认的异常处理程序。

(2) Non-RuntimeException(非运行时异常)：由编译器在编译时产生。通常由环境因素造成，而不是程序本身错误，如 IOException，主要包括从一个不存在的文件中读取数据、越过文件结尾读取、链接一个不存在的 URL 等。

## 7.2　异常处理机制

### 7.2.1　捕捉异常

当程序在执行过程中抛出异常，则需要捕捉到该异常并进行处理。通过 Java 的异常处理机制实现了处理错误的地点和程序本身的分离，可以将所有动作放到 try 语句块中，然后在单一地捕获所有异常。Java 中异常的捕捉是通过 try 和 catch 共同完成。

**1. try**

在程序执行过程中如果出现异常，程序一般会抛出异常并终止程序的执行。如果要继续程序的执行而不退出，则可以在程序某区间捕捉到该异常。这个区间就是 try 语句块。在程序中如果某段代码可能产生异常则将此段代码放入 try 语句块即可。

**2. catch**

要进行异常处理，就需要将抛出的异常捕捉到。Java 语言规定在 catch 语句块中捕获异常。catch 语句块放在 try 语句块的后面，在 catch 语句块中包含一个异常类型和一个异常对象。其异常类型一般是 Java 异常类型 java. lang. Exception 类或其子类。

Java 捕捉异常的一般结构如下：

```
try{
    //可能产生的异常代码段
}catch(Type1 id1){
    //处理 Type1 型的异常类
}catch(Type2 id2){
    //处理 Type2 型的异常类
```

```
    }catch(Type3 id3){
        //处理 Type3 型的异常类
    }
```

catch 语句块必须紧接着 try 语句块。当有异常被抛出时，Java 的异常处理机制就会自动找到第一个匹配的异常类型，进入 catch 语句执行。在执行 catch 语句块时，只有和抛出异常类型匹配的 catch 语句块才会执行。catch 语句块中异常类型的排列顺序是从特殊到一般，最后的 catch 中的异常类型一般是 Exception 类。

为了详细说明 Java 异常处理的执行流程，下面的例子以例 7.1 为基础，加上相应的异常处理。

**例 7.2** 加入程序异常处理模块的实例。

```
package cn.edu.lcu.c07;

import java.util.InputMismatchException;
import java.util.Scanner;

public class ExceptionTest2 {
    /**
     * @param args
     */
    public static void main(String[] args) {
        //TODO Auto-generated method stub
        System.out.println("请输入两个数字：");
        Scanner in=new Scanner(System.in);
        try {
            int n1=in.nextInt();
            int n2=in.nextInt();
            int s=n1 / n2;
            System.out.println("n1 与 n2 的商为："+s);
        } catch (InputMismatchException e1) {
            System.out.println("输入数据不是数字!");
            e1.printStackTrace();
        } catch (ArithmeticException e2) {
            System.out.println(" 输入 n2 不能为零!");
            e2.printStackTrace();
        } catch (Exception e) {
            System.out.println("输入错误!");
        }
        System.out.println("程序执行完毕!");
    }
}
```

Java 中的异常捕捉执行流程比较简洁。程序首先执行 try 语句块中的代码。在执行过程中一般会出现以下几种情况：

(1) 程序正常执行完 try 语句块中的代码,没有产生异常。此时不执行任何 catch 语句块中的代码,其结果如图 7.4 所示。

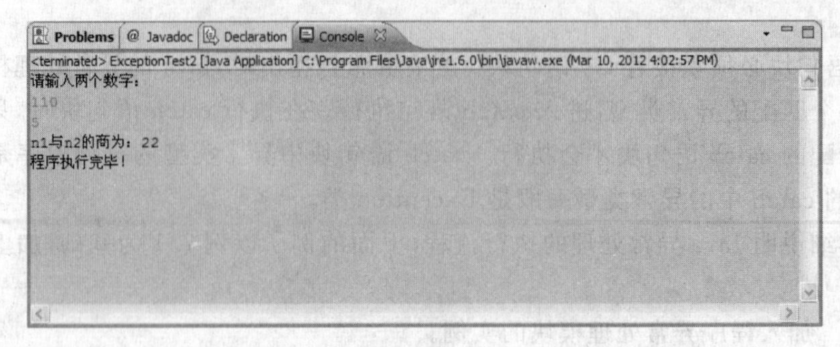


图 7.4 程序无异常情况下的输出

(2) 程序在执行 try 语句块时出现了异常,并且出现的异常至少和一个 catch 语句块中声明的异常类型匹配。这时从产生异常代码处开始到 try 语句块的结尾之间的代码将不执行,而转入执行相应的 catch 语句块。对于例 7.2 中的程序来说,在控制台输入 n2 的值时输入数字 0,这时输入语句"int n2=in.nextInt();"将抛出 ArithmeticException 类型的异常。这时程序在第二个 catch 块中找到了和 ArithmeticException 类型匹配的异常类,故程序转入第二个 catch 块执行相应的代码,输出结果如图 7.5 所示。

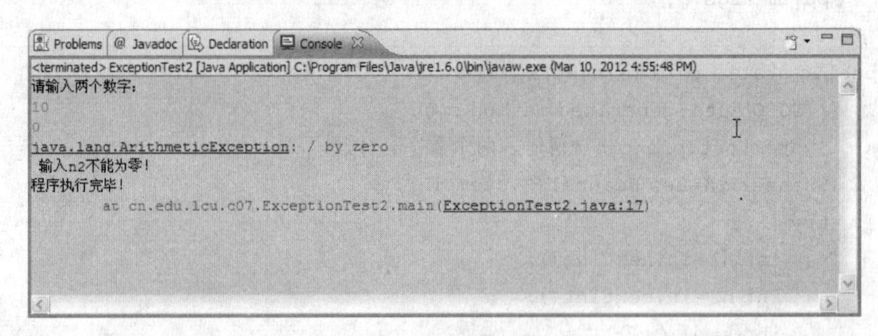


图 7.5 抛出异常的输出

在例 7.2 中通过"e2.printStackTrace();"可以将异常信息以堆栈的形式输出。

(3) 程序在执行 try 语句块时出现了异常,但是在 catch 块中没有找到相匹配的类型,此时程序会终止执行。

**例 7.3** 没有捕捉到异常的程序执行情况。

```
package cn.edu.lcu.c07;

import java.util.InputMismatchException;
import java.util.Scanner;

public class ExceptionTest3 {

    /**
     * @param args
     */
```

```
    public static void main(String[] args) {
        //TODO Auto-generated method stub
        System.out.println("请输入两个数字：");
        Scanner in=new Scanner(System.in);
        try {
            int n1=in.nextInt();
            int n2=in.nextInt();
            int s=n1 / n2;
            System.out.println("n1与n2的商为："+s);
        } catch (ArithmeticException e1) {
            System.out.println(" 输入n2不能为零!");
            e1.printStackTrace();
        }
        System.out.println("程序执行完毕!");
    }
}
```

当在控制台输入 a 时，例 7.3 将会抛出异常 InputMismatchException 的异常。由于该类型的异常在 catch 语句块中没有声明，因此找不到相匹配的类型，程序就在此中断。在此之后的程序代码“System. out. println("程序执行完毕!");”也就不会执行，只是在控制台输出异常中断的堆栈信息，如图 7.6 所示。

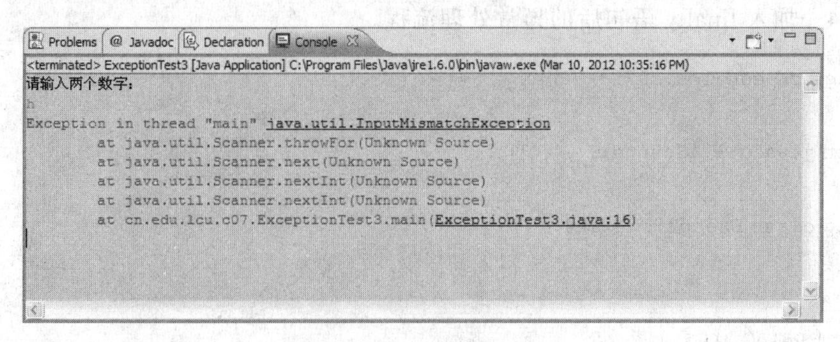


图 7.6　程序异常中断输出

在 Java 中定义的异常类都是 Exception 的子类，在程序设计时可以根据抛出的异常信息判断程序出现的问题，表 7.1 给出了常见的异常信息。

**表 7.1　常见的异常处理**

| 类　名 | 异　常　处　理 |
|---|---|
| ArithmeticException | 除数为 0 产生的异常 |
| NullPointerException | 程序试图访问一个空数组的元素或空对象中的方法引起的异常 |
| InputMismatchException | 数据类型和输入的类型不匹配 |
| OutOfMemoryException | 使用 new 时，系统无法分配内存空间 |
| IOException | IO 操作不能进行或文件未打开引起的异常 |
| IllegalAcessException | 访问非 public 方法引起的异常 |
| ArrayIndexOutOfBoundsException | 数组元素下标越界 |

### 7.2.2 finally

在程序设计中会有这种需求：程序无论是否抛出异常，都要执行某段程序代码。在Java中的finally关键字就可以实现这个功能，将finally放于所有异常处理函数之后。异常处理的完整结构如下：

```
try{
    //可能产生的异常代码
}catch(Type1 id1){
    //处理Type1型的异常类
}catch(Type2 id2){
    //处理Type2型的异常类
}catch(Type3 id3){
    //处理Type3型的异常类
}finally{
//总会执行的代码
}
```

对例7.3进行修改，加入finally语句块，这样就能确保finally中的语句块总能执行。修改后的代码如例7.4所示。

**例7.4** 加入finally语句后的异常处理流程。

```
package cn.edu.lcu.c07;

import java.util.Scanner;

public class ExecptionTest4 {

    /**
     * @param args
     * /
    public static void main(String[] args) {
        //TODO Auto-generated method stub
        System.out.println("请输入两个数字：");
        Scanner in=new Scanner(System.in);
        try {
            int n1=in.nextInt();
            int n2=in.nextInt();
            int s=n1/n2;
            System.out.println("n1与n2的商为："+s);
        } catch (ArithmeticException e1) {
            System.out.println(" 输入n2不能为零!");
            e1.printStackTrace();
        }finally{
        System.out.println("欢迎再次使用,谢谢!");
```

```
            }
        }
    }
```

如果程序正常执行完,则 finally 块中的语句就会执行。例如,在控制台依次输入 90 和 9,则 catch 块中的语句不会被执行,finally 块中的语句则正常执行,输出结果如图 7.7 所示。

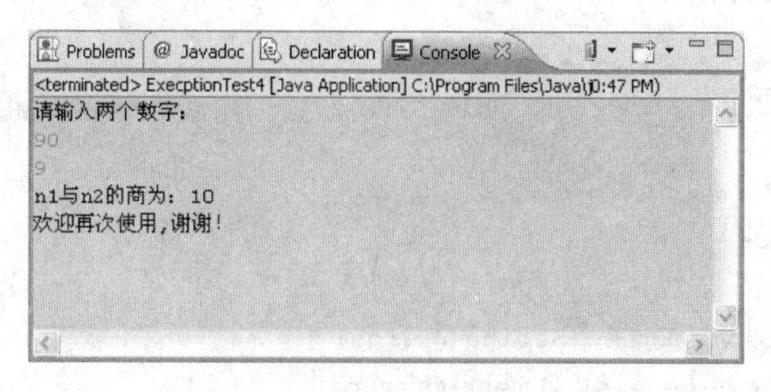


图 7.7 正常情况下的输出界面

如果程序出现异常,无论此异常是否被捕捉到,则 finally 块中的语句也会执行。例如,在控制台输入 k,此时该异常没有被捕捉到,finally 块中的语句还是能够顺利执行,输出结果如图 7.8 所示。

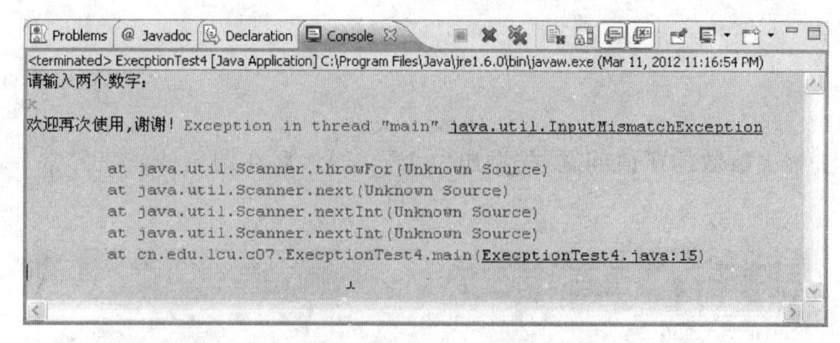


图 7.8 异常情况下的输出界面

### 7.2.3 抛出异常

当程序中的某些问题无法解决,需要在其他地方解决,此时就可以以人为的方式抛出一个异常转入相应的处理程序。在 Java 中抛出异常是用关键字 throw 实现的,其目的是抛出一个具体的异常类型。下面以实例说明 throw 的用法。

**例 7.5** 利用 throw 抛出程序异常。

```
package cn.edu.lcu.c07;

public class Num {
    public int div(int n1, int n2) {
        if (n2==0) {
            throw new ArithmeticException("n2 不能为 0!");
        } else {
```

```
            return n1/n2;
        }
    }
}
```

捕捉异常:

```
package cn.edu.lcu.c07;

public class NumTest {

    /**
     * @param args
     */
    public static void main(String[] args) {
        //TODO Auto-generated method stub
        Num n=new Num();
        try {
            System.out.println(n.div(4, 0));
        } catch (ArithmeticException ex) {
            System.out.println(ex.getMessage());
        }
    }
}
```

由于无法解决参数的赋值问题,先抛出一个异常,然后在调用处捕获异常。输出结果如图 7.9 所示。

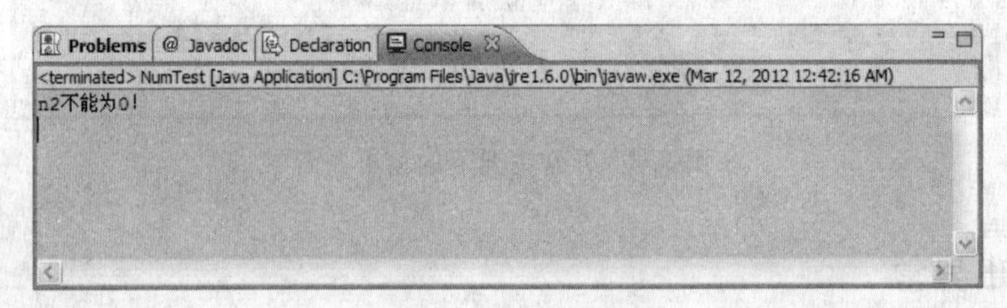


图 7.9　例 7.5 输出结果

## 7.2.4　声明异常

Java 中可以使用关键字 throws,在程序方法声明处声明该方法可能抛出的异常。这样可以在该方法中不处理异常,而交由被调用者处理。下面是在例 7.5 程序中加入 throws 后的程序。

**例 7.6**　声明并抛出异常的处理流程。

```
package cn.edu.lcu.c07;

public class Num {
    public int div(int n1, int n2) throws ArithmeticException{
```

```
        if (n2==0) {
            throw new ArithmeticException("n2不能为 0!");
        } else {
            return n1/n2;
        }
    }
}
```

捕获异常：

```
package cn.edu.lcu.c07;

public class NumTest {

    /**
     * @param args
     */
    public static void main(String[] args) {
        //TODO Auto-generated method stub
        Num n=new Num();
        try {
            System.out.println(n.div(4, 0));
        } catch (ArithmeticException ex) {
            System.out.println(ex.getMessage());
        }
    }
}
```

例 7.6 的运行结果如图 7.10 所示。

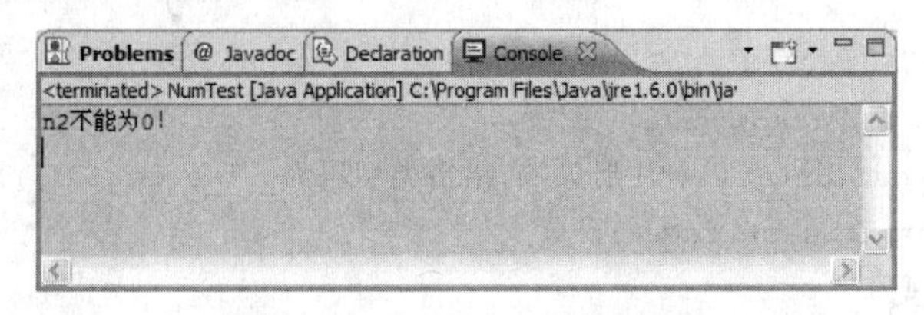


图 7.10　例 7.6 运行结果

### 7.2.5　编写自己异常类

Java 中的异常处理并非只使用 Java 类库提供的异常类。用户可以根据自己的需求编写自己的异常类，来表示程序编写中可能产生的特定错误。

要编写自己的异常类，需要继承现有的异常类型。一般编写步骤如下。

(1) 通过继承 java.lang.Exception 类来声明自己的异常类。

(2) 在方法适当的位置生成自定义异常的实例，并用 throw 语句抛出异常。

(3) 在方法的声明部分用 throws 语句声明该方法可能抛出的异常。

**例 7.7**　编写自己的异常类，该异常类继承 Exception 类。

```java
package cn.edu.lcu.c07;

public class MyException extends Exception {
    private int id;

    public MyException(String message, int id) {
        super(message);
        this.id=id;
    }

    public int getId() {
        return id;
    }
}
```

测试函数：

```java
package cn.edu.lcu.c07;

public class MyExceptionTest {
public void regist(int num) throws MyException {
      if (num<100) {
          throw new MyException("注册人数不够 100,不能满足需求", 3);
        }
        System.out.println("注册人数 "+num);
    }

public void manager() {
     try {
         regist(50);
        } catch (MyException e) {
        System.out.println("注册失败,出错类型码为: "+e.getId());
            e.printStackTrace();
        } finally {
            System.out.println("欢迎您再次使用本系统!");
        }
    }

    /**
     * @param args
     */
    public static void main(String[] args) {
        //TODO Auto-generated method stub
        MyExceptionTest n=new MyExceptionTest();
        n.manager();
```

```
    }
}
```

在例 7.7 中异常类 MyException 继承了 Java 异常类 Exception，添加了构造函数和成员。实际上，异常就是一种对象，在程序中加入异常可以提高程序的健壮性。例 7.7 的执行结果如图 7.11 所示。

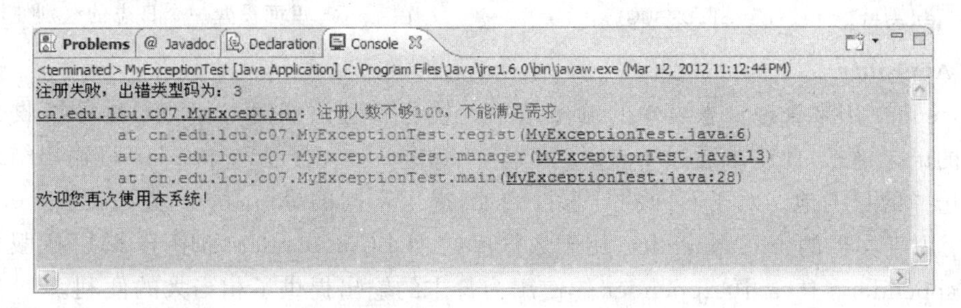


图 7.11　例 7.7 运行结果

## 7.3　异常日志

Java 的异常信息是在控制台输出，当退出程序时，信息将不被保存。如果想查阅相关异常信息，就需要将相应的异常信息保存成文件形式存放，这样就可以随时查阅。这样的文件称为日志。Java 中异常日志主要是通过第三方的日志框架记录。

### 7.3.1　log4j

log4j 是 Apache 的一个开放源代码项目，使用 log4j，可以控制日志信息输送的目的地是控制台、文件、GUI 组件甚至是套接口服务器、NT 的事件记录器、UNIX Syslog 守护进程等。log4j 可以控制每一条日志的输出格式，定义每一条日志信息的级别，这些操作可以通过一个配置文件来灵活地进行配置，而不需要修改应用的代码。而且，通过使用各种第三方扩展，很方便地将 log4j 集成到 J2EE、JINI 甚至是 SNMP 应用中。

log4j 中主要有三个核心组件：Logger、Appender 和 Layout，除此之外，它允许开发人员自定义多个 Logger，每个 Logger 有自己的名字，Logger 之间通过名字来表示隶属关系。其中只有一个 Logger 称为 Root，这个 Logger 不能通过名字来检索，可以直接使用 Logger. getRootLogger()获取，其他的 Logger 都可以使用 Logger. getLogger(String name)方法获取。

**1. Logger**

Logger 是在执行应用程序时，接收日志语句生成的日志请求。它是一种重要的日志处理组件，可以通过 log4j API 的 logger 类对其进行访问。它的方法有：debug、info、warn、error、fatal 和 log，利用这些方法可记录消息。

日志级别一共分为五个级别，由低到高依次是：debug、info、warn、error 和 fatal。Logger 组件中的方法只有当它的级别大于或等于 Logger 组件配置的日志级别时才调用。如果定义的级别是 info，那么 error 和 warn 的日志可以显示，但比 info 级别低的 debug 信息不能显示。默认情况下,Logger 的级别是 DEBUG。

创建 Logger 的方式主要有以下几种：

```
Logger logger=Logger.getRootLogger();        //创建根日志器
Logger logger=new Logger("MyLogger");        //创建一个新的日志器
Logger logger=new Logger(MyClass.class);     //创建一个基于类的日志器
logger.setLevel(Level.DEBUG);                //在 log4j 里面设置一个日志的级别使用语句
```

**2. Appender**

Appender 用来管理日志语句的输出结果。执行日志语句时,Logger 对象接收来自日志语句的记录请求,此请求通过 Logger 发送至 Appender ,通过 Appender 将输出结果写入到用户选择的目的地。对于不同的日志目的地,提供不同的 Appender 类型。Appender 类型包括：用于文件的 file appender、用于数据库的 JDBC appender 和用于 SMTP 服务器的 SMTP appender。Java 中 Appender 的使用为日志的输出提供了相当大的便利。

其语法表示为：

```
org.apache.log4j.ConsoleAppender(控制台)
org.apache.log4j.FileAppender(文件)
org.apache.log4j.DailyRollingFileAppender(每天产生一个日志文件)
org.apache.log4j.RollingFileAppender(文件大小到达指定尺寸的时候产生一个新的文件)
org.apache.log4j.WriterAppender(将日志信息以流格式发送到任意指定的地方)
```

配置时使用方式为：

```
log4j.appender.appenderName=fully.qualified.name.of.appender.class
log4j.appender.appenderName.option1=value1
⋮
log4j.appender.appenderName.option=valueN
```

**3. Layout**

Layout 用于指定 Appender 将日志语句写入日志目的地所用格式。可以用来格式化输出结果的各种布局包括：简单布局、模式布局和 HTML 布局。

其语法形式如下：

```
org.apache.log4j.HTMLLayout(以 HTML 表格形式布局)
org.apache.log4j.PatternLayout(可以灵活地指定布局模式)
org.apache.log4j.SimpleLayout(包含日志信息的级别和信息字符串)
org.apache.log4j.TTCCLayout(包含日志产生的时间、线程、类别等信息)
```

配置时使用方式为：

```
log4j.appender.appenderName.layout=fully.qualified.name.of.layout.class
log4j.appender.appenderName.layout.option1=value1
⋮
log4j.appender.appenderName.layout.option=valueN
```

### 7.3.2 log4j 使用

使用 log4j,首先需要下载相应的 JAR 文件,该文件可以从官方网站：http://logging.

apache.org/log4j 免费下载。下载后就可以在 MyEclipse 中使用了，具体步骤如下。

**1. 在项目中加入 log4j 对应的 JAR 文件**

在 MyEclipse 中单击右键，在弹出的快捷菜单中选择 Properties，然后在弹出的对话框中左边单击 Java Build Path，之后选择 Libraries 选项卡，如图 7.12 所示。

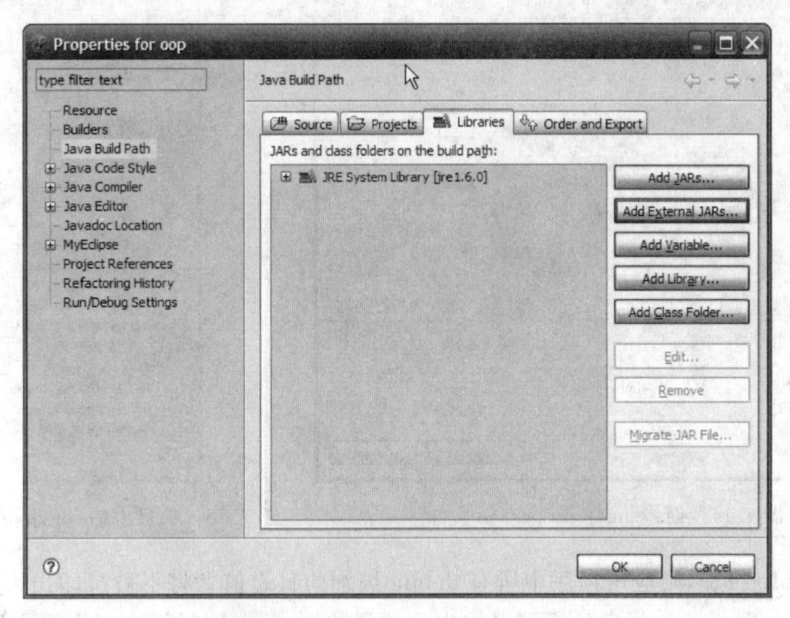


图 7.12　添加 log4j 的 JAR 文件

然后选择 Add External JARs，在弹出的窗口中找到下载的 log4j 的 JAR 文件即可。添加完成后可以在 MyEclipse 的项目文件中看见已经添加的 JAR 文件，如图 7.13 所示。

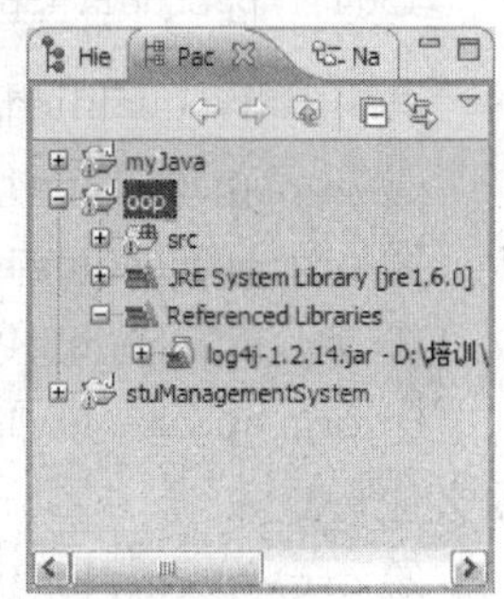


图 7.13　添加在 log4j 的 JAR 文件

**2. 创建 log4j.properties 文件**

在需要使用 log4j 来记录日志的项目中添加 log4j.properties 文件即可。具体做法为在欲添加 log4j.properties 文件的项目的 src 上右击，在弹出的快捷菜单中选择 New|File，然后输入相应的文件名 log4j.properties，单击 Finish 按钮即可完成，如图 7.14 所示。

创建完成后在项目的树形结构中可以看见 log4j.properties 文件，如图 7.15 所示。

**3. 编写 log4j.properties 文件**

创建了一个 log4j.properties 文件，即可以采用如下方法编写配置该文件信息。

(1) 配置根 Logger，其语法如下：

```
log4j.rootLogger=[ level ], appenderName1, appenderName2, …
```

① level 是日志记录的优先级，分为 off、fatal、error、warn、info、debug、all 或者用户定义的级别。log4j 建议只使用四个级别，优先级从高到低分别是 error、warn、info、debug。通过在这里定义的级别，您可以控制到应用程序中相应级别的日志信息的开关。比如在这

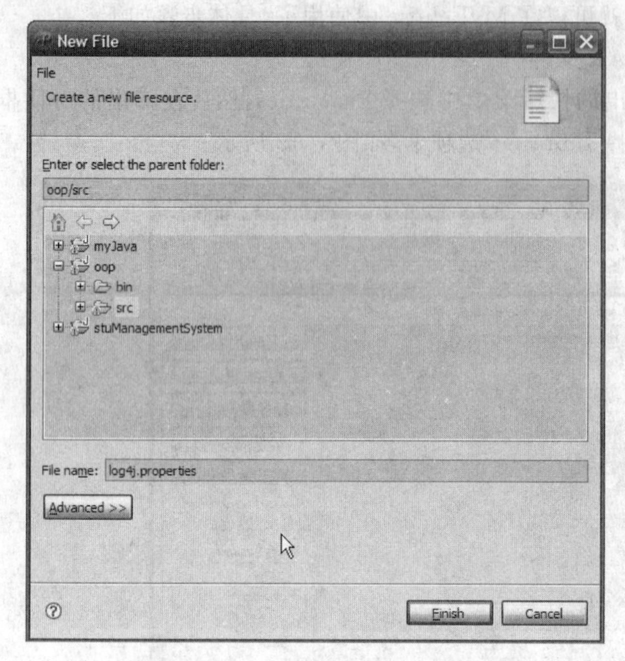


图 7.14 创建 log4j. properties 文件

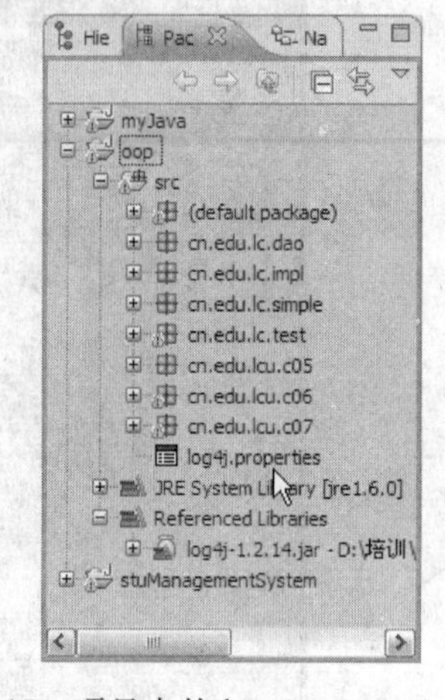


图 7.15 项目中的 log4j. properties 文件

里定义了 info 级别，则应用程序中所有 debug 级别的日志信息将不被打印出来。

② appenderName 指定日志信息输出到的目的地，可以同时指定多个输出目的地址。

(2) 配置日志信息输出目的地，其语法格式如下：

```
log4j.appender.appenderName=fully.qualified.name.of.appender.class
```

其中 fully. qualified. name. of. appender. class 可以指定下面 5 个目的地中的一个：

① org. apache. log4j. ConsoleAppender(控制台)。

② org. apache. log4j. FileAppender(文件)。

③ org. apache. log4j. DailyRollingFileAppender(每天产生一个日志文件)。

④ org. apache. log4j. RollingFileAppender(文件大小到达指定尺寸的时候产生一个新的文件)。

⑤ org. apache. log4j. WriterAppender(将日志信息以流格式发送到任意指定的地方)。

(3) 配置日志信息，其语法格式如下：

```
log4j.appender.appenderName.layout=fully.qualified.name.of.layout.class
```

其中 fully. qualified. name. of. layout. class 可以指定下面 4 个格式中的一个：

① org. apache. log4j. HTMLLayout(以 HTML 表格形式布局)。

② org. apache. log4j. PatternLayout(可以灵活地指定布局模式)。

③ org. apache. log4j. SimpleLayout(包含日志信息的级别和信息字符串)。

④ org. apache. log4j. TTCCLayout(包含日志产生的时间、线程、类别等信息)。

配置日志信息的格式常采用的方法如下：

```
log4j.appender.A1.layout.ConversionPattern=%-4r%-5p%d{yyyy-MM-dd HH:mm:ssS}%
```

```
c%m%n
```

日志信息格式中几个符号所代表的含义如表 7.2 所示。

**表 7.2　日志信息格式符号表示含义对应表**

| 符号 | 表 示 含 义 |
| --- | --- |
| -X | X 信息输出时左对齐 |
| %p | 输出日志信息优先级，即 debug，info，warn，error，fatal |
| %d | 输出日志时间点的日期或时间，默认格式为 ISO8601，也可以在其后指定格式，比如：%d{yyy MMM dd HH:mm:ss,SSS}，输出类似：2012 年 3 月 14 日 23:10:30,456 |
| %r | 输出自应用启动到输出该 log 信息耗费的毫秒数 |
| %c | 输出日志信息所属的类目，通常就是所在类的全名 |
| %t | 输出产生该日志事件的线程名 |
| %l | 输出日志事件的发生位置，相当于%C. %M(%F:%L)的组合，包括类目名、发生的线程，以及在代码中的行数。例如，Test. main(Test. java:9)表示日志在 Test 类的 main 线程中，具体代码行为第 9 行 |
| %x: | 输出和当前线程相关联的 NDC(嵌套诊断环境)，尤其是多客户多线程的应用 |
| %% | 输出一个"%"字符 |
| %F | 输出日志消息产生时所在的文件名称 |
| %L | 输出代码中的行号 |
| %m | 输出代码中指定的消息，产生的日志具体信息 |
| %n | 输出一个回车换行符，Windows 平台为"/r/n"，UNIX 平台为"/n" |

log4j 配置文件实现了输出到控制台、文件、回滚文件、发送日志邮件、输出到数据库日志表、自定义标签等全套功能。下面以实例说明常用于输出到控制台、文件的用法。

**例 7.8**　log4j 配置文件实例。

```
#设置根目录,确定优先级别和输出源
log4j.rootLogger=debug,console,file
log4j.addivity.org.apache=true
#应用于控制台
log4j.appender.console=org.apache.log4j.ConsoleAppender
log4j.appender.Threshold=debug
log4j.appender.console.Target=System.out
log4j.appender.console.layout=org.apache.log4j.PatternLayout
log4j.appender.console.layout.ConversionPattern=%d{yyy MMM dd HH:mm:ss,SSS} -%c
-%-4r [%t]%n%-5p%c%x -%m%n
#应用于文件,输出到文件 file1.log
log4j.appender.file=org.apache.log4j.FileAppender
log4j.appender.file.File=file1.log
log4j.appender.file.Append=false
log4j.appender.file.layout=org.apache.log4j.PatternLayout
```

```
log4j.appender.file.layout.ConversionPattern=%d{yyy MMM dd HH:mm:ss,SSS} -%c -%
-4r [%t]%n%-5p%c%x%l -%m%n
```

将例 7.8 所示信息写入文件 log4j. properties 中即可。

(4) 使用 log4j 输出异常日志信息。

对例 7.6 中的测试函数做出修改,利用 log4j 的将异常信息用日志形式表示,其代码如下面的例 7.9 所示。

**例 7.9** 在程序中使用 log4j。

```
package cn.edu.lcu.c07;

import org.apache.log4j.Logger;

public abstract class NumLog4jTest {

    /**
     * @param args
     * /
    public static void main(String[] args) {
        //TODO Auto-generated method stub
        Num n=new Num();
        Logger logger=Logger.getLogger(NumLog4jTest.class.getName());
        //利用日志记录器控制日志信息
        try {
            logger.debug("不满足要求,请重新设置 n2 的数值!");        //输出日志信息
            System.out.println(n.div(4, 0));
        } catch (ArithmeticException ex) {
            //System.out.println(ex.getMessage());
            logger.info(ex.getMessage());                          //输出日志信息
        }
    }
}
```

例 7.9 的运行结果如图 7.16 和图 7.17 所示。

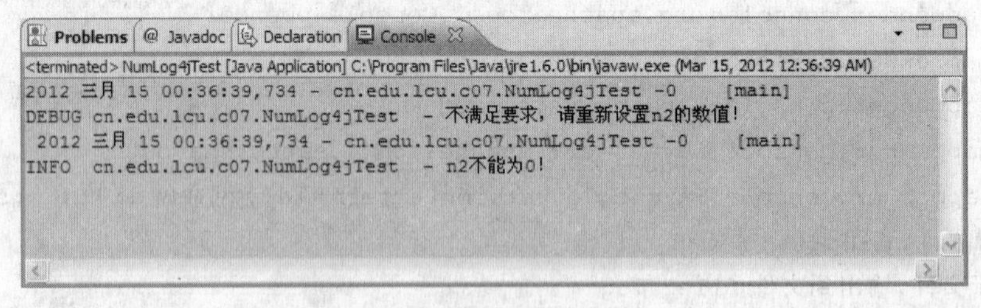


图 7.16 以控制台形式输出的日志信息

输出到日志文件 file1. log 中的内容如下。

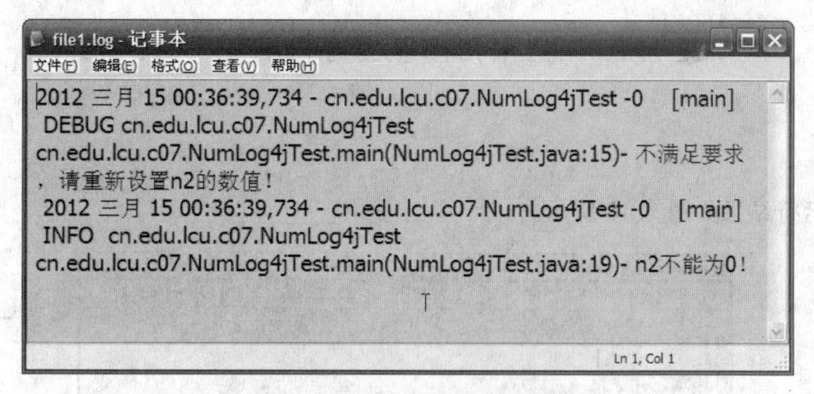


图 7.17 以文件形式输出的日志信息

## 7.4 项目练习

### 7.4.1 上机任务 1

**1. 训练目标**

掌握 try-catch-finally 的用法。

**2. 需求说明**

定义一个数组并实现初始化，引用一个超出数组定义的元素，用 try-catch-finally 处理异常。

**3. 参考提示**

(1) 定义并初始化数组。

(2) 在测试函数中引用一个超出数组定义的元素。

(3) 用 try-catch-finally 对抛出的异常进行捕获。

**例 7.10** 使用 try-catch-finally 实现异常的捕捉和处理。

```
package entity.test;

public class ExceptionTest {

    /**
     * @param args
     * /
    public static void main(String[] args) {
        //TODO Auto-generated method stub
        int s[]={1, 2, 3, 4, 5};
        try {
            for (int i=0; i<10; i++) {
                System.out.println("s["+i+"]="+s[i]);
            }
        } catch (Exception e) {
            e.printStackTrace();                    //异常信息以堆栈形式输出
```

```
        } finally {
            System.out.println("引用数组元素越界!");
        }
    }
}
```

程序运行结果如图 7.18 所示。

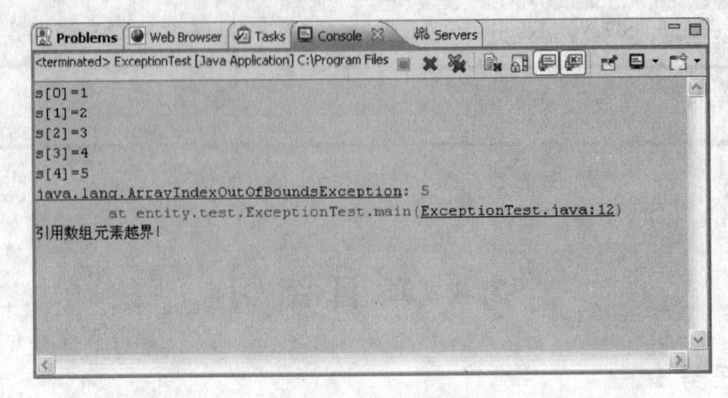


图 7.18　异常测试结果

如果在测试程序中去掉“e. printStackTrace();”时,程序在产生异常时中断运行,但不输出异常信息,结果如图 7.19 所示。

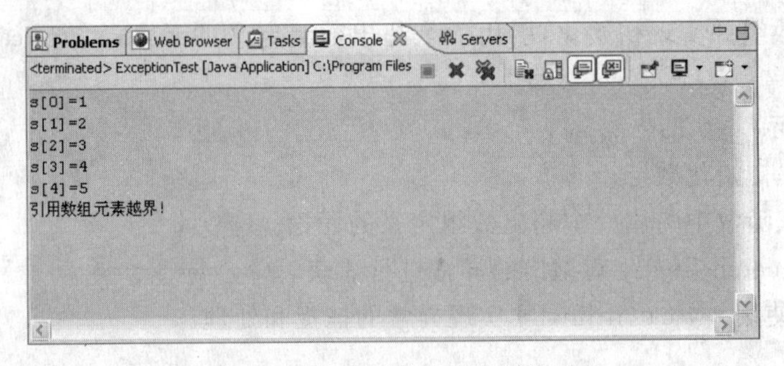


图 7.19　不输出异常信息的异常处理

**4. 练习 1**

(1) 使用 EmployeeDaoImpl 中的 findEmployeeById()查找一个不存在的员工 ID。

(2) 使用 try-catch-finally 对异常信息进行处理。

运行结果如图 7.20 所示。

**5. 练习 2**

根据各学期的总学时与课程总数据,计算出各学期的平均课时,要求在程序中使用多重 catch 块捕获各种可能出现的异常(包含的异常类型有 InputMismatchException、ArithmeticException、Exception)。

## 7.4.2　上机任务 2

**1. 训练目标**

将日志信息以文件的形式输出。

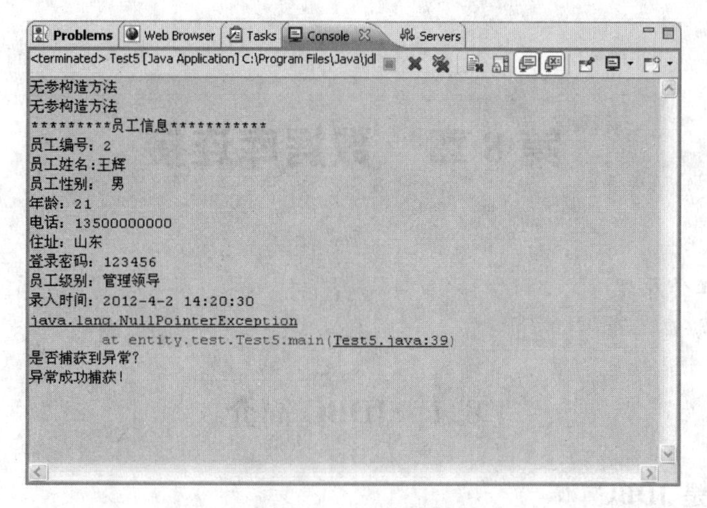


图 7.20　捕获异常

**2. 需求说明**

对任务 1 中的练习 1 使用 log4j,将异常信息输出到文件中。

**3. 参考提示**

(1) 引入 log4j 的 JAR 包。

(2) 创建并编写 log4j. properties 文件。

(3) 使用 log4j 输出异常日志信息。

运行结果如图 7.21 和图 7.22 所示。

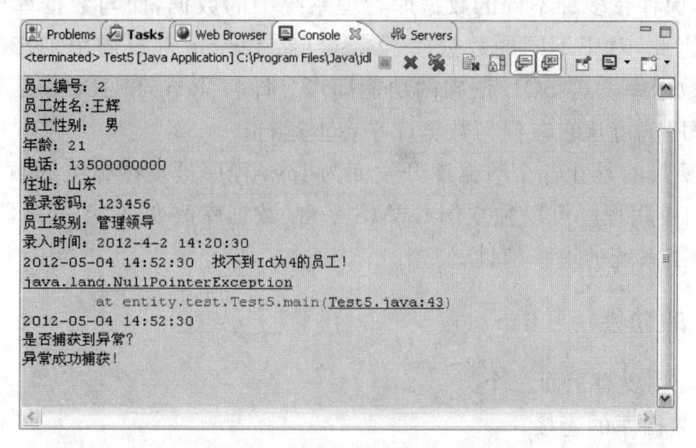


图 7.21　控制台输出信息

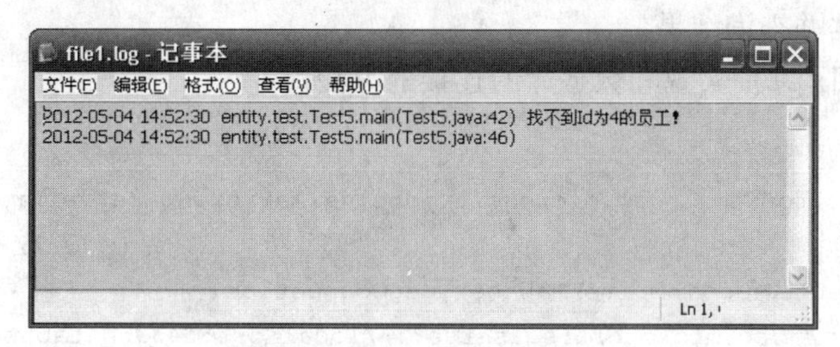


图 7.22　文件中的日志信息

# 第 8 章　数据库连接

**本章要点**

- JDBC 工作原理
- 访问数据库

## 8.1　JDBC 简介

### 8.1.1　什么是 JDBC

JDBC(Java DataBase Connectivity)是 Java 与数据库的接口规范,JDBC 定义了一个支持标准 SQL 功能的通用低层的应用程序编程接口(API),它由 Java 语言编写的类和接口组成,旨在让各数据库开发商为 Java 程序员提供标准的数据库 API。JDBC API 定义了若干 Java 中的类,表示数据库连接、SQL 指令、结果集、数据库元数据等,它允许 Java 程序员发送 SQL 指令并处理结果。通过驱动程序管理器,JDBC API 可利用不同的驱动程序连接不同的数据库系统。

自从有了 JDBC,Java 程序员就可以用 Java 语言来编写完整的数据库方面的应用程序。另外也可以操作保存在多种不同的数据库管理系统中的数据,而与数据库管理系统中数据存储格式无关,因此,对于不同的数据库,如 Sybase、Oracle 等只需用 JDBC API 写一个程序,实现向相应数据库发送 SQL 语句的功能即可。即将 Java 和 JDBC 结合起来将使程序员只须写一遍程序就可让它在任何数据库平台上运行。

JDBC 的主要目的是让各个数据库开发商为 Java 程序员提供标准的数据库访问类和接口。从而 Java 的应用程序可以独立于 DBMS 平台(数据库改变,驱动程序跟着改变,但应用程序不变),提高了系统的可移植性。

### 8.1.2　JDBC 的功能

JDBC 的功能主要有下面三个。

(1) 创建与数据库的连接;

(2) 发送 SQL 语句到任何关系型数据库中;

(3) 处理数据并查询结果。

**例 8.1**　利用 JDBC 实现和数据库的连接的方法。

```
try {
        Class.forName("com.microsoft.jdbc.sqlserver.SQLServerDriver");
                                                            //创建与数据库的连接
        Connection con=DriverManager.getConnection(
            "jdbc:microsoft:sqlserver://localhost:1433;DatabaseName=数据库名",
            "Login", "Password");
```

```
        Statement stmt=con.createStatement();
        ResultSet rs=stmt.executeQuery("select * from DBTableName");
                                                    //发送 SQL 语句到数据库中
        while (rs.next()) {
            String name=rs.getString("Name");       //处理数据并查询结果
            int age=rs.getInt("age");
            float f=rs.getFloat("f");
        }

        rs.close();                                 //关闭连接,释放资源
        stmt.close();
        con.close();
    } catch (SQLException e) {
        System.out.println("SQLState:"+e.getSQLState());
        System.out.println("Message:"+e.getMessage());
        System.out.println("Vendor:"+e.getErrorCode());
    }
```

### 8.1.3 JDBC 与 ODBC

**1. ODBC**

ODBC(Open DataBase Connectivity)是微软倡导的、当前被业界广泛接受的、用于数据库访问的应用程序编程接口(API),它以 X/Open 和 ISO/IEC 的调用级接口(CLI)规范为基础,并使用结构化查询语言(SQL)作为其数据库访问语言。ODBC 总体结构有四个组件:

(1) 应用程序。执行处理并调用 ODBC API 函数,以提交 SQL 语句并检索结果。

(2) 驱动程序管理器(Driver Manager)。根据应用程序需要加载/卸载驱动程序,处理 ODBC 函数调用,或把它们传送到驱动程序。

(3) 驱动程序。处理 ODBC 函数调用,提交 SQL 请求到一个指定的数据源,并把结果返回到应用程序。有必要时,驱动程序修改一个应用程序请求,以使请求与相关的 DBMS 支持的语法一致。

(4) 数据源。包括用户要访问的数据及其相关的操作系统、DBMS 及用于访问 DBMS 的网络平台。

通过使用 ODBC 驱动程序,实现了应用程序和具体的数据库调用的分离,驱动程序管理器针对特定数据库的各个驱动程序进行集中管理,并向应用程序提供统一的标准接口,为 ODBC 的开放性奠定了基础。

**2. JDBC**

JDBC 是 Java 与数据库的接口规范。JDBC 与 ODBC 都是基于 X/Open 的 SQL 调用级接口,JDBC 的设计在思想上沿袭了 ODBC,同时在其主要抽象和 SQL 的 CLI 实现上也沿袭了 ODBC,这使得 JDBC 容易被接受。JDBC 的总体结构类似于 ODBC,也有四个组件:应用程序、驱动程序管理器、驱动程序和数据源。

JDBC 保持了 ODBC 的基本特性,也独立于特定数据库。使用相同源代码的应用程序通过动态加载不同的 JDBC 驱动程序,可以访问不同的 DBMS。连接不同的 DBMS 时,各

个 DBMS 之间仅通过不同的 URL 进行标识。JDBC 的 DatabaseMetaData 接口提供了一系列方法,可以检查 DBMS 对特定特性的支持。与 ODBC 一样,JDBC 也支持在应用程序中同时建立多个数据库连接,采用 JDBC 可以很容易地用 SQL 语句同时访问多个异构的数据库,为异构的数据库之间的互操作奠定基础。

JDBC 除了具有 ODBC 的上述特点外,更具有对硬件平台、操作系统异构性的支持。这主要是因为 ODBC 使用的是 C 语言,而 JDBC 使用的是 Java 语言。Java 语言具有与平台无关、移植性强、安全性高、稳定性好、分布式、面向对象等众多优点,而 JDBC 确保了“100%纯 Java”的解决方案,利用 Java 的平台无关性, JDBC 应用程序可以自然地实现跨平台特性,因而更适合于 Internet 上异构环境的数据库应用。

此外,JDBC 驱动程序管理器是内置的,驱动程序本身也可通过 Web 浏览器自动下载,无须安装、配置;而 ODBC 驱动程序管理器和 ODBC 驱动程序必须在每台客户机上分别安装、配置。

## 8.2 JDBC 工作原理

### 8.2.1 JDBC 操作步骤

JDBC 的设计基于 X/Open SQL CLI(调用级接口)这一模型。它通过定义出一组 API 对象和方法以用于同数据库进行交互。在 Java 程序中要操作数据库,一般有如下几个步骤(利用 JDBC 访问数据库的编程步骤):

**1. 加载连接数据库的驱动程序**

```
Class.forName("com.microsoft.jdbc.sqlserver.SQLServerDriver ");
```

**2. 创建与数据源的连接**

```
String url=" jdbc:microsoft:sqlserver://localhost:1433;DatabaseName=数据库名";
Connection con=DriverManager.getConnection(url,"Login","Password");
```

**3. 查询数据库**

创建 Statement 对象并执行 SQL 语句以返回一个 ResultSet 对象。

```
Statement stmt=con.createStatement();
ResultSet rs=stmt.executeQuery("select * from DBTableName");
```

**4. 获得当前记录集中的某一记录的各个字段的值**

```
String name=rs.getString("Name");
int age=rs.getInt("age");
float f=rs.getFloat("f");
```

**5. 关闭查询语句及与数据库的连接**

注意关闭的顺序:先 rs,再 stmt,最后为 con。

```
rs.close();
stmt.close();
```

```
con.close();
```

### 8.2.2 JDBC 结构

JDBC 主要包含两部分：面向 Java 程序员的 JDBC API 和面向数据库厂商的 JDBC Drive API。

(1) 面向 Java 程序员的 JDBC API。Java 程序员通过调用此 API 从而实现连接数据库、执行 SQL 语句并返回结果集等数据库编程的能力，它主要是由以下一系列的接口定义所构成。

① java.sql.DriveManager：该接口主要定义了用来处理装载驱动程序并且为创建新的数据库连接提供支持。

② java.sql.Connection：该接口主要定义了实现对某一种指定数据库连接的功能。

③ java.sql.Statement：该接口主要定义了在一个给定的连接中作为 SQL 语句执行声明的容器以实现对数据库的操作。它主要包含有如下的两种子类型。

- java.sql.PreparedStatement：该接口主要定义了用于执行带或不带参数的预编译 SQL 语句。
- java.sql.CallableStatement：该接口主要定义了用于执行数据库的存储过程的调用。

④ java.sql.ResultSet：该接口主要定义了用于执行对数据库的操作所返回的结果集。

(2) 面向数据库厂商的 JDBC Drive API。数据库厂商必须提供相应的驱动程序并实现 JDBC API 所要求的基本接口(每个数据库系统厂商必须提供对 DriveManager、Connection、Statement、ResultSet 等接口的具体实现)，从而最终保证 Java 程序员通过 JDBC 实现对不同的数据库操作。

### 8.2.3 JDBC URL

JDBC URL 提供了一种标识数据库的方法，可以使相应的驱动程序能识别该数据库并与之建立连接。

由于 JDBC URL 要与各种不同的驱动程序一起使用，因此这些约定应非常灵活。它由三部分组成，各部分间用冒号分隔，格式如下：

```
jdbc:<子协议>:<子名称>
```

其中：

(1) JDBC URL 中的协议总是 jdbc。

(2) <子协议>是驱动程序名或数据库连接机制(这种机制可由一个或多个驱动程序支持)的名称。子协议名的典型示例是 odbc，该名称是为用于通过 ODBC 访问数据库时的 URL 专门保留的。例如，为了通过 JDBC-ODBC 桥来访问某个数据库，可以用如下的 URL：

```
jdbc:odbc:fee
```

其中的子协议为 odbc，子名称 fee 是本地 ODBC 数据源名称。

(3) ＜子名称＞—种标识数据库的方法。如果数据库是通过 Internet 来访问的,则在 JDBC URL 中应将网络地址作为子名称的一部分,且必须遵循如下所示的标准 URL 命名约定：

```
//主机名:端口/子协议
```

假设 dbnet 是个用于将某个主机连接到 Internet 上的协议,主机名为 lcu,端口号为 4403,数据源名称为 fee,则 JDBC URL 要表示为：

```
jdbc:dbnet://lcu:4403/fee
```

# 8.3 JDBC 驱动

## 8.3.1 JDBC 常见驱动

目前比较常见的 JDBC 驱动程序可分为以下四个种类：

(1) JDBC-ODBC 桥加 ODBC 驱动程序

这种方式利用 ODBC 驱动程序提供 JDBC 访问。在使用时必须将 ODBC 二进制代码(许多情况下还包括数据库客户机代码)加载到使用该驱动程序的每个客户机上。因此,这种类型的驱动程序适合于企业网,或者是基于 Java 编写的三层结构的应用程序服务器代码。

JDBC-ODBC 桥接方式利用微软的开放数据库互连接口(ODBC API)同数据库服务器通信,客户端计算机首先应该安装并配置 ODBC driver 和 JDBC-ODBC bridge 两种驱动程序。在 Java 的 JDK 中已经有相应的驱动,只需要配置相应的 ODBC 数据源即可。

(2) 本地 API

此类型的驱动程序把客户机 API 上的 JDBC 调用转换为 Oracle、Sybase、Informix、DB2 或其他 DBMS 的调用。和 JDBC-ODBC 桥连驱动程序一样,这种类型的驱动程序要求将某些二进制代码加载到每台客户机上。

该方式将数据库厂商的特殊协议转换成 Java 代码及二进制类码,使 Java 数据库客户方与数据库服务器方通信。例如：Oracle 用 SQLNet 协议,DB2 用 IBM 的数据库协议。数据库厂商的特殊协议也应该被安装在客户机上。

(3) JDBC 网络纯 Java 驱动程序

这种驱动程序首先将 JDBC 转换为与 DBMS 无关的网络协议,然后被某个服务器转换为 DBMS 协议。该服务器中间件能够将它的纯 Java 客户机连接到多种不同的数据库上。这种方式是纯 Java 驱动,数据库客户以标准网络协议(如 HTTP、SHTTP)同数据库访问服务器通信,数据库访问服务器然后翻译标准网络协议成为数据库厂商的专有特殊数据库访问协议(也可能用到 ODBC driver)与数据库通信。

对 Internet 和 Intranet 用户而言这是一个理想的解决方案。该方式以自动的、透明的方式随 Applets 自 Web 服务器而下载并安装在用户的计算机上。通常,这也是最为灵活的 JDBC 驱动程序,有可能所有这种解决方案的提供者都提供适合于 Intranet 用的产品。为了使这些产品也支持 Internet 访问,它们必须处理 Web 所提出的安全性、通过防火墙的访问等方面的额外要求。

(4) 本地协议纯 Java 驱动程序

这种类型的驱动程序将 JDBC 调用直接转换为 DBMS 所使用的网络协议。这将允许从客户机机器上直接调用 DBMS 服务器，是 Intranet 访问的一个很实用的解决方法。

这种方式也是纯 Java 驱动。数据库厂商提供了特殊的 JDBC 协议使 Java 数据库客户与数据库服务器通信。

## 8.3.2 常用数据库的 JDBC 驱动

### 1. Microsoft SQL Server 数据库驱动

Microsoft SQL Server JDBC Driver 一般用来连接 SQLServer 2000，默认端口为 1433，如果服务器使用默认端口则 port 可以省略。

- 驱动程序包名：msbase. jar mssqlserver. jar msutil. jar；
- 驱动程序类名：com. microsoft. jdbc. sqlserver. SQLServerDriver；
- JDBC URL：jdbc:microsoft:sqlserver://<server_name>:<port>。

### 2. Microsoft SQL Server 2005 数据库驱动

Microsoft SQL Server 2005 JDBC Driver 默认端口为 1433，如果服务器使用默认端口则 port 可以省略。

- 驱动程序包名：sqljdbc. jar；
- 驱动程序类名：com. microsoft. sqlserver. jdbc. SQLServerDriver；
- JDBC URL：jdbc:sqlserver://<server_name>:<port>。

### 3. Oracle 数据库 JDBC 驱动(Oracle Thin JDBC Driver)

- 驱动程序包名：ojdbc14. jar；
- 驱动程序类名：oracle. jdbc. driver. OracleDriver；
- JDBC URL：jdbc:oracle:thin:@//<host>:<port>/ServiceName 或 jdbc:oracle:thin:@<host>:<port>:<SID>。

### 4. IBM DB2 数据库驱动(IBM DB2 Universal Driver Type 4)

- 驱动程序包名：db2jcc. jar db2jcc_license_cu. jar；
- 驱动程序类名：com. ibm. db2. jcc. DB2Driver；
- JDBC URL：jdbc:db2://<host>[:<port>]/<database_name>。

### 5. IBM DB2 Universal Driver Type 2

- 驱动程序包名：db2jcc. jar db2jcc_license_cu. jar；
- 驱动程序类名：com. ibm. db2. jcc. DB2Driver；
- JDBC URL：jdbc:db2:<database_name>。

### 6. MySQL 数据库

MySQL Connector/J Driver 的默认端口为 3306，如果服务器使用默认端口则 port 可以省略。

- 驱动程序包名：mysql-connector-java-x. x. xx-bin. jar；
- 驱动程序类名：com. mysql. jdbc. Driver；
- JDBC URL：jdbc:mysql://<host>:<port>/<database_name>。

MySQL Connector/J Driver 允许在 URL 中添加额外的连接属性 jdbc：mysql：//＜host＞：＜port＞/＜database_name＞？ property1＝value1&property2＝value2。

**7. Informix 数据库驱动(Informix JDBC Driver)**

- 驱动程序包名：ifxjdbc.jar；
- 驱动程序类名：com.informix.jdbc.IfxDriver；
- JDBC URL：jdbc：informix-sqli：//{＜ip-address＞|＜host-name＞}：＜port-number＞[/＜dbname＞]：INFORMIXSERVER＝＜server-name＞。

**8. Sybase 数据库(Sybase Adaptive Server Enterprise JDBC Driver)**

- 驱动程序包名：jconn2.jar 或 jconn3.jar；
- 驱动程序类名：com.sybase.jdbc2.jdbc.SybDriver（com.sybase.jdbc3.jdbc.SybDriver）；
- JDBC URL：jdbc：sybase：Tds：＜host＞：＜port＞默认端口 5000。

**9. Sybase Adaptive Server Anywhere or Sybase IQ JDBC Driver**

- 驱动程序包名：jconn2.jar 或 jconn3.jar；
- 驱动程序类名：com.sybase.jdbc2.jdbc.SybDriver（com.sybase.jdbc3.jdbc.SybDriver）；
- JDBC URL：jdbc：sybase：Tds：＜host＞：＜port＞？ ServiceName＝＜database_name＞。

默认端口 2638。

**10. PostgreSQL**

PostgreSQL Native JDBC Driver 的默认端口为 5432。

- 驱动程序包名：驱动程序类名：org.postgresql.Driver；
- JDBC URL：jdbc：postgresql：//＜host＞：＜port＞/＜database_name＞。

**11. Teradata Driver for the JDBC Interface**

- 驱动程序包名：terajdbc4.jar tdgssjava.jar gui.jar；
- 驱动程序类名：com.ncr.teradata.TeraDriver；
- JDBC URL：Type 4：jdbc：teradata：//DatabaseServerName/Param1，Param2，...或 Type 3：jdbc：teradata：//GatewayServerName：PortNumber/DatabaseServerName/Param1，Param2，...。

**12. Netezza JDBC Driver**

- 驱动程序包名：terajdbc4.jar tdgssjava.jar gui.jar；
- 驱动程序类名：org.netezza.Driver；
- JDBC URL：jdbc：netezza：//＜host＞：＜port＞/＜database_name＞。

# 8.4 通过 JDBC 访问数据库

## 8.4.1 访问数据库步骤

要实现对数据库的访问，需要有以下几个步骤。

### 1. 引用必要的包

```
import java.sql.*;                //它包含有操作数据库的各个类与接口
```

### 2. 加载连接数据库的驱动程序类

为实现与特定的数据库相连接，JDBC必须加载相应的驱动程序类。这通常可以采用Class.forName()方法显式地加载一个驱动程序类，由驱动程序负责向DriverManager登记注册并在与数据库相连接时，DriverManager将使用此驱动程序。另外需要引入支持数据库的驱动程序包，如SQL Server 2005对应的驱动程序包为sqljdbc.jar。

```
Class.forName("com.microsoft.jdbc.sqlserver.SQLServerDriver ");
                               //通过纯 Java 驱动访问 SQL Server 2005 数据库
```

### 3. 创建与数据源的连接

```
String url=" jdbc:microsoft:sqlserver://localhost:1433;DatabaseName=数据库名";
Connection con=DriverManager.getConnection(url,"Login","Password");
```

采用DriverManager类中的getConnection()方法实现与url所指定的数据源建立连接并返回一个Connection类的对象，以后对这个数据源的操作都是基于该Connection类对象；但对于Access等小型数据库，可以不用给出用户名与密码。

```
String url="jdbc:odbc:DatabaseDSN";           //通过 JDBC-ODBC 桥连方式
Connection con=DriverManager.getConnection(url);
System.out.println(con.getCatalog());         //取得数据库的完整路径及文件名
```

### 4. 查询数据库的一些结构信息

这主要是获得数据库中的各个表，各个列及数据类型和存储过程等各方面的信息。根据这些信息，可以访问一个未知结构的数据库。这主要是通过DatabaseMetaData类的对象来实现并调用其中的方法来获得数据库的详细信息（即数据库的基本信息，数据库中的各个表的情况，表中的各个列的信息及索引方面的信息）。

```
DatabaseMetaData dbms=con.getMetaData();
System.out.println("数据库的驱动程序为 "+dbms.getDriverName());
```

### 5. 查询数据库中的数据

在JDBC中查询数据库中的数据的执行方法可以分为三种类型，分别对应Statement（用于执行不带参数的简单SQL语句字符串）、PreparedStatement（预编译SQL语句）和CallableStatement（主要用于执行存储过程）三个接口。

下面通过学生管理信息系统为例说明JDBC连接数据库的过程。为了实现对数据库中数据的访问，首先建立了名为stu的数据源，然后建立一个学生基本信息表Sinfo描述学生基本信息，表结构如表8.1所示。

为了测试数据库配置及相应的驱动加载是否正确，可以使用一个简单的测试用例，见例8.2。

表 8.1　学生基本信息表

| 字段名称 | 说明 | 数据类型 | 大小 | 字段名称 | 说明 | 数据类型 | 大小 |
| --- | --- | --- | --- | --- | --- | --- | --- |
| sno | 学号 | int | 4 | sex | 性别 | char | 2 |
| sname | 姓名 | varchar | 50 | dept | 系别 | varchar | 50 |
| age | 年龄 | int | 4 | | | | |

**例 8.2**　测试 JDBC 连接是否正常。

```
package cn.edu.lcu.c08;

import java.sql.Connection;
import java.sql.DriverManager;
import java.sql.SQLException;

public class ConnectionTest {
    public static Connection conn;
    public static final String driver="com.microsoft.sqlserver.jdbc.SQLServerDriver";
    public static final String url="jdbc:sqlserver://localhost:1433;DatabaseName=stu";
    public static final String user="sa";
    public static final String pad="11";

    public static void getaConnection() {
        try {
            Class.forName(driver);      //通过纯 Java 驱动访问 SQL Server 2005 数据库
            System.out.println("加载驱动成功!");
        } catch (ClassNotFoundException e) {
            //TODO Auto-generated catch block
            e.printStackTrace();
        }
        try {
            conn=DriverManager.getConnection(url, user, pad);    //创建与数据源的连接
            System.out.println("连接成功!");
        } catch (SQLException e) {
            //TODO Auto-generated catch block
            e.printStackTrace();
        }
    }

    public static void main(String[] args) {
        //TODO Auto-generated method stub
        getaConnection();
    }
}
```

程序运行结果如图 8.1 所示。

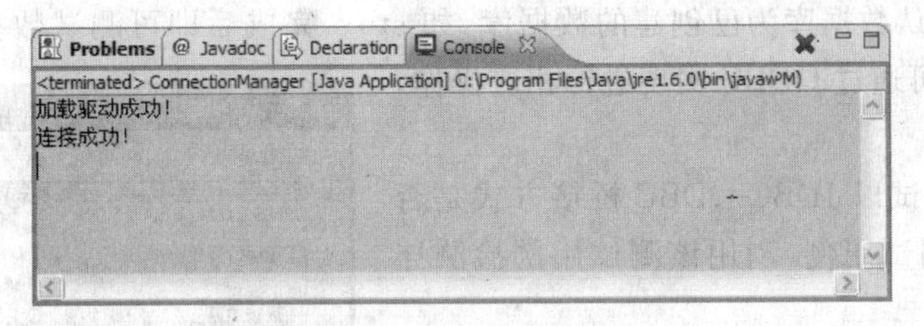


图 8.1　测试数据库连接

如果没有 JDBC 驱动程序，可以使用 JDBC-ODBC 桥连方式访问数据库，需要先配置 ODBC 数据源，其过程如下。

(1) 在 Windows 的控制面板中，双击“管理工具”，然后找到 ODBC 数据源，单击对话框中的“系统 DNS”选项卡，如图 8.2 所示。

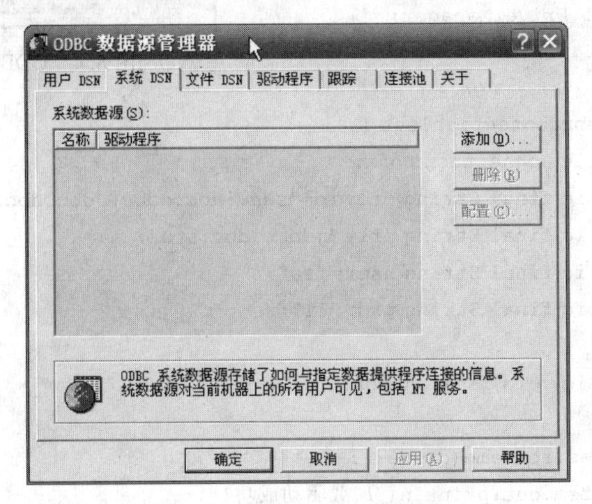


图 8.2　添加 ODBC 数据源

(2) 选择“添加”按钮，然后创建 SQL Server 的数据源，填写数据源名称，如 stu 和服务器名，输入登录数据库服务器的用户名和密码，如图 8.3 所示。

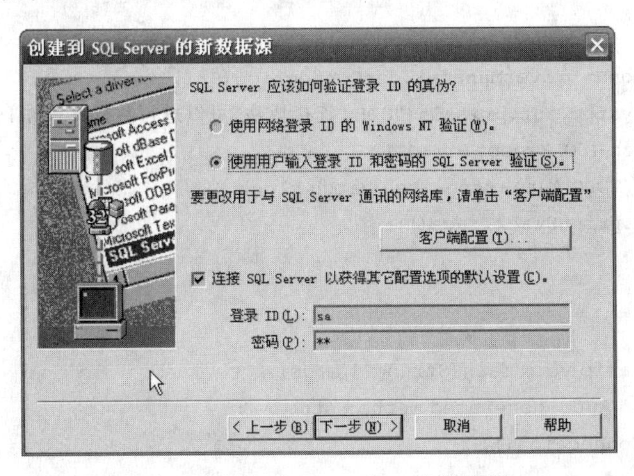


图 8.3　创建到 SQL Server 的数据源

(3) 更改默认数据库为已创建的数据库,如 stu。完成后即可测试数据源,测试成功说明配置正确,即可通过 ODBC 实现进行相应操作,如图 8.4 所示。

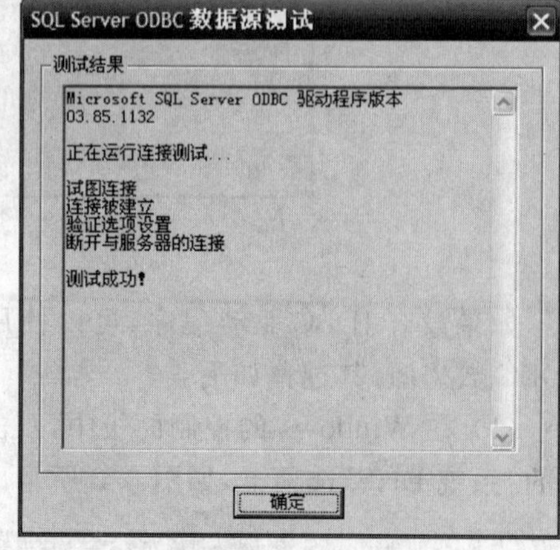


图 8.4　ODBC 数据源测试

例 8.3 为测试以 JDBC-ODBC 桥接方式是否能正常运行的测试用例,利用该测试用例检测连接的正确性。

**例 8.3**　测试通过 JDBC-ODBC 桥接方式是否正常。

```
package cn.edu.lcu.c08;

import java.sql.Connection;
import java.sql.DriverManager;
import java.sql.SQLException;

public class OdbcConnectionTest {
    public static Connection conn;
    public static final String driver="sun.jdbc.odbc.JdbcOdbcDriver";
    public static final String url="jdbc:odbc:stu";
    public static final String user="sa";
    public static final String pad="11";

    public static void getaConnection() {
        try {
            Class.forName(driver);
            System.out.println("加载驱动成功!");
        } catch (ClassNotFoundException e) {
            //TODO Auto-generated catch block
            e.printStackTrace();
        }
        try {
            conn=DriverManager.getConnection(url, user, pad);
            System.out.println("ODBC 连接成功,可以进行数据库操作!");
        } catch (SQLException e) {
            //TODO Auto-generated catch block
            e.printStackTrace();
        }
    }

    public static void main(String[] args) {
        //TODO Auto-generated method stub
        getaConnection();
    }
}
```

测试结果如图 8.5 所示。

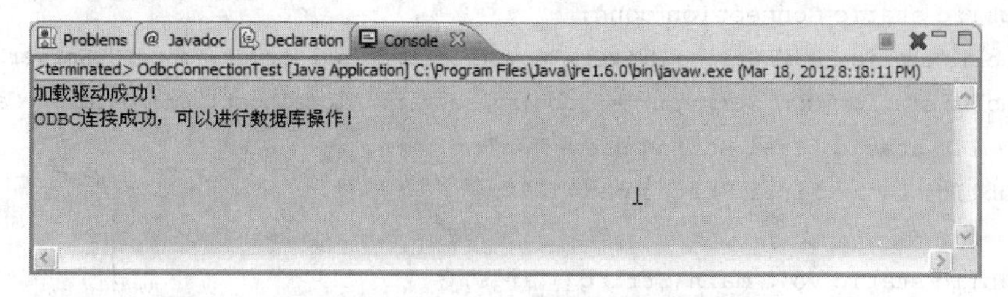


图 8.5　JDBC-ODBC 桥连测试结果

其中 Class. forName("sun. jdbc. odbc. JdbcOdbcDriver")语句为 JDBC-ODBC 桥驱动程序的语句。

### 8.4.2　利用 Statement 语句操作数据库

Statement 对象用于将 SQL 语句发送到数据库中。创建一个 Statement 对象并执行 SQL 语句结果会返回一个 ResultSet 对象，这个操作可以通过 Connection 类中的 createStatement()方法来实现，语法格式如下：

```
Statement stmt=con.createStatement();
```

在执行 SQL 查询语句时，Statement 接口提供了 executeQuery()、executeUpdate() 和 execute()三种执行 SQL 语句的方法，具体使用哪一个方法由 SQL 语句本身来决定。当每一个 Statement 对象使用完毕后，都应该关闭。

(1) executeQuery 方法：用于产生单个结果集的语句，例如 SELECT 语句等。

(2) executeUpdate 方法：用于执行 INSERT、UPDATE 或 DELETE 语句以及 SQL DDL(数据定义语言)语句，例如 CREATE TABLE 和 DROP TABLE。INSERT、UPDATE 或 DELETE 语句的作用是修改表中零行或多行中的一列或多列。executeUpdate 的返回值是一个整数，表示受影响的行数(即更新计数)。对于 CREATE TABLE 或 DROP TABLE 等不操作行的语句，executeUpdate 的返回值为零。

(3) execute 方法：用于执行返回多个结果集、多个更新计数或二者组合的语句。

下面以实例来说明 Statement 语句的使用。

实例使用纯 Java 驱动方式连接数据库，首先需要将 SQL Server 2005 对应的驱动程序包 sqljdbc. jar 引入到工程文件中。接着使用 Statement 的 executeUpdate 方法向刚建立的数据库 stu 中插入数据。详细代码见例 8.4。

**例 8.4**　通过 JDBC 方式向数据库中插入数据实例。

```
package cn.edu.lcu.c08;

import java.sql.Connection;
import java.sql.DriverManager;
import java.sql.SQLException;
import java.sql.Statement;
```

```
public class StuSinfoDB1 {
    public static Connection conn;
    public static final String driver="com.microsoft.sqlserver.jdbc.SQLServerDriver";
    public static final String url="jdbc:sqlserver://localhost:1433;DatabaseName=stu";
    public static final String user="sa";
    public static final String pad="11";

    public static void main(String[] args) {
        //TODO Auto-generated method stub
        Connection conn=null;
        Statement stmt=null;
        try {
            String strSql="insert into Sinfo values(2012001,'张华',20,'男','信息管理')";
            try {
                Class.forName(driver);
            } catch (ClassNotFoundException e) {
                System.out.println("没有驱动支持!");
            }
            conn=DriverManager.getConnection(url, user, pad);
            stmt=conn.createStatement();
            stmt.executeUpdate(strSql);
        } catch (SQLException e1) {
            e1.printStackTrace();
        } finally {
            closeStatement(stmt);
            closeConnection(conn);
        }
    }

    /**
     * 关闭语句
     *
     * @param stmt
     */
    public static void closeStatement(Statement stmt) {
        try {
            if (stmt !=null) {
                stmt.close();
                stmt=null;
            }
        } catch (SQLException e2) {
            e2.printStackTrace();
        }
    }
```

```
    /**
     * 关闭连接
     *
     * @param conn
     * /
    public static void closeConnection(Connection conn) {
        try {
            if (conn !=null && (!conn.isClosed())) {
                conn.close();
            }
        } catch (SQLException e3) {
            e3.printStackTrace();
        }
    }
}
```

由于执行语句的所有方法都将关闭所调用的 Statement 对象的当前打开结果集(如果存在)。因此在重新执行 Statement 对象之前,需要完成对当前 ResultSet 对象的处理。在对数据库的操作中,一般都需要建立连接,执行数据操作,关闭对象、结果集和数据库连接。因此,为了提高代码的重用率,可以建立一个基本类。该类专门负责数据库的建立以及对象、结果集和数据库的关闭。具体代码见例 8.5。

**例 8.5** 数据库管理类,实现数据库的建立,以及对象、结果集和数据库的关闭。

```
package cn.edu.lcu.c08;

import java.sql.Connection;
import java.sql.DriverManager;
import java.sql.PreparedStatement;
import java.sql.ResultSet;
import java.sql.SQLException;

public class ConnectionManager {
    private static final String driver="com.microsoft.sqlserver.jdbc.SQLServerDriver";
    private static final String url="jdbc:sqlserver://localhost:1433;DatabaseName=stu";
    private static final String user="sa";
    private static final String pad="11";

    /**
     * 返回连接
     *
     * @return Connection
     * /
    public static Connection getaConnection() {
        Connection conn=null;
        try {
```

```
            Class.forName(driver);
            conn=DriverManager.getConnection(url, user, pad);
        } catch (Exception e) {
            e.printStackTrace();
        }
        return conn;
    }

    /**
     * 关闭结果集
     * /
    public static void closeResultSet(ResultSet rs) {
        try {
            if (rs !=null) {
                rs.close();
                rs=null;
            }
        } catch (SQLException e1) {
            e1.printStackTrace();
        }
    }

    /**
     * 关闭对象
     * /

    public static void closeStatement(PreparedStatement pStmt) {
                                    //如果使用 Statement 对象,相应的参数改为 Statement
        //stmt
        try {
            if (pStmt !=null) {
                pStmt.close();
                pStmt=null;
            }
        } catch (SQLException e2) {
            e2.printStackTrace();
        }
    }

    /**
     * 关闭数据库连接
     *
     * @param conn
     *            Connection
     * /
```

```
public static void closeConnection(Connection conn) {
    try {
        if (conn !=null && (!conn.isClosed())) {
            conn.close();
        }
    } catch (SQLException e3) {
        e3.printStackTrace();
    }
}
}
```

在例 8.5 中使用纯 Java 驱动方式连接数据库，编写了 4 个方法分别实现了建立连接、关闭结果集、关闭对象、关闭连接操作。在实际使用过程中关闭操作，释放资源的操作调用次序依次是：关闭结果集，关闭对象，关闭连接。

### 8.4.3 利用 PreparedStatement 语句操作数据库

PreparedStatement 对象是从 Statement 对象继承而来，当 Statement 对象多次执行同一条 SQL 语句时，则需要多次将该语句传给数据库，导致执行效率降低，此时可以采用 PreparedStatement 对象封装 SQL 语句。PreparedStatement 对象经过了预编译，执行速度要快于 Statement 对象，因此在数据库操作中多用 PreparedStatement 代替 Statement。PreparedStatement 对象中的 SQL 语句可具有一个或多个参数，可以用不同的输入参数来多次执行编译过的语句，较 Statement 灵活方便。参数的值在 SQL 语句创建时未被指定。该语句为每个参数保留一个问号（"?"）作为占位符。每个问号的值必须在该语句执行之前，通过适当的 setXXX 方法来完成。

setXXX 方法用于给相应的输入参数进行赋值，其中 XXX 是 JDBC 的数据类型，如 Int、String 等。setXXX 方法有两个参数，第一个是要赋值的参数表示在 SQL 语句中的位置，SQL 语句中的第一个参数的位置为 1，第二个参数的位置为 2；setXXX 方法的第二个参数是要传递的值，如 5、PingGuo 等，因 XXX 的不同而为不同的类型。例如：

```
PreparedStatement pStmt=conn.prepareStatement("Update TableName set Name=? where
ID=?");                                    //conn 为 Connection 的对象
pStmt.setString(1,"zhang Xiao");           //设置第一个参数(Name)为 "zhang Xiao"
```

作为 Statement 的子类，PreparedStatement 继承了 Statement 的所有功能。另外它还添加了一整套方法，用于设置发送给数据库以取代参数占位符的值。同时，Statement 中的三种方法 execute、executeQuery 和 executeUpdate 已被更改以使之不再需要参数。

使用 PreparedStatement 语句实现对数据库的操作有以下几个步骤：

（1）创建 PreparedStatement 对象。从 Connection 对象上可以创建一个 PreparedStatement 对象，在创建时可以给出预编译的 SQL 语句。

（2）执行 SQL 语句。可以调用 executeQuery()来实现，但与 Statement 方式不同的是，它没有参数，因为在创建 PreparedStatement 对象时已经给出了要执行的 SQL 语句，系统并进行了预编译。

```
ResultSet rs=pstmt.executeQuery();        //该条语句可以被多次执行
```

(3) 关闭 PreparedStatement。可调用父类 Statement 类中的 close()方法来实现。

```
pstmt.close();
```

下面仍以学生管理信息系统为例说明 PreparedStatement 语句对数据库实现插入、删除更新和查询等基本操作的使用过程。实例采用例 8.4 中使用的数据库 stu,并利用例 8.5 中的 ConnectionManager 类实现对数据库的关闭、连接操作。

**1. 利用 PreparedStatement 语句向数据库中插入数据**

**例 8.6** 利用 PreparedStatement 语句向数据库中插入数据。

```
package cn.edu.lcu.c08;

import java.sql.Connection;
import java.sql.PreparedStatement;
import java.sql.SQLException;

public class StuSinfoDB2 {

    /**
     * @param args
     * /
    public static void main(String[] args) {
        //TODO Auto-generated method stub
        Connection conn=null;
        PreparedStatement pStmt=null;
        try {
            conn=ConnectionManager.getaConnection();
            pStmt=conn.prepareStatement("insert into  Sinfo values(?,?,?,?,?)");
            pStmt.setInt(1, 2012010);
            pStmt.setString(2, "王芳");
            pStmt.setInt(3, 20);
            pStmt.setString(4, "女");
            pStmt.setString(5, "软件工程");
            pStmt.executeUpdate();
        } catch (SQLException e) {
            e.printStackTrace();
        } finally {
            ConnectionManager.closeStatement(pStmt);
            ConnectionManager.closeConnection(conn);
        }

    }
}
```

以上代码利用 PreparedStatement 的 executeUpdate()方法实现了向 sinfo 学生信息表中插入一条"王芳 20 女 软件工程"的记录。

**2. 利用 PreparedStatement 语句删除数据库中某条记录**

**例 8.7** 利用 PreparedStatement 语句实现数据的删除操作。

```
package cn.edu.lcu.c08;

import java.sql.Connection;
import java.sql.PreparedStatement;
import java.sql.SQLException;

public class StuSinfoDB3 {

    /**
     * @param args
     */
    public static void main(String[] args) {
        //TODO Auto-generated method stub
        Connection conn=null;
        PreparedStatement pStmt=null;
        try {
            conn=ConnectionManager.getaConnection();
            pStmt=conn.prepareStatement("delete from  Sinfo where sno=?");
            pStmt.setInt(1, 2012010);
            int s=pStmt.executeUpdate();
            System.out.println("删除数据行数为: "+s+"行。");
        } catch (SQLException e) {
            e.printStackTrace();
        } finally {
            ConnectionManager.closeStatement(pStmt);
            ConnectionManager.closeConnection(conn);
        }
    }
}
```

在例 8.7 中使用 PreparedStatement 的 executeUpdate()方法删除了 sinfo 学生信息表中学号 2012010 的一条记录,并返回了删除记录的行数,其控制台输出结果如图 8.6 所示。

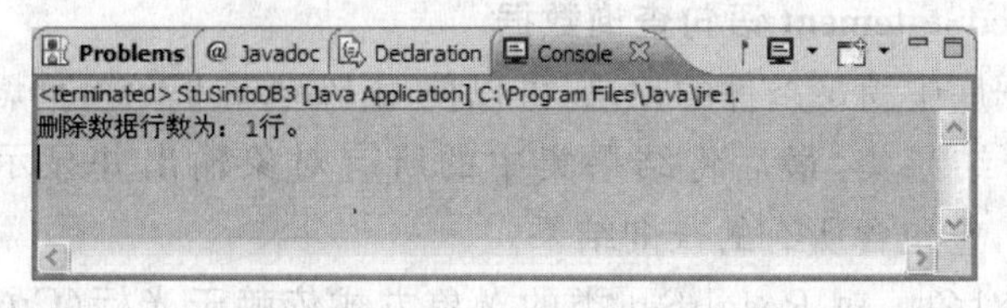


图 8.6 通过 PreparedStatement 删除记录结果

**3. 利用 PreparedStatement 语句更新数据**

**例 8.8** 利用 PreparedStatement 语句实现数据的更新操作。

```
package cn.edu.lcu.c08;
```

```
import java.sql.Connection;
import java.sql.PreparedStatement;
import java.sql.SQLException;

public class StuSinfoDB4 {

    /**
     * @param args
     */
    public static void main(String[] args) {
        //TODO Auto-generated method stub
        Connection conn=null;
        PreparedStatement pStmt=null;
        try {
            conn=ConnectionManager.getaConnection();
            pStmt=conn.prepareStatement("update Sinfo set age=?where sex=?");
            pStmt.setInt(1, 21);
            pStmt.setString(2, "男");
            int s=pStmt.executeUpdate();
            System.out.println("更新数据行数为: "+s+"行。");
        } catch (SQLException e) {
            e.printStackTrace();
        } finally {
            ConnectionManager.closeStatement(pStmt);
            ConnectionManager.closeConnection(conn);
        }
    }
}
```

以上代码通过 PreparedStatement 的 executeUpdate()方法实现了对年龄和性别的更新,并返回更新的数据行数。

由上述三个例子可以看出,executeUpdate()方法不仅可以执行 Update()语句,而且可以执行 INSERT 和 DELETE 语句。

**4. 利用 PreparedStatement 语句查询数据**

如果要查询数据库中满足条件的记录,可以使用 PreparedStatement 的 executeQuery()方法,该方法返回一个结果集,最后将结果集中的所有对象输出并显示出来。该结果集是 ResultSet 类的对象,它包含所有的查询结果。

(1) ResultSet 对象。对 ResultSet 类的对象方式依赖于光标(Cursor)的类型,而对每一行中的各个列,可以按任何顺序进行处理(按从左到右的顺序对各列进行处理可以获得较高的执行效率)。

ResultSet 类中的 Course 方式主要有:

```
ResultSet.TYPE_FORWARD_ONLY
```

```
            //光标只能前进不能后退,也就是只能从第一个字符位置一直移动到最后一个字符位置,
            //为默认设置
ResultSet.TYPE_SCROLL_SENSITIVE
            //允许光标前进或后退并感应到其他 ResultSet 的光标的移动情形
ResultSet.TYPE_SCROLL_INSENSITIVE
            //允许光标前进或后退并不能感应到其他 ResultSet 的光标的移动情形
```

ResultSet 类中的数据修改权限主要有:

```
ResultSet.CONCUR_READ_ONLY                //表示数据只能只读,不能更改;为默认设置
ResultSet.CONCUR_UPDATABLE                //表示数据允许被修改
```

ResultSet 类的 next()方法可以移动到下一行,如果 next()的返回值为 false,则说明已到记录集的尾部。

ResultSet 类的 getXXX()方法可以获得某一列的结果,其中 XXX 代表 JDBC 中的 Java 数据类型,如 getInt()、getString()、getDate()等。访问时需要指定要检索的列(可以采用 int 值作为列号(从 1 开始计数)或指定列(字段)名方式,但字段名不区别字母的大小写)。

ResultSet 类的 getMetaData()方法可以获得结果集中的一些结构信息(利用 ResulSetMetaData 类中的方法)。

```
ResultsetMetaData  rsmd=rs.getMetaData();
rsmd.getColumnCount();                    //返回结果集中的列数
rsmd.getColumnLabel(1);                   //返回第一列的列名(字段名)
```

(2) 应用实例。

**例 8.9** 利用 PreparedStatement 语句查询数据库中数据并对结果集进行操作。

```
package cn.edu.lcu.c08;

import java.sql.Connection;
import java.sql.PreparedStatement;
import java.sql.ResultSet;
import java.sql.ResultSetMetaData;
import java.sql.SQLException;
import java.util.ArrayList;
import java.util.List;

import cn.edu.lcu.c06.Student;

public class StuSinfoDB5 {
    /*
     *从数据库中取出学生并加入 List 集合中
     */
    public static List getStudentTotal() {
        ArrayList list=new ArrayList();
        Connection conn=null;
        PreparedStatement pStmt=null;
```

```
        ResultSet rs=null;
        try {
            conn=ConnectionManager.getaConnection();
            pStmt=conn.prepareStatement("select * from sinfo order by sno desc");
            rs=pStmt.executeQuery();
            ResultSetMetaData rsmd=rs.getMetaData();
            System.out.println("结果集中的列数为:"+rsmd.getColumnCount());
                                                    //返回结果集中的列数
            System.out.println("第一列的名称为:"+rsmd.getColumnLabel(1));
                                                    //返回第一列的列名(字段名)
            while (rs.next()) {
                int sno=rs.getInt("sno");
                String sname=rs.getString("sname");
                int age=rs.getInt("age");
                String sex=rs.getString("sex");
                String dept=rs.getString("dept");
                Student stu=new Student(sno, sname, age, sex, dept);
                                                    //调用了第6章的Student类中的构造函数
                list.add(stu);                      //加入到集合中
            }
        } catch (SQLException e) {
            e.printStackTrace();
        } finally {
            ConnectionManager.closeResultSet(rs);
            ConnectionManager.closeStatement(pStmt);
            ConnectionManager.getaConnection();
        }
        return list;
    }

    public static void main(String[] args) {
        //TODO Auto-generated method stub
        List stuTotal=getStudentTotal();
        System.out.println("学生总数为: "+stuTotal.size());
    }
}
```

在例 8.9 中使用 PreparedStatement 的 executeQuery()方法返回一个结果集,并利用 ResultSet 类的 getXXX()方法可以获得某一列的数据,然后依次加入 List 集合中。利用了 ResultSet 类的 getMetaData()方法可以获得结果集中列的总数和第一列的名称。例 8.9 的运行结果如图 8.7 所示。

### 8.4.4 批量处理 JDBC 语句

当需要运行多条数据库操作语句时,JDBC 语句效率比较低。除了可以使用数据库的存储过程来提高效率外,还可以尝试使用 Statement 的批量处理特性以提高速度。

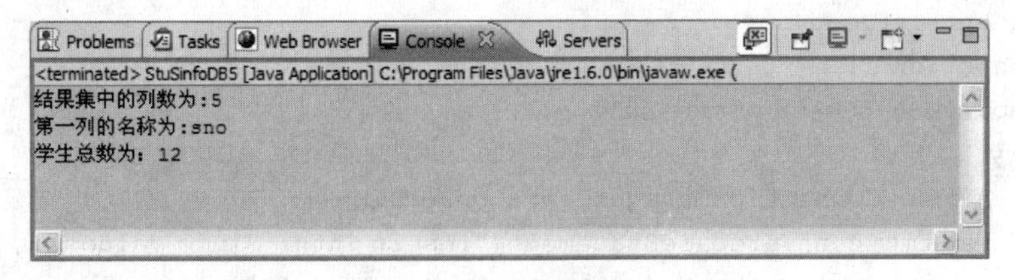


图 8.7　例 8.9 运行结果

Statement 类可以包含一系列 SQL 语句,允许在同一个数据库事务执行所有的语句而不是执行对数据库的一系列调用。使用批量处理功能涉及如下两个方法:

(1) addBatch()方法是 PreparedStatement 类的方法。多次调用该方法可以将多条预编译的 SQL 语句添加到 PreparedStatement 对象的命令列表中。执行批处理时将一次性地把这些 SQL 语句发送给数据库进行处理。若该方法包含参数,即 addBatch(String sql)表示 Statement 类的方法,该方法会在批处理缓存中加入一条 SQL 语句。

(2) executeBatch()方法执行缓存中的 SQL 语句并返回一个 int 值的数组,该数组包含每个语句所影响的数据行数。

下面通过例 8.10 说明这两个方法的使用。

**例 8.10**　通过 addBatch()和 executeBatch()方法实现 JDBC 语句的批量处理。

```
package cn.edu.lcu.c08;

import java.sql.Connection;
import java.sql.PreparedStatement;
import java.sql.SQLException;
import java.util.ArrayList;
import java.util.List;

import cn.edu.lcu.c06.Student;

public class StuSinfoDB6 {

    /**
     * @param args
     */
    public static void main(String[] args) {
        //TODO Auto-generated method stub
     Student no1=new Student(2012001, "张华", 20, "男", "信息管理");
     Student no2=new Student(2012010, "王芳", 20, "女", "软件工程");
     Student no3=new Student(2012020, "赵乐", 21, "男", "网络工程");
     Student no4=new Student(2012030, "王芸", 21, "女", "网络工程");
     List studentList=new ArrayList();
     studentList.add(no1);
     studentList.add(no2);
     studentList.add(no3);
```

```
        studentList.add(no4);
        Connection conn=null;
        PreparedStatement pStmt=null;
         try {
            conn=ConnectionManager.getaConnection();
            pStmt=conn.prepareStatement("insert into  Sinfo values(?,?,?,?,?)");
            for (int i=0; i<studentList.size(); i++) {
             Student stu= (Student) studentList.get(i);
             pStmt.setInt(1, stu.getSID());
             pStmt.setString(2, stu.getSName());
             pStmt.setInt(3, stu.getAge());
             pStmt.setString(4, stu.getSex());
             pStmt.setString(5, stu.getDept());
             pStmt.addBatch();
            }
           int[] counts=pStmt.executeBatch();                    //执行批量处理语句
            conn.setAutoCommit(true);
            pStmt.clearBatch();
            int sum=0;
            for (int j=0; j<counts.length; j++) {
               sum=sum+counts[j];
            }
            System.out.println("影响行数为: "+sum);
        } catch (SQLException e) {
            e.printStackTrace();
        } finally {
            ConnectionManager.closeStatement(pStmt);
            ConnectionManager.closeConnection(conn);
        }
    }
}
```

PreparedStatement 中使用批量更新时,要先设置好参数后再使用 addBatch()方法加入缓存。批量更新中只能使用更改、删除或插入语句。在例 8.10 中利用 addBatch()方法和 executeBatch()方法,实现了多条 SQL 语句的执行,提高了效率。当进行批处理更新时,一般要禁用自动执行,这样使得应用程序能够在发生错误及批处理中的某些命令不能执行时决定是否执行事务处理。其语句一般格式如下:

```
conn.setAutoCommit(false);
```

自动提交事物设置为 false 时不自动提交,设置为 conn 时为 Connection 的对象。

## 8.5 项目练习

### 8.5.1 上机任务 1

**1. 训练目标**

掌握通过 JDBC 实现数据库连接的方法。

**2. 需求说明**

先创建基础数据库和相应的表，然后编写数据库访问类通过 JDBC 实现数据的访问和操作。

**3. 参考提示**

(1) 通过 SQL Server 2005 创建数据库 corporation，然后创建基础表。

(2) 编写数据库访问类测试 JDBC 的连接情况。

企业事物管理系统基本数据表结构如表 8.2～表 8.5 所示。

**表 8.2 员工信息表 tb_employee**

| 序号 | 字段名 | 数据类型 | 属性 | 序号 | 字段名 | 数据类型 | 属性 |
|---|---|---|---|---|---|---|---|
| 1 | employeeId | int | 非空(主键) | 5 | phone | varchar(50) | 允许空 |
| 2 | name | nvarchar(20) | 允许空 | 6 | place | varchar(50) | 允许空 |
| 3 | sex | bit | 允许空 | 7 | password | varchar(50) | 允许空 |
| 4 | age | int | 允许空 | 8 | isLead | bit | 允许空 |

**表 8.3 消息表 tb_message**

| 序号 | 字段名 | 数据类型 | 属性 | 序号 | 字段名 | 数据类型 | 属性 |
|---|---|---|---|---|---|---|---|
| 1 | messageID | int | 非空(主键) | 4 | employeeID | int | 允许空 |
| 2 | messageTitle | varchar(50) | 允许空 | 5 | publishTime | datetime | 允许空 |
| 3 | messageContent | text | 允许空 | | | | |

**表 8.4 回复消息表 tb_reply**

| 序号 | 字段名 | 数据类型 | 属性 | 序号 | 字段名 | 数据类型 | 属性 |
|---|---|---|---|---|---|---|---|
| 1 | replyID | int | 非空(主键) | 4 | replyTime | datetime | 允许空 |
| 2 | replyContent | text | 允许空 | 5 | messageID | int | 允许空 |
| 3 | employeeID | int | 允许空 | | | | |

**表 8.5 审核消息表 tb_criticism**

| 序号 | 字段名 | 数据类型 | 属性 | 序号 | 字段名 | 数据类型 | 属性 |
|---|---|---|---|---|---|---|---|
| 1 | criticismID | int | 非空(主键) | 4 | criticismTime | datetime | 允许空 |
| 2 | criticismContent | text | 允许空 | 5 | messageID | int | 允许空 |
| 3 | employeeID | int | 允许空 | | | | |

其主要代码见例 8.11。

**例 8.11** JDBC 连接情况的测试。

```
package cn.edu.lcu.c08;

import java.sql.Connection;
```

```java
import java.sql.DriverManager;
import java.sql.SQLException;

public class ConnectionTest {
    public static Connection conn;
    public static final String driver="com.microsoft.sqlserver.jdbc.SQLServerDriver";
    public static final String url="jdbc:sqlserver://localhost:1433;DatabaseName=
   corporation";
    public static final String user="sa";
    public static final String pad="11";

    public static void getaConnection() {
        try {
            Class.forName(driver);
            System.out.println("加载驱动成功!");
        } catch (ClassNotFoundException e) {
            //TODO Auto-generated catch block
            e.printStackTrace();
        }
        try {
            conn=DriverManager.getConnection(url, user, pad);
            System.out.println("连接成功!");
        } catch (SQLException e) {
            //TODO Auto-generated catch block
            e.printStackTrace();
        }
    }

    public static void main(String[] args) {
        //TODO Auto-generated method stub
        getaConnection();
    }
}
```

程序运行结果如图 8.8 所示。

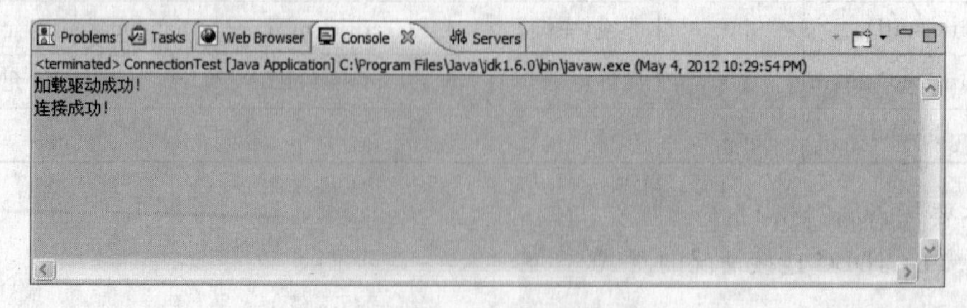


图 8.8　JDBC 连接测试结果

**4. 练习**

编写一个类实现数据库的连接和资源的释放。

### 8.5.2 上机任务 2

**1. 训练目标**

掌握 Statement 和 PreparedStatement 的使用。

**2. 需求说明**

实现 EmployeeDao 中按照员工 Id 查询员工信息的方法。

**3. 参考提示**

(1) 建立数据库连接。

(2) 获取 PreparedStatement 对象并执行 SQL 语句。

(3) 处理查询结果集。

(4) 关闭连接并返回结果。

主要代码如下:

**例 8.12** 按员工 ID 查询员工的实现类。

```
public Employee findEmployeeById(int employeeID) {
        Connection conn=DBConnection.getConnection();      //获得连接对象
        String findByIDSQL="select * from "+
                    "tb_employee where employeeID=?";  //SQL 语句
        PreparedStatement pstmt=null;                       //声明预处理对象
        ResultSet rs=null;
        Employee employee=null;
        try {
            pstmt=conn.prepareStatement(findByIDSQL);       //获得预处理对象并赋值
            pstmt.setInt(1, employeeID);                    //设置参数
            rs=pstmt.executeQuery();                        //执行查询
            if(rs.next()) {
                employee=new Employee();
                employee.setId(rs.getInt(1));               //设置员工编号
                employee.setName(rs.getString(2));          //设置员工姓名
                employee.setSex(rs.getBoolean(3));          //设置员工性别
                employee.setAge(rs.getInt(4));              //设置出生日期
                employee.setPhone(rs.getString(5));         //设置办公室电话
                employee.setPlace(rs.getString(6));         //设置住址
                employee.setPassword(rs.getString(7));      //设置系统口令
                employee.setLead(rs.getBoolean(8));         //设置是否为管理层领导
            }
        } catch (SQLException e) {
            e.printStackTrace();
        } finally{
            DBConnection.close(rs);                         //关闭结果集对象
            DBConnection.close(pstmt);                      //关闭预处理对象
```

```
            DBConnection.close(conn);                              //关闭连接对象
        }
        return employee;
    }
```

**4. 练习**

编写测试函数,调用 EmployeeDao 中的 findEmployeeById()方法从数据库中查找数据并将结果在控制台输出,运行结果如图 8.9 所示。

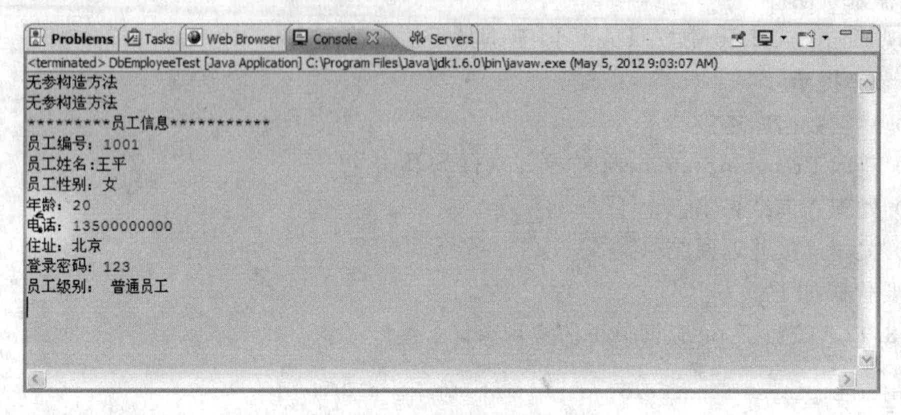


图 8.9　查询结果在控制台输出

## 8.5.3　上机任务 3

**1. 训练目标**

掌握 Statement 和 PreparedStatement 的使用。

**2. 需求说明**

(1) 利用 JDBC 和数据库连接,实现 EmployeeDao、MessageDao、ReplyDao、CriticismDao 中没有实现的方法。

(2) 编写适当的测试函数,在控制台输出信息。

# 第9章 JSP开发基础

**本章要点**

- JSP基本介绍
- 编写基本JSP页面

## 9.1 JSP开发环境配置

### 9.1.1 JSP与B/S技术

B/S(Browser/Server)结构,即浏览器和服务器结构,是随着Internet技术的兴起,对C/S结构的一种变化或者改进的结构。在这种结构下,用户工作界面是通过WWW浏览器来实现,极少部分事务逻辑在前端(Browser)实现,主要事务逻辑在服务器端(Server)实现,形成三层体系结构(见图9.1)。这样就大大简化了客户端计算机载荷,减轻了系统维护与升级的成本和工作量,降低了用户的总体成本。

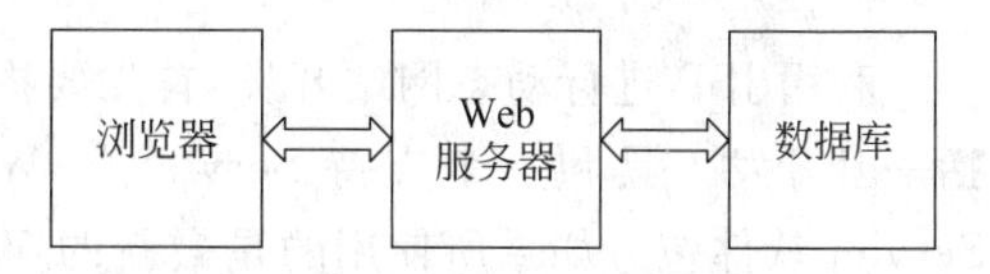


图9.1 B/S结构三层模式

利用B/S模式,用户通过WWW浏览器去访问Internet上的文本、数据、图像、动画、视频点播和声音信息,这些信息都是由Web服务器产生的,Web服务器又和各种数据库服务器连接,大量的数据实际存放在数据库服务器中。客户端除了WWW浏览器,一般无须任何用户程序,只需从Web服务器上下载程序到本地来执行,在下载过程中若遇到与数据库有关的指令,由Web服务器交给数据库服务器来解释执行,并返回给Web服务器,Web服务器又返回给用户。

JSP是建立在Java Servlets模型之上的表达层技术,它使编写HTML变得更简单,以JavaBeans和Enterprise JavaBeans(EJB)组件包含商务和数据逻辑的模型为基础,提供大量标签和一个脚本平台用来在HTML页中显示由JavaBeans产生或回送的内容。JSP的基本模型如图9.2所示。

在基本请求模型中,一个请求由客户机直接被送到JSP页,JSP代码控制着进行逻辑处理时与Servlet的交互,并在动态生成的、混合了静态HTML代码的HTML页中显示结果。如图9.2所示,用户先通过浏览器向服务器发送请求;应用程序服务器收到用户的请求后通过JSP等访问相应的数据库,并得到数据库返回的结果;之后应用程序服务器再将得到的结果返回客户端,最后客户端的浏览器解释HTML文件并结果展示给用户。

JSP执行的基本原理是首先将JSP标签、JSP页中的Java代码甚至连同静态HTML内容都转换为大块的Java代码。然后这些代码块被JSP引擎组织到用户看不到的Java Servlet中去,由Servlet自动将其编译成Java字节码。因此,当请求一个JSP页时,一个已经生成的、预编译过的Servlet将完成所有的工作,且整个过程对用户透明。由于JSP引擎自动生成并编译Servlet,因此JSP具有高效的性能和快速开发所需的灵活性。

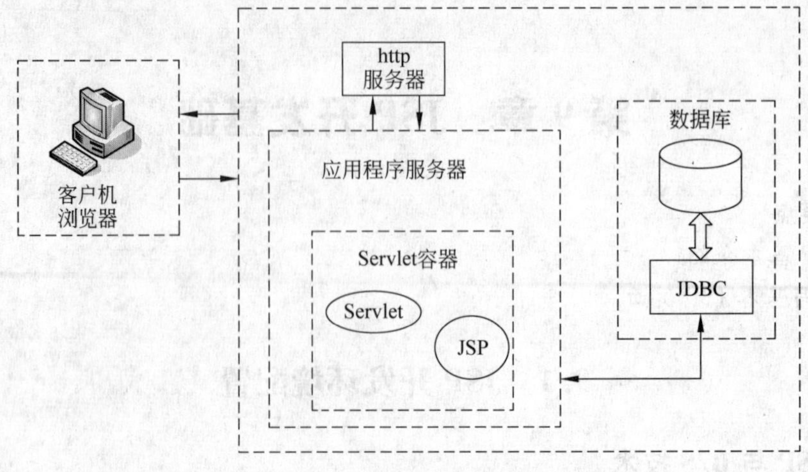

图 9.2　JSP 工作基本模型

### 9.1.2　开发环境配置

利用 JSP 进行动态网站开发，首先要搭建一个基本的开发环境。一般来说基本环境包括一套开发工具和一个支持 Servlet 的 Web 服务器，或者在现有的 Web 服务器上安装 Servlet 软件包。如果所使用的是最新的 Web 服务器或应用服务器，所需要的必备软件可以查看 Web 服务器的文档，或访问 http://www.oracle.com/technetwork/java/javaee/servlet/index.html 查看支持 Servlet 的服务器软件清单。

本书所采用 Java 的开发工具在前面章节已经说明，本书选取 Apache Tomcat 作为本节 Web 服务器。Tomcat 是 Servlet 2.2 和 JSP 1.1 规范的官方参考实现，Tomcat 既可以单独作为小型 Servlet、JSP 测试服务器，也可以集成到 Apache Web 服务器。直到 2000 年早期，Tomcat 还是唯一的支持 Servlet 2.2 和 JSP 1.1 规范的服务器，但已经有许多其他服务器宣布提供这方面的支持。下面以 Tomcat 6.0 为例说明其相关配置，Tomcat 6.0 软件可以从 http://tomcat.apache.org/免费下载。下载后就可以安装该软件，其安装方法和 My Eclipse等软件安装过程相似。

安装后即可运行 Tomcat 服务器，启动服务器后就可以在浏览器中输入 http://localhost:8080/测试。如果出现图 9.3 所示的界面，则说明 Tomcat 服务器安装成功。

Tomcat 的目录结构如表 9.1 所示。

**表 9.1　Tomcat 的目录结构**

| 目录名 | 简　介 |
|---|---|
| bin | 存放启动和关闭 Tomcat 脚本 |
| conf | 包含不同的配置文件 server.xml(Tomcat 的主要配置文件)和 web.xml |
| work | 存放 JSP 编译后产生的 CLASS 文件 |
| webapp | 存放应用程序示例，以后你要部署的应用程序也要放到此目录 |
| logs | 存放日志文件 |
| lib/japser/common | 这三个目录主要存放 Tomcat 所需的 JAR 文件 |

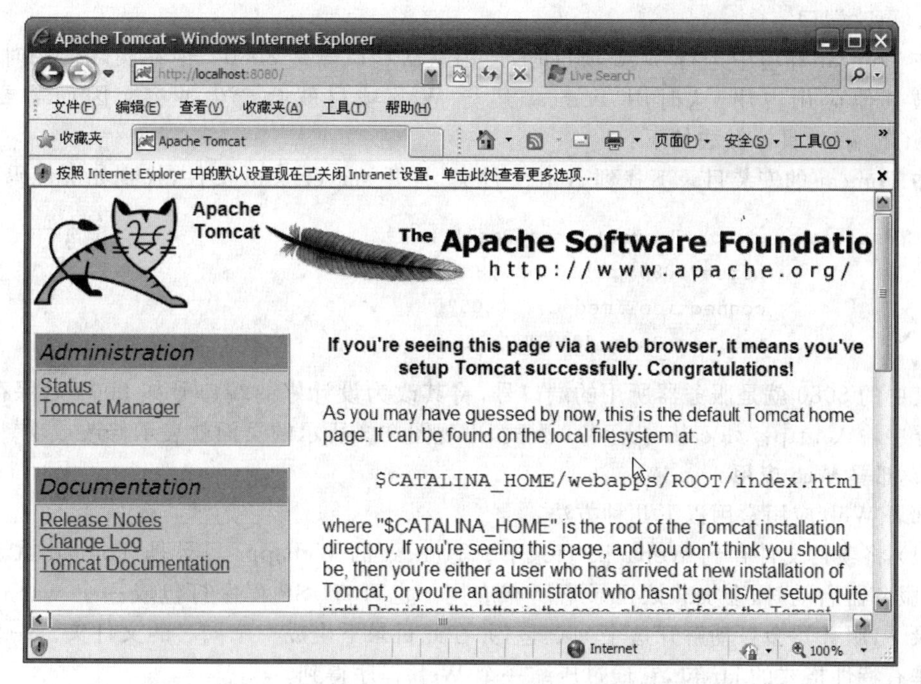


图 9.3 使用 http://localhost:8080/测试 Tomcat

为了更方便地使用 Tomcat，Tomcat 安装成功后需要进行简单配置。

**1. 添加管理用户**

为 Tomcat 添加具有管理权限的用户的过程为：首先找到 Tomcat 的安装文件夹，然后打开 conf 目录下的 tomcat-users. xml 文件，在<tomcat-users>和</tomcat-users>之间的位置添加下面一行：

```
<user username="admin" password="admin" roles="manager"/>
```

保存后重启 Tomcat，在浏览器中输入 http://localhost:8080/manager/，在弹出的对话框中输入上面的用户名和密码即可。

**2. 显示应用程序列表**

启动 Tomcat，在浏览器中输入 http://localhost:8080/manager/list，浏览器将会显示如图 9.4 所示信息。

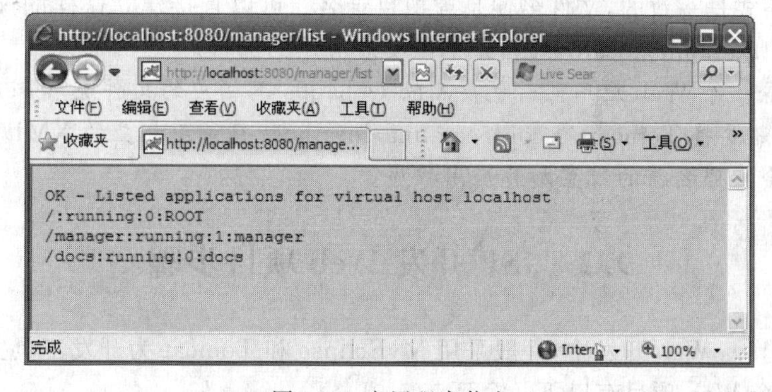


图 9.4 应用程序信息

**3. 更改端口**

在 Tomcat 环境中运行 Web 项目时，使用默认端口号是 8080。但在实际使用时，若该端口被其他应用占用，这时用 Tomcat 运行 Web 项目就会产生冲突。因而需要修改 Tomcat 的端口，具体做法如下：

在 Tomcat 的安装目录下找到 conf 文件夹，打开 server. xml 文件，找到如下代码：

```
<Connector executor="tomcatThreadPool"
           port="8080" protocol="HTTP/1.1"
           connectionTimeout="20000"
           redirectPort="8443" />
```

其中的 8080 就是服务器所用的端口号，将其改为设计好的端口号如 8001 后保存。在浏览器中输入 http://localhost:8001 测试，出现图 9.3 所示的页面就表示修改成功。

**4. 部署 Web 应用**

部署 Web 应用常用以下几种方法：

(1) 将项目文件存到 Webapps 目录下。Tomcat 的 Webapps 目录是 Tomcat 默认的目录，当服务器启动时，会加载该目录下所有应用。也可将 JSP 程序打包成一个 war 包放在该目录下，服务器会自动解开这个 war 包，并在此目录下生成一个同名的文件夹。一个 war 包就是有特性格式的 jar 包，它通过压缩一个 Web 程序得到。

(2) 在 server. xml 中指定。在 Tomcat 的配置文件中，一个 Web 应用就是一个特定的 Context，可以通过在 server. xml 中新建 Context 里部署一个 JSP 应用程序。打开 server. xml 文件，在 Host 标签内建一个 Context，内容如下：

```
<Context path="/myapp" reloadable="true" docBase="D:/myapp" workDir="D:/myapp/
work"/>
```

其中 path 是虚拟路径，docBase 是 JSP 应用程序的物理路径，workDir 是该应用的工作目录，存放运行时生成的与此应用相关的文件。

(3) 创建一个 Context 文件。以上两种方法，Web 应用被服务器加载后都会在 Tomcat 的 conf/catalina/localhost 目录下生成一个 XML 文件，其内容如下：

```
<Context path="/admin" docBase="${catalina.home}/server/webapps/admin" debug=
"0" privileged="true"></Context>
```

可以看出，文件中描述一个应用程序的 Context 信息，其内容和 server. xml 中的 Context 信息格式是一致的，文件名便是虚拟目录名。可以直接建立这样的 xml 文件，放在 Tomcat 的 conf/catalina/localhost 目录下以实现应用的部署。

**注意**：删除一个 Web 应用同时也要删除 webapps 下相应的文件夹和 server. xml 中相应的 Context，还要将 Tomcat 的 conf/catalina/localhost 目录下相应的 XML 文件删除。否则 Tomcat 仍会按照之前的配置加载应用程序。

## 9.2 JSP 开发 Web 项目步骤

在实际的 Java Web 开发中，一般采用 MyEclipse 和 Tomcat 为开发工具实现 Web 项目开发。开发一个 Web 项目有以下几个环节：

(1) 创建一个 Web 项目。该项目文件存放了运行项目所需的各种文件，在 MyEclipse 平台下可以很方便地建立该项目文件。

(2) 编写 Web 项目所需的各种代码。在相应的位置编写支持该项目的基本代码文件，如 HTML 文件、数据库连接代码、图片等。

(3) 部署并运行 Web 项目。在该过程中将要在 MyEclipse 中配置 Tomcat，并将 Web 项目部署到 Tomcat 服务器中，然后启动 Tomcat 服务器检测 Web 项目的运行情况。

### 9.2.1 创建 Web 项目

利用 MyEclipse 创建 Web 项目很方便，创建完成后所需的基本驱动程序都在相应的文件目录中。在创建时依次选择 File|New|Web Project 命令，然后在弹出的对话框中输入 Web Project 的名称即可，然后单击 Finish 按钮完成项目创建，如图 9.5 所示。

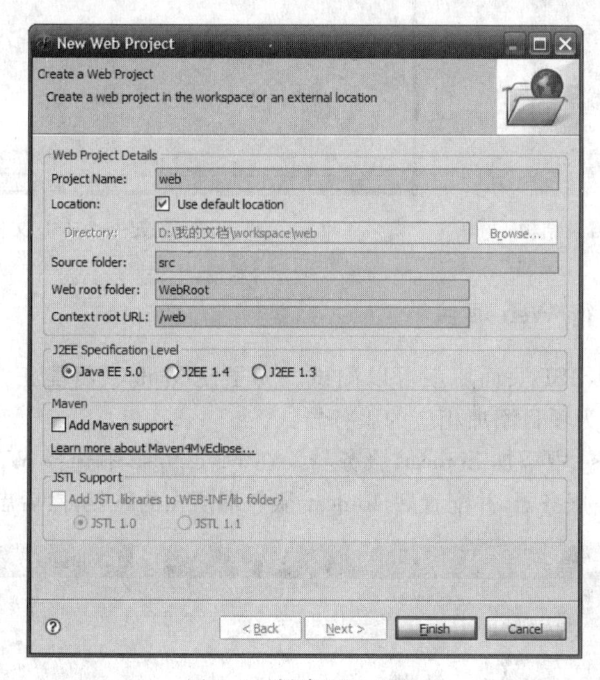


图 9.5 创建 Web 项目

完成 Web 项目创建之后就可以开始编写基本代码了。

### 9.2.2 编写代码

完成 Web 项目创建之后，就可以在 MyEclipse 的 Package Explorer 中看见该项目的目录结构，如图 9.6 所示。

在该目录结构中 src 文件夹是用来存放 Java 源文件的地方，在该文件中还可以创建 Java 的包等。WebRoot 为 Web 应用的根目录，从图 9.6 中可以看见在 WebRoot 中存放的主要有三部分组成。

(1) META-INF 目录：该目录中存放系统的相关信息。

(2) WEB-INF 目录：该目录存放 Web 应用所需的基本库文件和各种驱动程序，目录中的 web.xml 文件用于系统的配置。

(3) JSP 文件：编写的 JSP 文件放于该目录下。

然后就可以创建一个简单的 JSP 文件。右击 WebRoot，然后在弹出的快捷菜单中选择 New|JSP 命令，输入相应的文件名，即可完成一个基本的 JSP 文件的创建，如图 9.7 所示。

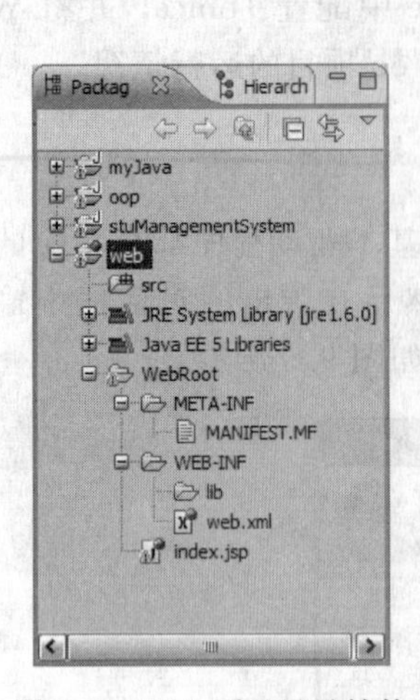


图 9.6　Web 项目目录结构

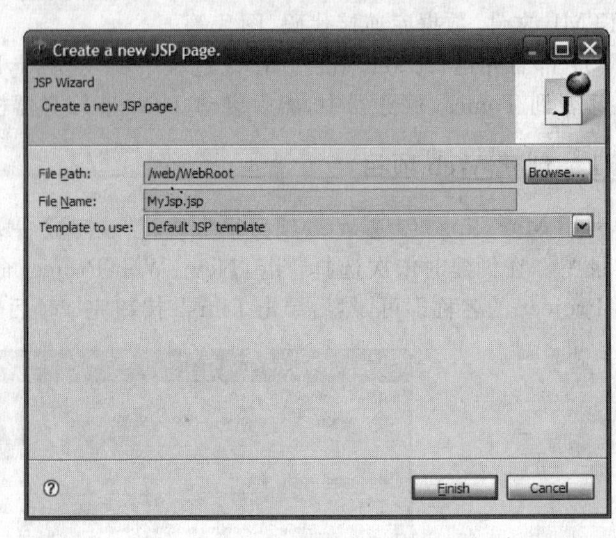


图 9.7　创建一个 JSP 文件

### 9.2.3　部署并运行 Web 项目

创建完一个基本 JSP 页面后就可以测试。为了使 Web 项目能正常运行，需要对 Web 项目做简单部署，即为项目添加相应的服务器。

(1) 在 MyEclipse 中添加 Tomcat 服务器。在 MyEclipse 中选择 Window|Preferences 命令，然后添加 Tomcat 服务器，并配置好 Tomcat 服务器所在的路径，然后启用，如图 9.8 所示。

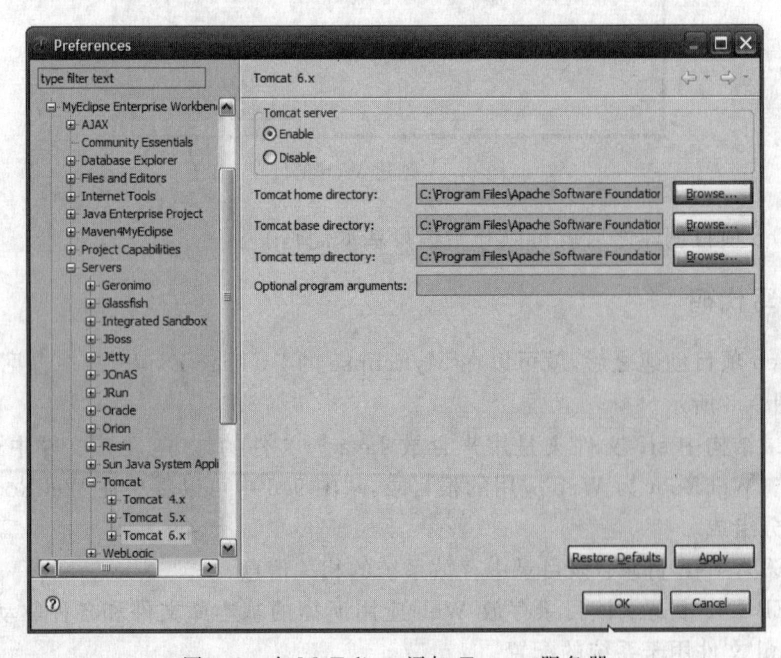


图 9.8　在 MyEclipse 添加 Tomcat 服务器

当添加完 Tomcat 服务器之后，在 MyEclipse 的窗口中会显示相应信息，如图 9.9 所示。

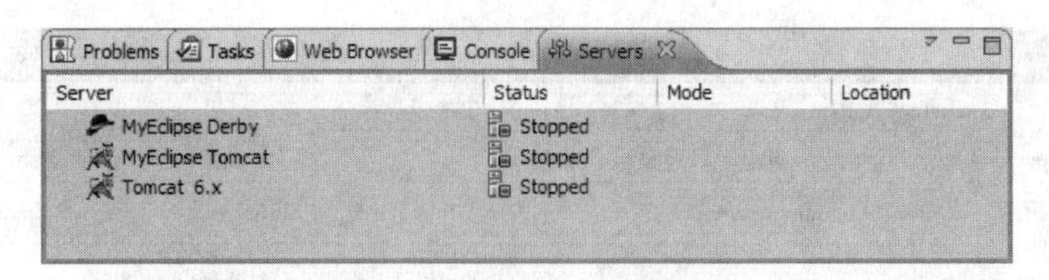


图 9.9　添加完 Tomcat

（2）添加需要部署的项目。在 MyEclipse 工具栏单击部署按钮，然后在弹出的对话框中选择欲部署的项目，并单击 Add 按钮添加 Tomcat 服务器，结果如图 9.10 所示。

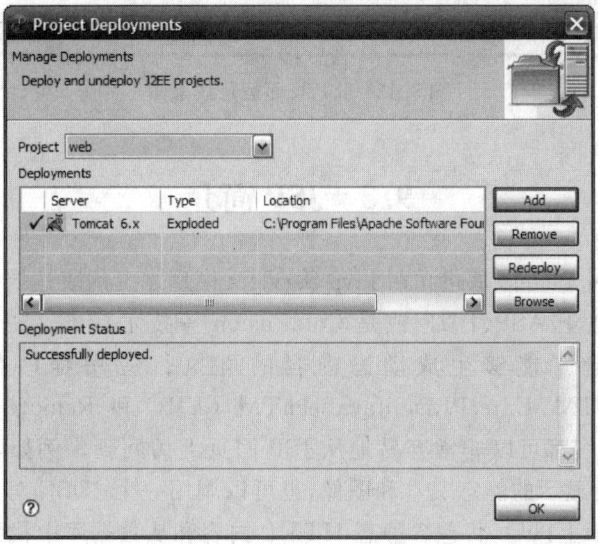

图 9.10　部署 Web 项目

完成 Web 项目的部署后就可以启动服务器，运行项目。在图 9.9 所示的服务器窗口中选定服务器，如 Tomcat 6.x。然后右击，在弹出的快捷菜单中选择 Run Server 命令即可启动 Tomcat 服务器。也可以通过 MyEclipse 工具栏中的按钮实现服务器的启动。启动后，在控制台会看见 Tomcat 的启动信息，如图 9.11 所示。

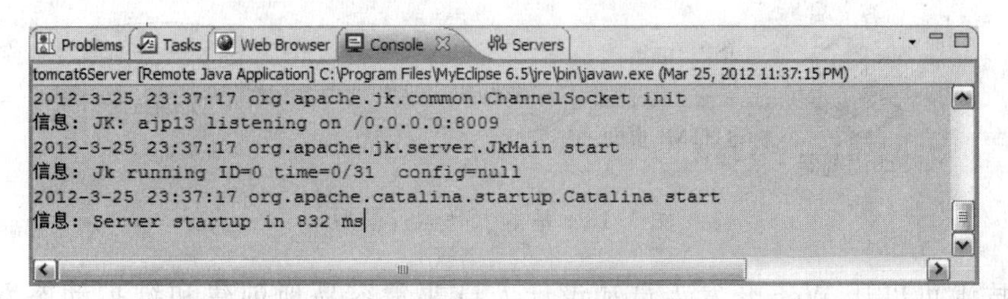


图 9.11　Tomcat 启动信息

当 Tomcat 服务器正常启动后就可以来测试编写 MyJsp.jsp 文件。在 IE 浏览器中输入 http://localhost:8080 测试一下 Tomcat 服务器是否能出现图 9.3 所示的画面。如果正常，则接着在 IE 浏览器中输入 http://licalhost:8080/web/MyJsp.jsp，结果如图 9.12 所示。

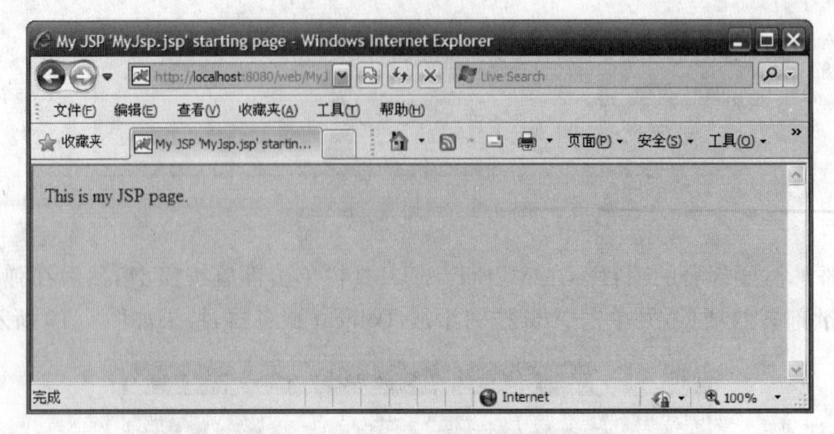


图 9.12 JSP 页面运行效果图

## 9.3 JSP 简介

JSP(Java Server Pages)是建立在 Java Servlets 模型之上的表达层技术，是一种新动态网页技术标准，类似于 ASP、PHP 或是 ColdFusion 等技术标准。一个 JSP 网页就是在 HTML 网页中包含了能够生成动态内容的可执行应用程序代码，且可能包含 JavaBeanTM、JDBCTM、EnterPRise JavaBeanTM（EJB）和 Remote Method Invocation (RMI)对象，所有内容都可以非常容易地从 JSP 网页上访问到。例如，一个 JSP 网页可以包含 HTML 代码所显示的静态文本和图像，也可以调用一个 JDBC 对象来访问数据库，当网页显示到用户界面上以后，将包含静态 HTML 内容和从数据库中找到相应的动态信息。

JSP 服务器收到客户端发出的请求时，首先执行其中的 Java 程序片段(Scriptlet)，然后将执行结果以 HTML 格式响应给客户端。其中程序片段可以是操作数据库、重新定向网页以及发送 E-mail 建立动态网站所需功能。所有程序操作都在服务器端执行，网络上传送给客户端的仅是得到的结果，与客户端的浏览器无关。一个基本的 JSP 请求模型如图 9.13 所示。

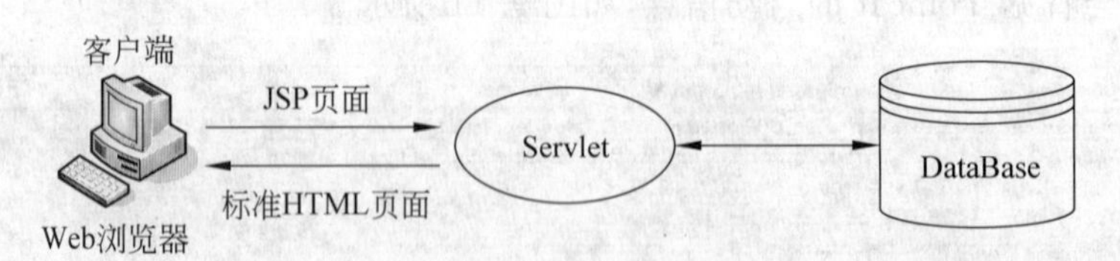


图 9.13 基本 JSP 运行模型

JSP 技术可以让 Web 开发人员和设计人员非常容易地创建和维护动态网页，它把用户界面从系统内容中分离开来，设计人员能够在不改变底层动态内容的前提下改变网页布局。作为 JavaTM 技术的一部分，JSP 能够快速开发基于 Web 且独立于平台的应用程序。

### 9.3.1 JSP 页面基本结构

在传统的网页 HTML 文件(*.htm，*.html)中加入 Java 程序片段和 JSP 标记(tag)，就构成了 JSP 网页(*.jsp)。JSP 页面由静态内容、指令、表达式、服务器脚本、声明、注释等组成，其典型结构如图 9.14 所示。

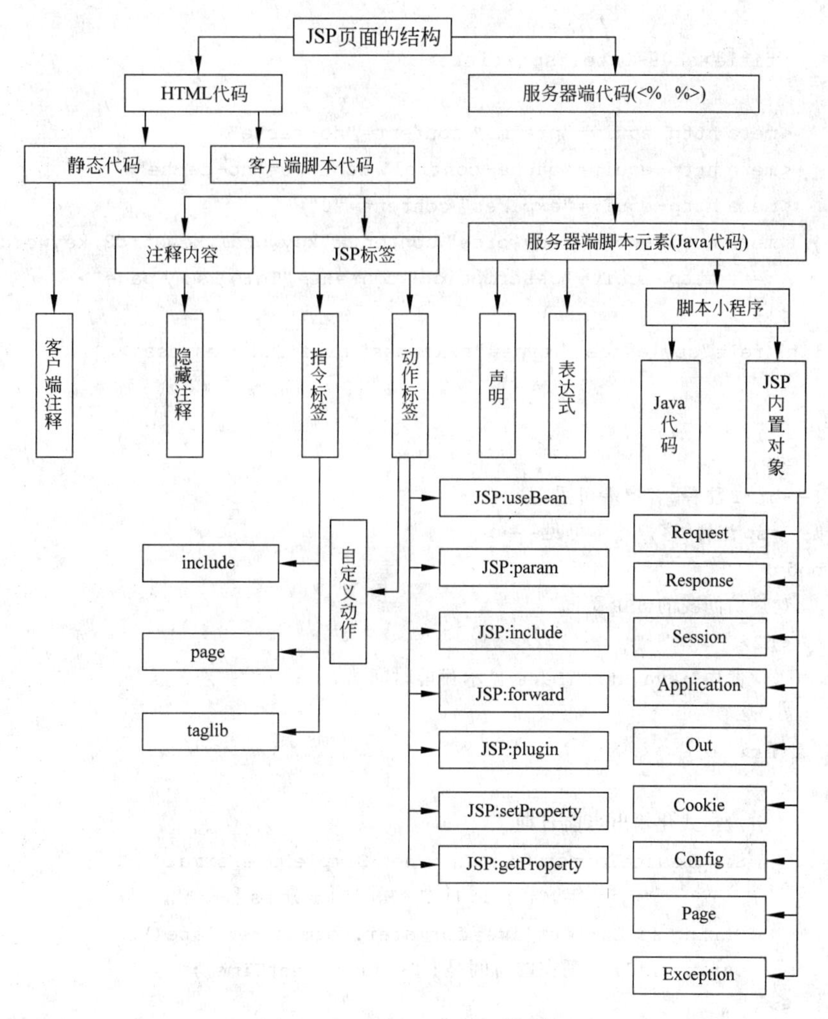


图 9.14 典型 JSP 页面结构图

下面用例子说明 JSP 页面元素。

**例 9.1** 基本 JSP 页面，能显示当前系统时间。

```
<%@page language="java" import="java.util.*,java.text.*"
    contentType="text/html;charset=GBK"%>

<%
    String path=request.getContextPath();
    String basePath=request.getScheme()+"://"
          +request.getServerName()+":"+request.getServerPort()+path+"/";
```

```
%>

<!DOCTYPE HTML PUBLIC "-//W3C//DTD HTML 4.01 Transitional//EN">
<html>
    <head>
        <base href="<%=basePath%>">

        <title>ch09-Date.jsp</title>

        <meta http-equiv="pragma" content="no-cache">
        <meta http-equiv="cache-control" content="no-cache">
        <meta http-equiv="expires" content="0">
        <meta http-equiv="keywords" content="keyword1,keyword2,keyword3">
        <meta http-equiv="description" content="This is my page">
        <!--
    <link rel="stylesheet" type="text/css" href="styles.css">
    -->

    </head>
    <!--html注释,客户端可见 -->
    <%--jsp注释,客户端不可见--%>
    <body>
        欢迎访问我的 JSP 页面
        <h2>
            使用 java.util.Date 显示目前时间
        </h2>
        <br>
        <%
            //格式化输出当前日期
            SimpleDateFormat formater=new SimpleDateFormat(
                    "yyyy年MM月dd日 E  HH时mm分ss秒  ");
            String strCurrentTime=formater.format(new Date());
            out.println("现在的时间是: "+strCurrentTime);
        %>
    </body>
</html>
```

浏览器中的预览效果如图 9.15 所示。

例 9.1 中的 JSP 页面经过运行后会产生相应的网页源代码,如图 9.16 所示。

根据图 9.14 所示的 JSP 页面结构图,对例 9.1 中出现的 JSP 页面元素简单说明如下。

**1. JSP 注释**

JSP 注释用于标注在程序开发过程中的开发提示,它不会输出到客户端。因而经常用于程序员调试程序。JSP 注释的格式如下:

```
<%--注释内容 --%>
```

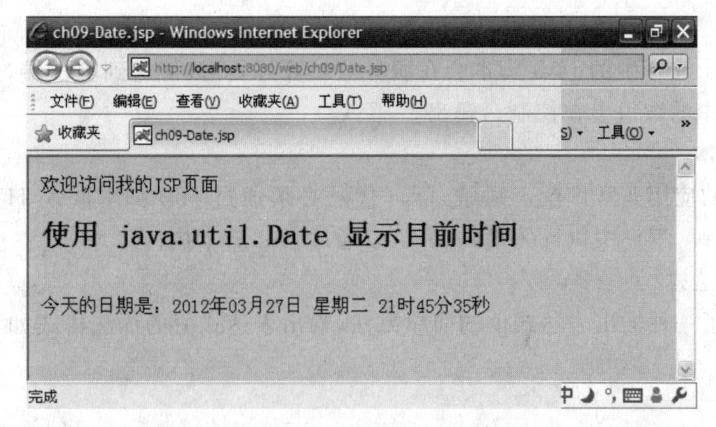


图 9.15　例 9.2 中 JSP 页面在浏览器中的效果

```
http://localhost:8080/web/ch09/Date.jsp - 原始源
文件(F) 编辑(E) 格式(O)
1
2
3
4
5  <!DOCTYPE HTML PUBLIC "-//W3C//DTD HTML 4.01 Transitional//EN">
6  <html>
7          <head>
8                  <base href="http://localhost:8080/web/">
9
10                 <title>ch09-Date.jsp</title>
11
12                 <meta http-equiv="pragma" content="no-cache">
13                 <meta http-equiv="cache-control" content="no-cache">
14                 <meta http-equiv="expires" content="0">
15                 <meta http-equiv="keywords" content="keyword1,keyword2,keyword3">
16                 <meta http-equiv="description" content="This is my page">
17                 <!--
18         <link rel="stylesheet" type="text/css" href="styles.css">
19         -->
20
21         </head>
22         <!-- html注释，客户端可见 -->
23
24         <body>
25                 欢迎访问我的JSP页面
26                 <h2>使用 java.util.Date 显示目前时间</h2>
27                 <br>
28                 今天的日期是：2012年03月27日 星期二  21时45分35秒
29
30
31         </body>
32 </html>
33
```

图 9.16　例 9.2 运行后的网页源文件

相比之下，HTML 注释的格式是：

```
<!--注释内容 -->
```

HTML 的注释可以通过源代码查看到，但 JSP 的注释是无法通过源代码查看到的。但是 HTML 注释无法阻止 Java 脚本的执行，如下所示：

```
<!--
<%System.out.println("hello!");%>
-->
<!--
<%out.println("hello!");%>
```

```
-->
```

上面的两个注释中的Java脚本会在服务器端算好,再被传送到客户端,页面不会显示。前面一个注释中的数值会在控制台输出。

**2. JSP 脚本**

JSP脚本的应用非常广泛。通常,Java代码必须通过JSP脚本嵌入HTML代码。因此,所有能在Java程序中执行的代码,都可以通过JSP脚本执行。

**3. JSP 表达式**

JSP提供了一种输出表达式值的简单方法,输出表达式值的语法格式如下:

```
<%=表达式%>
```

**4. 指令**

JSP指令是为JSP引擎而设计的。它们并不直接产生任何可见输出,而只是告诉引擎如何处理其余JSP页面。这些指令始终被括在"<%@ 指令%>"标记中。最重要的指令是pagePage、Include和Taglib。例如:

```
<%@page language="java" import="java.util.*,java.text.*"
   contentType="text/html;charset=GBK"%>
```

**5. 声明**

JSP声明定义网页范围的变量、函数或类,让页面的其余部分能够使用。声明的变量和方法是该页面所对应的Servlet类的成员变量和成员方法,声明的类是Servlet类的内部类。在声明部分可以声明变量、方法和类,它们只在当前JSP页面有效,语法如下:

```
<%! 声明%>
```

### 9.3.2 编写 JSP 页面

通过MyEclipse可以很方便的创建JSP页面。也可以将静态的HTML页面改为JSP页面,其方法如下:

(1) 修改静态HTML页面的扩展名为.jsp。

(2) 将HTML页面中的超链接也做相应的修改。

(3) 将修改后的文件放入WebRoot文件夹中,然后部署、运行即可。

在运行JSP时,页面的中文经常会出现乱码。为了能在浏览器中正常显示中文字符需要在JSP页面的头部加上如下代码:

```
<%  page   contentType="text/html;   charset=GBK"   %>
```

这条语句设置了此页面使用GBK编码形式,使用这种编码格式一般在浏览器中就会正常显示中文字符。

### 9.3.3 设置 JSP 的欢迎页

访问一个网站时,默认看到的第一个页面为欢迎页。一般情况下是由首页来充当欢迎页的。一般情况下,会在web.xml中指定欢迎页。

**例 9.2** 配置 web. xml,指定欢迎页面。

```
<welcome-file-list>
<welcome-file>index.jsp</welcome-file>
<welcome-file>index1.jsp</welcome-file>
  </welcome-file-list>
```

例 9.2 中指定了 2 个欢迎页面 index. jsp 和 index1. jsp。显示时按顺序从第一个找起,如果第一个存在,就显示第一个,后面的不起作用。如果第一个不存在,就找第二个,以此类推。

对于 Tomcat 来说,当只指定一个 Web 的根名,而没有指定具体页面。这时去访问一个 Web,如果 web. xml 文件中配置了欢迎页,则返回指定的页面作为欢迎页。如果在文中没有 web. xml 文件,或存在的 web. xml 中没指定欢迎页,则它默认先查找 index. html 文件,若找到了,就把 index. html 作为欢迎页,否则 Tomcat 就去找 index. jsp,将找到 index. jsp 作为欢迎页面返回,如果上述内容都找不到,Tomcat 不知道返回的文件时,则显示 The requested resource (/XXX) is not available 的页面其中 XXX 表示 Web 的根名。对于例 9.1中的 JSP 页面也可以作为欢迎页,修改 web. xml 文件后,在浏览器中输入 http://localhost:8080/web/ch09 即可显示该页面,效果如图 9.17 所示。

图 9.17 设置欢迎页后运行结果

# 9.4 JSP 语法

## 9.4.1 JSP 指令

JSP 的指令(directives)主要用来提供整个 JSP 网页相关的信息,并且用来设定 JSP 网页的相关属性,如网页的编码方式、语法、信息等。JSP 指令不直接产生任何可见输出,只是告诉引擎如何处理其余 JSP 页面。JSP 常见的指令有三种,分别是 page、include、taglib。JSP 指令的一般语法形式如下:

```
<%@指令名称 属性="值"%>
```

### 1. page 指令

page 指令是最复杂的 JSP 指令,它的主要功能为设定整个 JSP 网页的属性和相关功能。可以在一个页面中多次使用 page 指令,但其中的属性只能用一次,import 属性例外。page 指令放在 JSP 文件的任何地方,作用范围是整个 JSP 页面。一般将它放于 JSP 文件的顶部。page 指令的基本语法如下:

```
<%@page attribute1="value1" attribute2="value2" attribute3=…%>
```

page 指令是以＜％@ page 起始,以％＞结束,共有 11 个属性,下面列出了常见属性的详细介绍。

(1) language 属性。language="language" 指定 JSP Container 要用什么语言来编译 JSP 网页。目前只可以使用 Java 语言,不过不排除增加其他语言。默认值为 Java。比如

```
<%@page language="java"%>
```

(2) import 属性。import="importList" 定义此 JSP 页面可以使用哪些 Java API。用逗号分隔列出一个或多个类名,并且只有 import 这个属性可以重复设定。例如

```
<%@page import="java.util.*,java.net.*"%>
```

等价于下面两条语句:

```
<%@page import="java.util.*"%>
<%@page import=" java.sql.*"%>
```

(3) contentType 属性。contentType="ctinfo" 表示将在生成 servlet 中使用的 MIME 类型和可选字符解码。比如＜％@ page contentType="text/html;charset=GBK"％＞,其中 text/html 和 charset=GBK 之间用分号间隔,它们同属于 contentType 的属性值。而＜％@ page language="java" contentType="text/html";charset="GBK"％＞的表示方法就有错误,下面给出正确的表示方法:

```
<%@page language="java" contentType="text/html;charset=GBK"%>
```

(4) session 属性。session="true|false" 指明 JSP 页面是否需要一个 HTTP 会话,如果为 true,那么产生的 Servlet 将包含创建一个 HTTP 会话(或访问一个 HTTP 会话)的代码,默认值为 true。

(5) errorPage 属性。errorPage="error_url" 表示如果发生异常错误,网页会被重新指向一个 URL 页面。错误页面必须在其 page 指令元素中指定 isErrorPage="true"。

(6) isErrorPage 属性。isErrorPage="true|false" 如果此页面被用作处理异常错误的页面,则为 true。在这种情况下,页面可被指定为另一页面 page 指令元素中 errorPage 属性的取值。指定此属性为 true 将使 exception 隐含变量对此页面可用。默认值为 false。

(7) buffer 属性。设置 JSP 网页的缓冲区大小,默认为 8k,如果设置为 none,表示不使用缓冲,所有的响应输出都将被 PrintWriter 直接写到 ServletResponse 中。

(8) info 属性。设置页面的文本信息,可以通过 Servlet.getServletInfo()的方法获得该字符串。

下面编写一个简单的 JSP 页面 index.jsp,代码见例 9.3。

**例 9.3** 不设置字符解码会造成中文显示乱码示例。

```
<%@page language="java" import="java.util.* " contentType="text/html;charset=
ISO-8859-1"%>
<html>
    <head>
        <title>我的第一个 JSP 页面</title>
    </head>
    <body>
        欢迎访问我的 JSP 页面 This is my JSP page.
        <br>
    </body>
</html>
```

此时通过 IE 浏览器运行后的结果如图 9.18 所示。

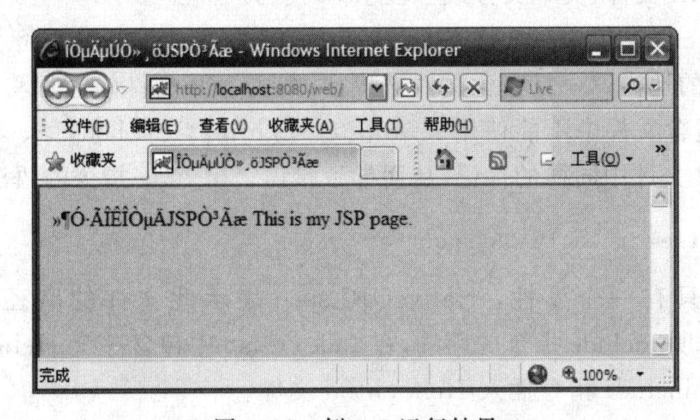


图 9.18 例 9.3 运行结果

通过图 9.18 可以看见源文件中有中文字符的地方,运行结果出现了乱码。解决方法是,将 page 指令中的 contentType="text/html;charset=ISO-8859-1"改为 contentType="text/html;charset=GBK",具体代码见例 9.4。

**例 9.4** 设置好字符解码方式后,中文字符正常显示。

```
<%@page language="java" import="java.util.* " contentType="text/html;charset=
GBK"%>
<html>
    <head>
        <title>我的第一个 JSP 页面</title>
    </head>
    <body>
        欢迎访问我的 JSP 页面 This is my JSP page.
        <br>
    </body>
</html>
```

程序运行结果如图 9.19 所示,可以看见中文字符能正常显示了。

**2. include 指令**

include 指令将会在 JSP 编译时插入一个包含文本或代码的文件。当使用 include 指令

图 9.19　例 9.4 运行结果

时，包含的过程是静态的。静态指被包含的文件会被插入到 JSP 文件中去，包含文件可以是 JSP 文件、HTML 文件、文本文件或一段 Java 代码。

如果用 include 仅来包含一个静态文件，那么包含文件所执行结果将会插入到 JSP 文件中放 include 指令的地方。一旦包含文件被执行，则主 JSP 文件的过程将会被恢复，继续执行下一行语句。包含文件中不能使用<html>、</html>、<body>、</body>标记，因为会影响在原 JSP 文件中同样的标记，从而导致错误。include 指令的语法如下：

```
<%@include file="relativeURLspec"%>
```

include 指令只有一个属性，relativeURLspec 表示此文件的路径。下面编写一个 Index1. jsp 文件说明 include 指令的用法，在 Index1. jsp 中包含一个 Hello. html 文件。

**例 9.5**　利用 include 指令插入 Hello. html 文件。

Index1. jsp 文件。

```
<%@page language="java" contentType="text/html;charset=GBK"%>
<html>
    <head>
        <title>ch09-Index1.jsp</title>

    </head>
    <body>
        <h3>
            include 指令
        </h3>
        <%@include file="/Hello.html"%>
        <%
            out.print("欢迎访问我的 JSP 页面!");
        %>
    </body>
</html>
```

其中 include file="/Hello. html"指令中包含的 Hello. html 文件内容如下：

```
Hello JSP!
```

程序运行结果如图 9.20 所示。

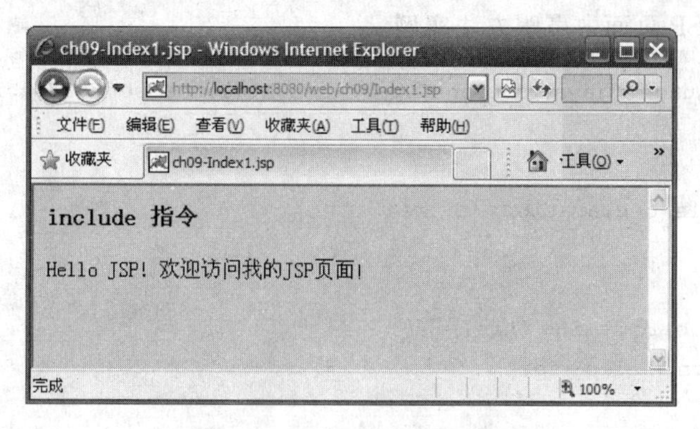


图 9.20 Index1.jsp 运行结果

图 9.20 显示在 Index1.jsp 文件中包含的 Hello.html 文件被执行。例 9.5 中的<%@ include file="/Hello.html"%>使用了绝对路径,这主要是在<jsp:include>引入页面的过程,由 Java 程序调用执行,路径也由 Java 程序来解析,此时的绝对路径中的"/"表示本项目的根目录。比如 URL 为 http://localhost:8080/项目名/ch09/Index1.jsp 中"/"代表的就是"http://localhost:8080/项目名/"。

**3. taglib 指令**

taglib 指令允许页面使用用户自定义的标签。首先用户开发标签库,为标签库编写.tld 配置文件,然后在 JSP 页面使用自定义标签。使用自定义标签可以增加代码的重用度,比如如果把迭代显示的内容做成一个标签,则每次要迭代显示的时候,就可以使用这个标签完成。

taglib 指令的语法如下:

```
<%@ taglib uri="taglibraryURI"|prefix="tagPrefix"%>
```

其中 uri 是描述标签库位置的 URI,可以是相对路径或绝对路径。prefix 属性指定了自定义标记的前缀,这些前缀不能是 jsp、jspx、java、javax、sun、servlet 和 sunw。

### 9.4.2 服务器端脚本元素

典型的 JSP 页面由静态内容、指令、表达式、服务器脚本、声明、注释等组成。其中声明、表达式、脚本小程序称为服务器端脚本元素。

**1. 声明**

在 JSP 程序中声明将要用到的变量和方法。可以一次性声明多个变量和方法,以";"结尾,这些声明在 Java 中必须是合法的。

在声明方法或变量时,请注意以下的一些规则:

(1) 声明必须以";"结尾(Scriptlet 有同样的规则,但是表达式就不同了)。

(2) 对于<% @ page%>中被包含进来的已经声明的变量和方法可以直接使用,不需要重新进行声明。一个声明仅在一个页面中有效。

(3) 可以把每个页面都用到一些声明写成一个单独的文件,然后用<%@ include%>或<jsp:include >元素包含进来。

在 JSP 页面中可以先声明一个方法，使用时对其调用即可，如例 9.6 所示。

**例 9.6** 在 JSP 页面中声明方法实例。

```
<%@page language="java" contentType="text/html;charset=GBK"%>
<html>
    <head>
        <title>declaration</title>
    </head>
    <body>
        <%!public String info() {
        return "hello jsp!";
    }%>
        欢迎访问王芳的主页:<%=info()%>
        <br>
        欢迎访问张华的主页:<%=info()%>
        <br>
    </body>
</html>
```

运行结果如图 9.21 所示。

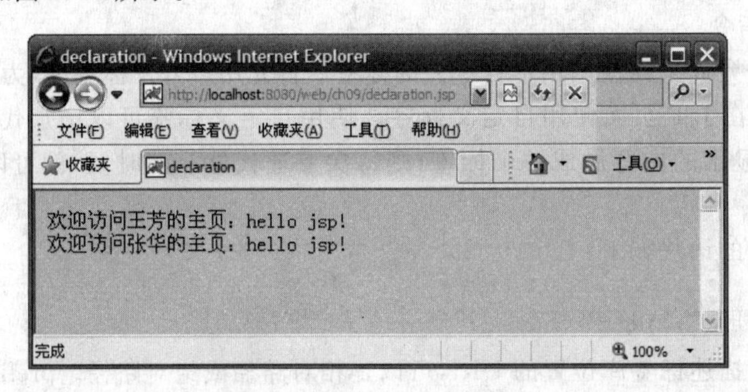


图 9.21 例 9.6 运行结果

上例中将“hello jsp!”的显示定义成 info 方法，分别在不同的语句中实现了调用。

**2. 表达式**

表达式是一个在脚本语言中被定义的对数据的表示，在运行后被自动转化为字符串，显示在表达式所在 JSP 文件的位置。由于表达式的值已经被转化为字符串，所以只能将表达式插入在一行文本中。在 JSP 中表达式的基本语法如下：

```
<%=表达式%>
```

在 JSP 中使用表达式需要注意以下问题：

(1) 不允许使用分号“;”作为表达式的结束符号，例如：

```
<%=(new java.util.Date()).toLocaleString();%>
```

表示是非法的。但是同样的表达式用在 JSP 的小脚本中可以了。

(2) 表达式元素能够包括任何 Java 语法，有时候也可以作为其他 JSP 元素的属性值。

由一个或多个表达式可以组成一个复杂的表达式,这些表达式的顺序是从左到右。

**3. 脚本小程序**

脚本小程序就是在<%...%> 里嵌套了 Java 代码。每条 Java 语句要以“;”分号结尾。JSP 中脚本小程序的语法如下:

```
<%java Code;%>
```

脚本小程序能够包含多个语句、方法、变量、表达式,可以完成如下功能:

(1) 声明将要用到的变量或方法。

(2) 显示出表达式。

(3) 使用任何隐含的对象和使用<jsp:useBean>声明过的对象,编写 JSP 语句。

(4) 当 JSP 收到客户端的请求时,脚本小程序就会被执行。

下面编写一个计算 1+2+…+100 的例子说明脚本程序的使用。

**例 9.7** 在 JSP 中利用 Java 脚本实现相应功能。

```
<%@page language="java" contentType="text/html;charset=GBK"%>
<html>
    <head>
        <title>计算 1~100 的和</title>
    </head>
    <body>
        <h3>
            计算 1+2+…+100 的和
        </h3>
        <%
            int sum=0;
            for (int i=0; i<100; i++) {
                sum=sum+i;
        %>
        <%
            }
        %>
        1+2+…+100 之间所有数的和为:<%=sum%>
    </body>
</html>
```

在例 9.7 中使用了脚本小程序和 JSP 的表达式。脚本小程序使用了 for 循环计算了 1~100 之间所有数的和。在编写代码时需要注意程序的完整性,不要遗忘大括号。

# 9.5 项目练习

## 9.5.1 上机任务 1

**1. 训练目标**

(1) 掌握通过 MyEclipse 建立 Web 项目的方法。

(2) 熟悉通过 MyEclipse 建立 JSP 页面的过程。

**2. 需求说明**

创建企业日常管理系统所需的基本静态页面，并将静态页面的扩展名改为.jsp。将企业日常管理系统部署到项目中，并在 IE 浏览器中实现访问。

**3. 参考提示**

(1) 编写企业日常管理系统所需的基本静态页面。

(2) 修改静态页面的扩展名为.jsp，并修改页面中相应的超链接实现页面间的正常跳转。

(3) 部署该项目，并启动服务器进行测试。

企业日常管理系统所需的基本静态页面如图 9.22～图 9.27 所示。

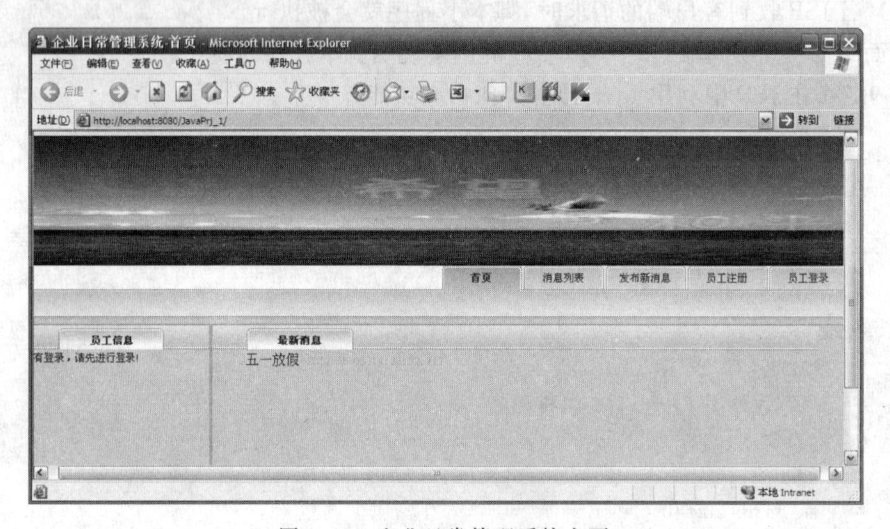


图 9.22　企业日常管理系统主页

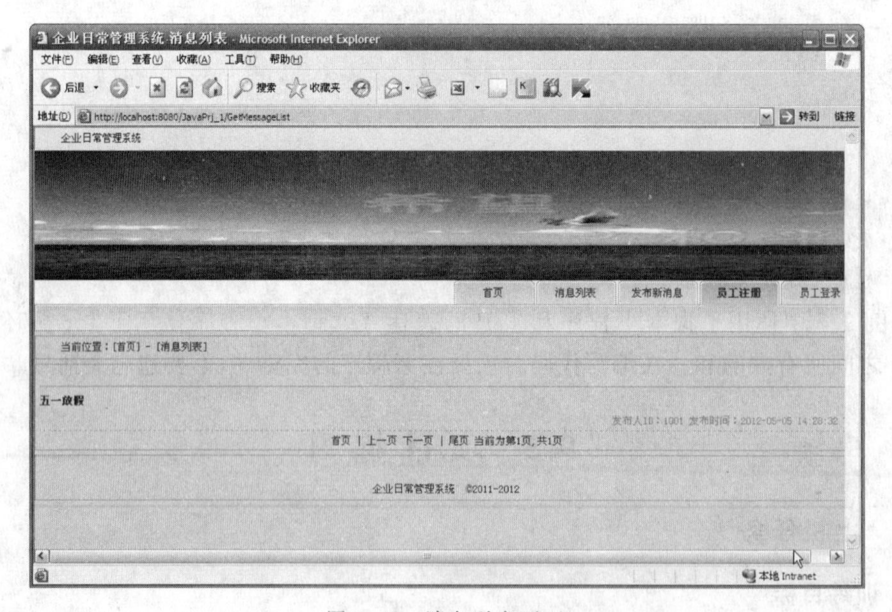


图 9.23　消息列表页面

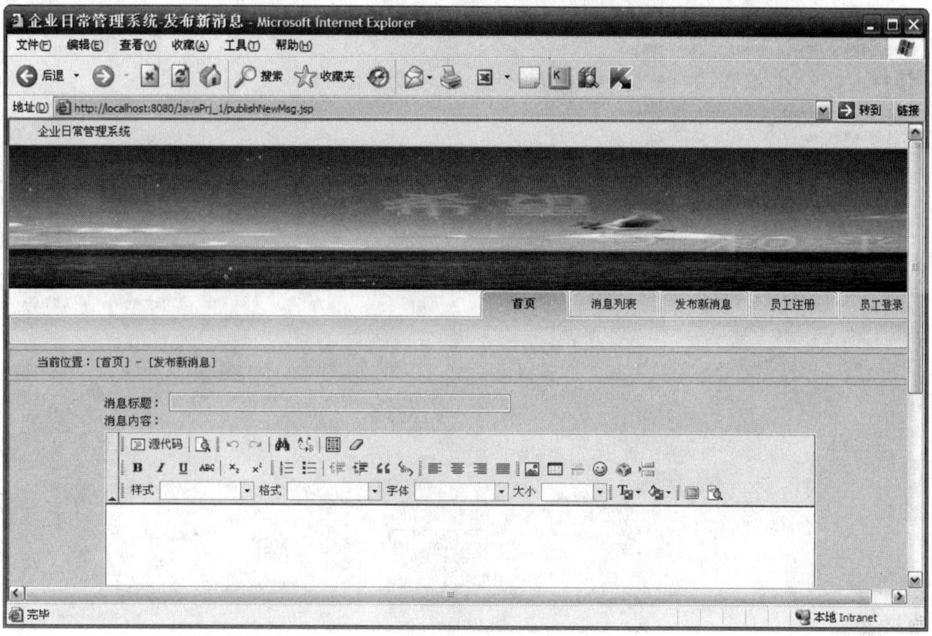

企业日常管理系统-发布新消息 - Microsoft Internet Explorer

文件(F)　编辑(E)　查看(V)　收藏(A)　工具(T)　帮助(H)

后退　搜索　收藏夹

地址(D) http://localhost:8080/JavaPrj_1/publishNewMsg.jsp　转到　链接

企业日常管理系统

首页　消息列表　发布新消息　员工注册　员工登录

当前位置：[首页] - [发布新消息]

消息标题：

消息内容：

源代码

样式　格式　字体　大小

完毕　本地 Intranet

图 9.24　消息发布页面

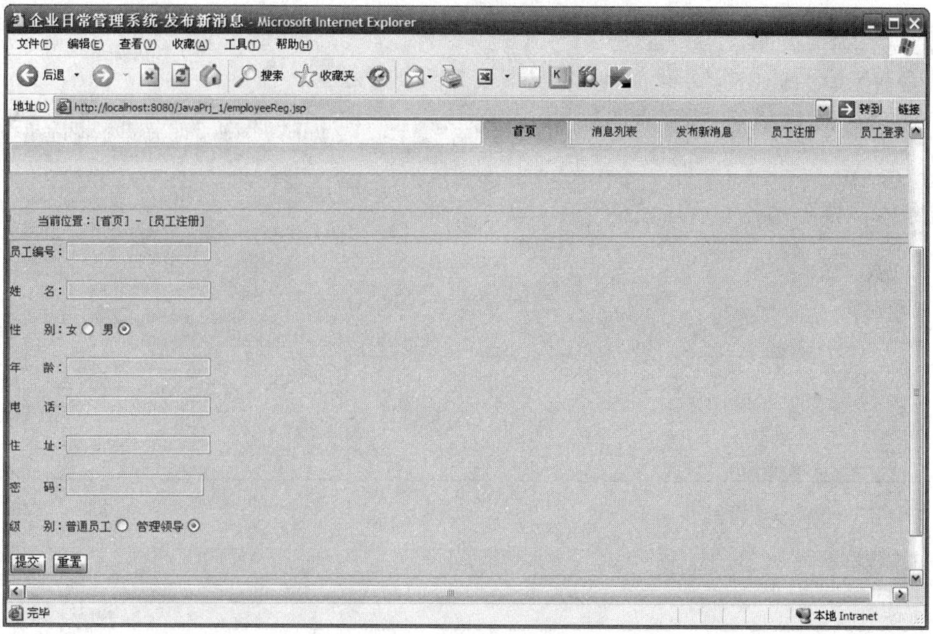

企业日常管理系统-发布新消息 - Microsoft Internet Explorer

文件(F)　编辑(E)　查看(V)　收藏(A)　工具(T)　帮助(H)

后退　搜索　收藏夹

地址(D) http://localhost:8080/JavaPrj_1/employeeReg.jsp　转到　链接

首页　消息列表　发布新消息　员工注册　员工登录

当前位置：[首页] - [员工注册]

员工编号：

姓　名：

性　别：女 ○ 男 ⊙

年　龄：

电　话：

住　址：

密　码：

级　别：普通员工 ○ 管理领导 ⊙

提交　重置

完毕　本地 Intranet

图 9.25　员工注册页面

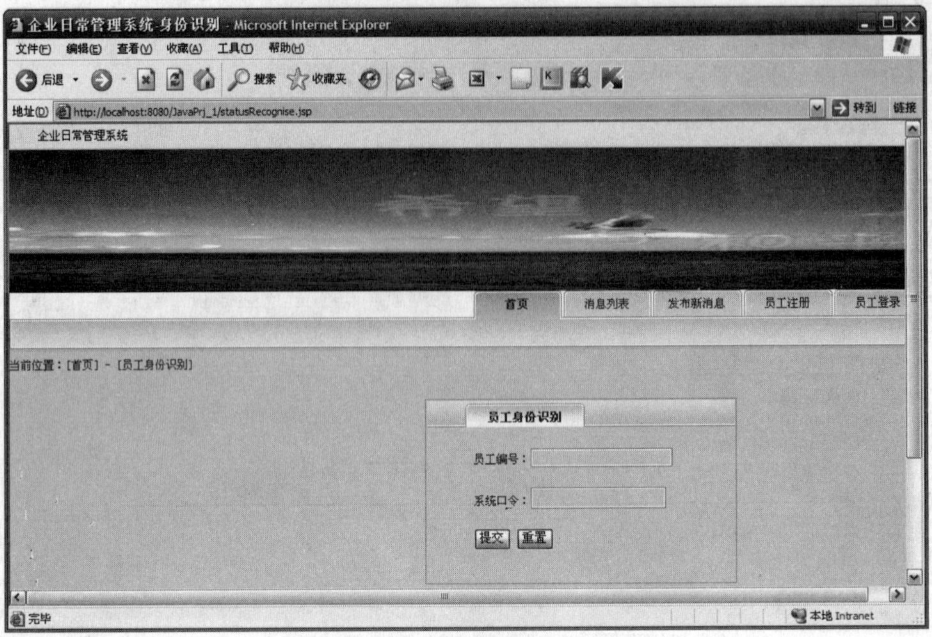

图 9.26　员工登录页面

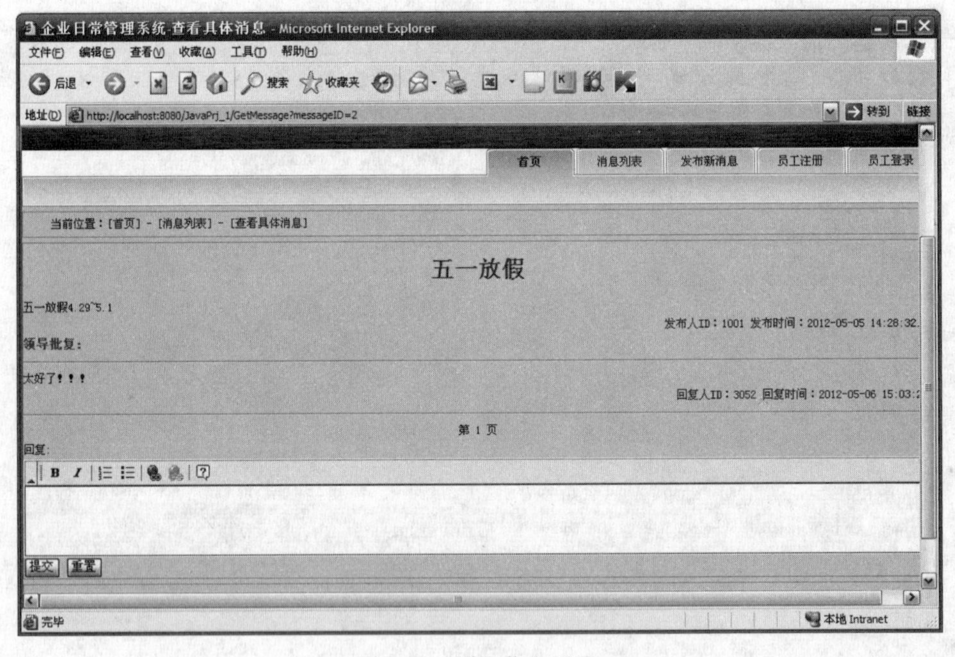


图 9.27　详细信息页面

## 9.5.2　上机任务 2

**1. 训练目标**

(1) 掌握 JSP 指令 page 指令。

(2) 掌握 JSP 脚本元素和表达式的用法。

**2. 需求说明**

在首页显示最新消息的具体内容。

**3. 参考提示**

(1) 利用 page 指令将所需的包引入 JSP 页面。

(2) 添加 JSP 的脚本和表达式,实现消息的动态显示。

(3) 启动服务器进行测试。

主要代码如下:

**例 9.8** 显示首页消息的实例。

```
<%@page language="java" import="java.util.* " pageEncoding="GBK"%>
<%@page import="com.dao.MessageDAO"%>
<%@page import="com.entity.Message"%>
<!DOCTYPE html PUBLIC "-//W3C//DTD XHTML 1.0 Transitional//EN" "http://www.w3.org/
TR/xhtml1/DTD/xhtml1-transitional.dtd">
<html xmlns="http://www.w3.org/1999/xhtml">
<head>
<meta http-equiv="Content-Type" content="text/html; charset=GBK" />
<title>企业日常管理系统-首页</title>
<link href="css.css" type="text/css" rel="stylesheet" media="all" />
<script src="menu.js" type="text/javascript"></script>
<style type="text/css">
<!--
.STYLE1 {font-size: 16px}
.STYLE2 {
    color: #CCCCCC;
    font-size: 14px;
}
.STYLE3 {font-size: 14px}
-->
</style>
</head>

<body>
<div id="topexplain">企业日常管理系统</div>
<div id="topmenu"><img src="images/banner.jpg" width="970" height="147" /></div>
<div id="bookmunu">
<div class="jsmenu" id="jsmenu">
<ul>
  <li class="active"><a href="index.jsp" urn="#default_Info" rel="conmenu">首页
  </a></li>
  <li class="normal"><a urn="jsmenu1" rel="conmenu" href="GetMessageList">消息
  列表</a></li>
```

```
  <li class="normal"><a urn="jsmenu2" rel="conmenu" href="publishNewMsg.jsp">发
  布新消息</a></li>
  <li class="normal"><a urn="jsmenu3" rel="conmenu" href="employeeReg.jsp">员工
  注册</a></li>
  <li class="normal"><a urn="jsmenu4" rel="conmenu" href="statusRecognise.jsp">员工
  登录</a></li>
  </ul>
</div>
<div id="conmenu"></div>

</div>
<div id="indexfirst">
<div id="thenew">
<div class="tit">
  <h1>最新消息</h1>
</div>
<div class="STYLE1" id="therecom">
   <%
      MessageDAO messageDAO=new MessageDAOImpl();
      List messages=messageDAO.findAllMessagee();
          for(Message message : messages) {
   %>
      <p><a href="GetMessage?messageID=<%=message.getMessageID()%>"><%=
      message.getMessageTitle()%></a>
      <span class="STYLE2"><%=message.getPublishTime()%></span></p>
      <p> </p>
   <%
      }
   %>
   </div>
</div>
<div id="menunav">
<div class="tit">
  <h1>员工信息</h1>
</div>
<div id="employee">
          </div>
</div>
</div>
<div id="indexsec"></div>
<div class="copyright"><ul><li></li>
<li>企业日常管理系统  &copy;2011-2012</li>
</ul>
```

```
</div>
<div class="end"></div>
<script type=text/javascript>
startajaxtabs("jsmenu");
var iTab=GetCookie("nets_jsmenu");
    iTab=iTab ?parseInt(iTab):parseInt(Math.random() * 5);
    if(iTab!=0) getElement("jsmenu").getElementsByTagName("h1")[iTab].LoadTab();
    iTab++;
    if(iTab>4) iTab=0;
    SetCookie("nets_jsmenu",iTab,365);
function getElement(aID)
{
  return (document.getElementById) ?document.getElementById(aID)
                                              : document.all[aID];
}
</script>
</body>
</html>
```

程序运行效果如图 9.28 所示。

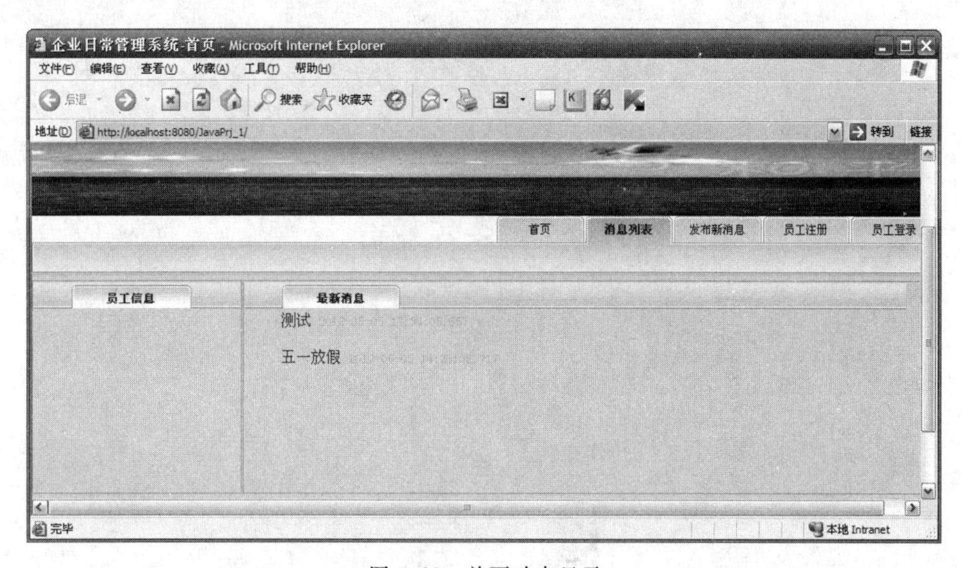


图 9.28 首页动态显示

**4. 练习**

在消息列表页面引用包，利用 JSP 表达式和脚本动态显示消息列表页面。运行效果如图 9.29 所示。为了正常显示中文，需要在 page 指令中加入

```
<%@page language="java" contentType="text/html;charset=GBK" pageEncoding="GBK"%>
```

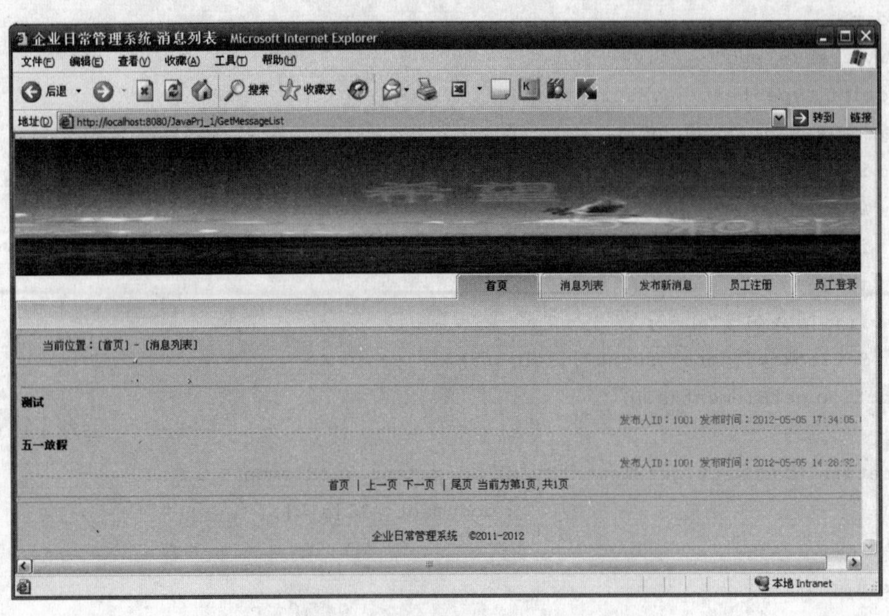


图 9.29　信息列表动态显示页面

# 第 10 章　用 JSP 实现数据交互

**本章要点**

- 处理客户端请求
- 实现控制访问

## 10.1　处理客户端请求

### 10.1.1　表单数据获取

在 JSP 编程中，为了实现用户和网站之间的信息交互，通常都要在网页上设计表单，然后使用特定方法收集表单数据信息并进行处理。利用 JSP 处理客户端数据时一般先由用户通过表单输入信息；然后 JSP 接收到用户提交的信息并进行处理；最后根据处理结果实现页面的跳转。

为了获取用户的表单数据，首先需要创建一个页面表单，代码见例 10.1。

**例 10.1**　用户信息注册页面。

```
<%@page language="java" contentType="text/html;charset=GBK"%>
<HTML>
    <HEAD>
        <TITLE>用户--注册</TITLE>
        <script language="javascript">
function check() {
if(document.regForm.user.value==""){
    alert("用户名不能为空");
    return false;
}
if(document.regForm.pwd.value==""){
    alert("密码不能为空");
    return false;
}
}
</script>
    </HEAD>
    <BODY>
        <FORM name="regForm" onSubmit="return check()" action="formGet.jsp"
            method="post">
            <p align="center">
                用户注册
            </p>
```

```
            <p align="center">
                <br />
                用  户  名  
                <INPUT class="input" tabIndex="1" type="text" maxLength="20"
                    size="36" name="user">
                <br />
                密     码  
                <INPUT class="input" tabIndex="2" type="password" maxLength="20"
                    size="40" name="pwd">
                <br />
                <br />
                性别   女
                <input type="radio" name="gender" value="女">
                男
                <input type="radio" name="gender" value="男" />
                <INPUT class="btn" tabIndex="4" type="submit" value="提交">
                <input type="reset" value="重置">
        </FORM>
    </BODY>
</HTML>
```

例 10.1 中使用了一段 Javascript 代码，用来检测用户名和密码是否为空。表单运行结果如图 10.1 所示。

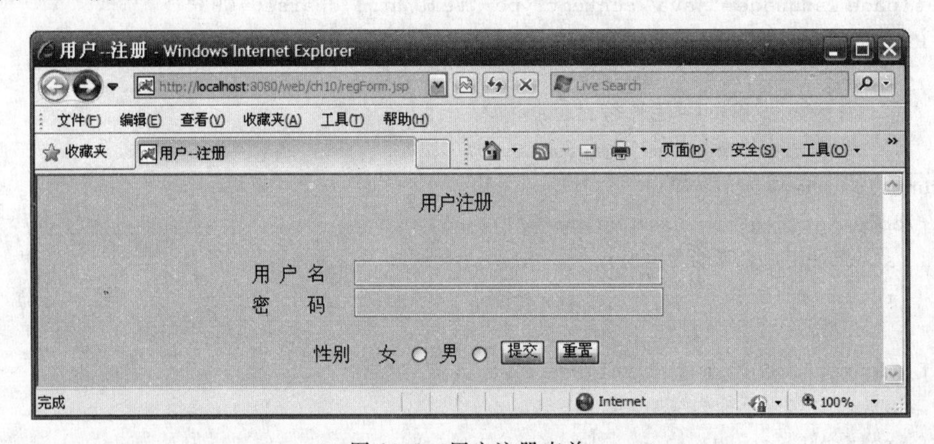


图 10.1　用户注册表单

当用户输入用户名、密码并选择性别后，需要将这部分用户信息提取。下面编写一个页面 formGet.jsp，实现用户数据的提取，具体代码见例 10.2。

**例 10.2**　实现用户信息的提取，将用户提交信息显示在页面上。

```
<%@page language="java" contentType="text/html;charset=GBK"%>
<html>
    <head>
        <title>用户注册信息</title>
    </head>
```

```
  <body>
      <%
          request.setCharacterEncoding("GBK");
          String uName=request.getParameter("user");
          String uPass=request.getParameter("pwd");
          String gender=request.getParameter("gender");
          out.println("您的姓名：");
          out.println(uName);
          out.println("您的密码：");
          out.println(uPass);
          if (gender==null)
              out.println("很抱歉,您没有选择性别!");
          else {
              out.println("您的性别：");
              out.println(gender);
          }
      %>
  </body>
</html>
```

运行程序，输入相应内容后提交，结果如图 10.2 所示。

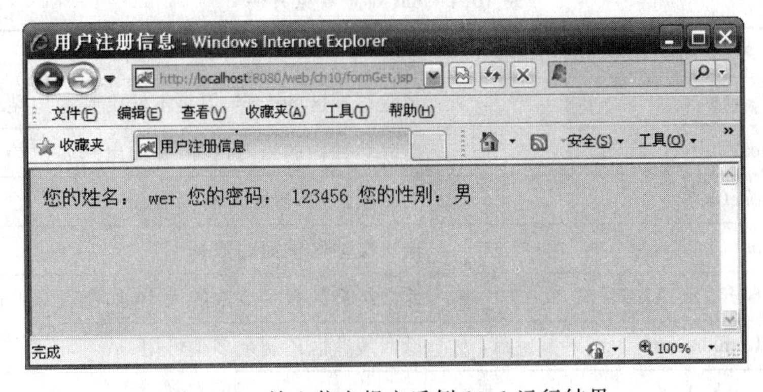


图 10.2 输入信息提交后例 10.1 运行结果

从例 10.1 和例 10.2 中可以看出 JSP 主要是通过 request.getParameter()方法来提取表单中的数据。JSP 调用 request 对象的方法 getParameter()可以提取表单中相应元素中的输入数据。除此之外，还可以通过 JavaBean 技术来获取表单中的信息。当然在这个 Bean 对应的类体中必须定义一个区域，并且该区域跟表单中的每一个区域相对应。

### 10.1.2 JSP 内置对象

例 10.2 中利用“String uName=request.getParameter("user");”语句获取了从表单提交的数据。例 10.2 中直接使用了 request 对象，没有经过实例化，这就是 JSP 提供的内置对象，可以不加声明就在 JSP 页面脚本(Java 程序片和 Java 表达式)中使用的成员变量。JSP 共有 9 个内置对象，分别是 request、response、session、application、out、cookie、config、page、exception。首先介绍和 I/O 有关的几个内置对象，分别是 out、request 和 response。

out 对象是 JspWriter 的一个实例，主要用于向浏览器回送输出结果；request 对象表示客户端请求内容；response 对象表示响应客户请求。

**1. out 对象**

out 对象的作用是将结果输出到客户端页面。常用的方法有 out.print(String name)和 out.println(String name)两种，其主要功能是在页面打印相应的字符串信息。两者的唯一区别就是 out.print(String name)方法不会在数据尾部换行，而 out.println(String name)会在数据尾部换行。

例如，在页面输出"Hello JSP!"可以用以下代码完成：

```
<%
        out.print("Hello JSP!");
%>
```

或者为

```
<%
    out.println("Hello JSP!");
%>
```

out 对象除了上述两种方法外还有以下方法，如表 10.1 所示。

表 10.1 out 对象常见方法

| 方法 | 说明 |
|---|---|
| void clear() | 清除缓冲区的内容，但是不输出到客户端 |
| void clearBuffer() | 清除缓冲区的当前内容，并输出到客户端 |
| void close() | 关闭输出流，清除所有内容 |
| void flush() | 输出缓冲区里面的数据 |
| int getBufferSize() | 返回缓冲区以字节数的大小，如不设缓冲区则为 0 |
| int getRemaining() | 返回缓冲区还剩余多少可用 |

**2. request 对象**

request 是 HttpServletRequest 的对象，它包含了有关浏览器请求的信息，并且提供了几个用于获取 cookie，header 和 session 数据的有用的方法。客户端的请求信息被封装在 request 对象中，通过它了解到客户的需求，然后做出响应。request 对象有很多方法，表 10.2 列出了几个常用方法。

表 10.2 request 对象常用方法

| 方法 | 说明 |
|---|---|
| String getParameter(String name) | 取得 name 指定参数的参数值 |
| Enumeration getParameterNames() | 取得所有的参数名称 |
| String [] getParameterValues(String name) | 取得包含参数 name 的所有值的数组 |

续表

| 方　法 | 说　明 |
| --- | --- |
| Map getParameterMap() | 该方法返回包含请求中所有参数的一个 Map 对象 |
| String getCharacterEncoding() | 取得字符编码方式 |
| String getMethod() | 获取客户端向服务器端发送请求的方法(GET、POST) |
| RequestDispatcher getRequestDispatcher(String path) | 按给定的路径生成资源转向处理适配器对象 |
| Cookie [] getCookies() | 返回客户端所有的 Cookie 的数组 |
| void setCharacterEncoding(String name) | 设置请求的字符编码格式 |
| void setAttribute(String name, Object value) | 在属性列表中添加/删除指定的属性 |

下面通过一个实例来说明 request 的使用。在学生管理信息系统中,要求学生通过注册页面输入个人信息:姓名、学号、年龄、性别、系别和个人特长,提交后在页面显示输出信息。

**例 10.3** 学生信息的注册提交和显示页面。

(1) stuReg.jsp 代码如下:

```
<%@page language="java" contentType="text/html;charset=GBK"%>
<HTML>
    <HEAD>
        <TITLE>学生--注册</TITLE>
        <script language="javascript">
function check() {
if(document.stuReg.user.value==""){
    alert("姓名不能为空");
    return false;
}
if(document.stuReg.sno.value==""){
    alert("学号不能为空");
    return false;
}
}
</script>
    </HEAD>
    <BODY>
        <FORM name="stuReg" action="stuInfo.jsp" method="post">
            <p align="center">
                学生注册
            </p>
            <p align="center">
                <br />
                姓     名  
```

```
            <INPUT class="input" tabIndex="1" type="text" maxLength="20"
                size="40" name="user">
            <br />
            
            学     号  
            <INPUT class="input" tabIndex="2" type="text" maxLength="20"
                size="40" name="sno">
            <br />
            年     龄  
            <INPUT class="input" tabIndex="2" type="text" maxLength="20"
                size="40" name="age">
            <br />
            系     别  
            <INPUT class="input" tabIndex="2" type="text" maxLength="20" size=
            "40" name="dept">
            <br />
            <br />
            兴   趣:
            <input type="checkbox" name="like" value="音乐">
            音乐
            <input type="checkbox" name="like" value="武术">
            武术
            <input type="checkbox" name="like" value="乒乓球">
            乒乓球
            <input type="checkbox" name="like" value="象棋">
            象棋
            <input type="checkbox" name="like" value="其他">
            其他
            <br />
            性     别:     女
            <input type="radio" name="gender" value="女">
            男
            <input type="radio" name="gender" value="男" />
                
            <INPUT class="btn" tabIndex="4" type="submit" value="提交">
            <input type="reset" value="重置">
        </FORM>
    </BODY>
</HTML>
```

(2) 学生注册信息显示页面 stuInfo.jsp 代码如下：

```
<%@page language="java" contentType="text/html;charset=GBK"%>
<html>
    <head>
        <title>您输入的注册信息</title>
```

```
</head>
<body>
    <%
        request.setCharacterEncoding("GBK");
        String uName=request.getParameter("user");
        String sno=request.getParameter("sno");
        String age=request.getParameter("age");
        String dept=request.getParameter("dept");
        String gender=request.getParameter("gender");
        String[] likes=request.getParameterValues("like");
    %>
    <div align="center">
        您输入的注册信息
        <table width="600" border="0" align="center">
            <tr>
                <td colspan="2">
                    姓名:<%=uName%></td>
            </tr>
            <tr>
                <td height="19" colspan="2">
                    学号:<%=sno%></td>
            </tr>
            <tr>
                <td height="19" colspan="2">
                    年龄:<%=age%></td>
            </tr>
            <tr>
                <td height="19" colspan="2">
                    系别:<%=dept%></td>
            </tr>
            <tr>
                <td height="19" colspan="2">
                    性别:<%=gender%></td>
            </tr>
            <tr>
                <td width="120">
                    兴趣:
                </td>
                <td width="405">
                    <%
                        if (likes !=null) {
                            for (int i=0; i<likes.length; i++) {
                                out.println(likes[i]+" ");
                            }
                        }
```

```
                    %>
                </td>
            </tr>
        </table>
    </div>
</body>
</html>
```

学生注册页面和注册信息显示页面运行结果如图 10.3 和图 10.4 所示。

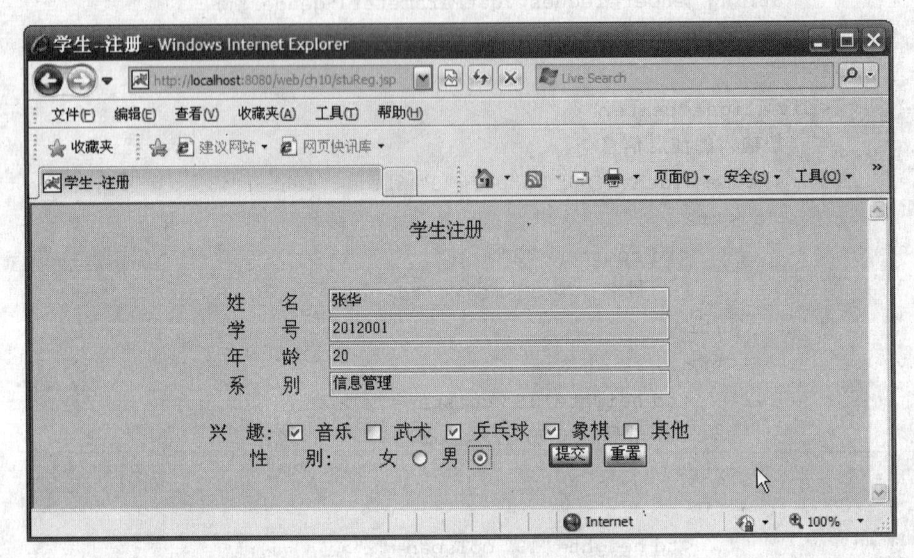


图 10.3 学生注册页面运行结果

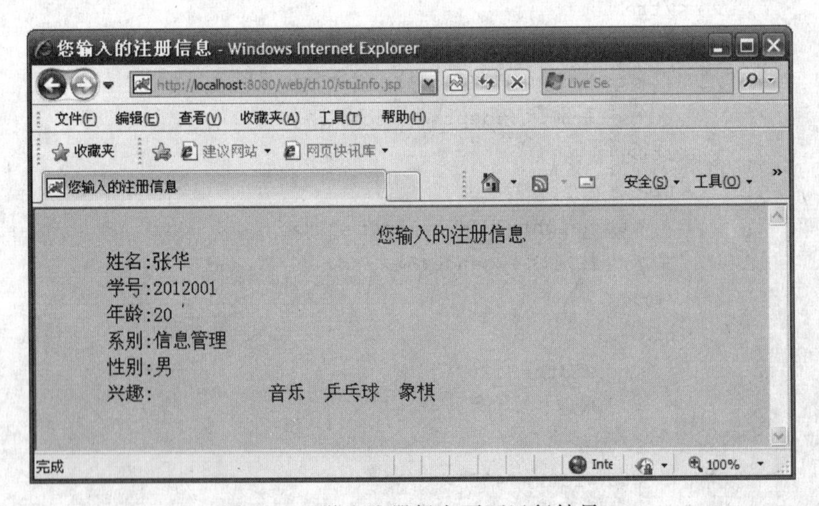


图 10.4 学生注册提交页面运行结果

在例 10.3 的 stuInfo.jsp 中，使用 request.getParameter(String name)和能够取得 stuReg.jsp 中表单提交的值。在 stuReg.jsp 页面中存在一个复选框，名称为 like，因此在 stuInfo.jsp 中使用 String [] getParameterValues(String name)就可以获取页面中复选框的所有值，并且使用了“request.setCharacterEncoding("GBK");”规定了请求编码的字符

格式,能够保证不出现中文乱码。

### 3. response 对象

response 是实现 javax. servlet. http. HttpServletResponse 接口,主要将 JSP 容器处理后的结果传回到客户端。表 10.3 列出了 response 对象的常见方法。

表 10.3 response 常见方法

| 方法 | 说明 |
| --- | --- |
| void setContentType(String type) | 改变 contentType 的属性值 |
| void sendRedirect(URL) | 实现客户的重定向,其中参数 URL 的值为重定向页面所在的相对路径 |
| void addCookie(Cookie cookie) | 添加 1 个 Cookie 对象,Cookie 可以保存客户端的用户信息。通过 request 对象调用 getcookies()方法可获得这个 Cookie |
| void sendError(int xc)<br>void sendError(int xc, String msg) | 向客户端发送错误信息。其中参数 ernum 表示错误代码。比如当 ernum 为 404 时,表示网页找不到错误 |
| void addHeader(String name, String value) | 添加 HTTP 文件头。该 header 将会传到客户端,若同名的 header 存在,原来的 header 会被覆盖 |
| boolean containsHeader(String name) | 判断参数 name 所指名字的 HTTP 文件头是否存在,如果存在返回 true,否则为 false |
| void setDateHeader(String name, long value) | 设置指定名称的 Data 类型的 HTTP 头的值 |
| void setHeader(String name, String value) | 设置指定名称的 HTTP 头的值 |
| void setIntHeader(String name, int value) | 设置指定名称的 int 类型的 HTTP 头的值 |

在 Web 项目开发时,当更新了程序中的数据时,浏览器中的内容是更新之前的数据,需要刷新才能看见修改后的内容。为了解决此问题就可以使用 response 对象实现网页的自动更新。这时只需要添加如下代码:

```
response.setIntHeader("Refresh" , 30);                //每隔 30 秒刷新网页
```

如果想要过 20 秒后,调用浏览器转到 http://www. sohu. com 的网页时,可用如下代码:

```
response.setHeader("Refresh","20; URL=http://www.sohu.com");
```

response 对象还用来处理相应的 HTTP 请求,经常使用 void sendRedirect(URL)方法实现客户页面的重定向。下面用一个实例来说明,用户在登录页面输入信息,如果登录成功则转入欢迎页面,否则提示登录失败,详细代码如例 10.4 所示。

**例 10.4** 用户登录和登录处理页面以及登录成功后的欢迎页面。

(1) 用户登录页面 login. jsp 代码如下:

```
<%@page language="java" contentType="text/html;charset=GBK"%>
<html>
    <head>
        <title>登录</title>
```

```
        </head>
        <body>
            <div align="left">
                用户登录
            </div>
            <form action="doLogin.jsp" method="post">
                用户名:
                <input type="text" name="uname">
                密码:
                <input type="password" name="pwd">
                <input type="submit" value="提交">
                <input type="reset" value="重置">
            </form>
        </body>
</html>
```

(2) 登录处理页面 doLogin.jsp 代码如下:

```
<%@page language="java"  pageEncoding="GBK"%>
<%
    if (request.getParameter("uname").equals("sa")
            && request.getParameter("pwd").equals("sa")) {
        response.sendRedirect("welcome.jsp");
%>
<%
    } else {
        out.println("用户名或密码输入错误!");
    }
%>
```

(3) 欢迎页面 welcome.jsp 代码如下:

```
<%@page language="java"  pageEncoding="GBK"%>
<html>
  <head>
      <title>welcome</title>
    </head>
    <body>
  <h3>您好!欢迎登录!</h3><br>
    </body>
</html>
```

用户登录页面 login.jsp 运行结果如图 10.5 所示,如果用户登录成功,则显示欢迎页面 welcome.jsp,如图 10.6 所示,否则输出如图 10.7 所示的提示信息。

### 10.1.3 转发与重定向

例 10.4 中使用了 response 对象的 sendRedirect(URL)方法实现了页面的重定向,简单

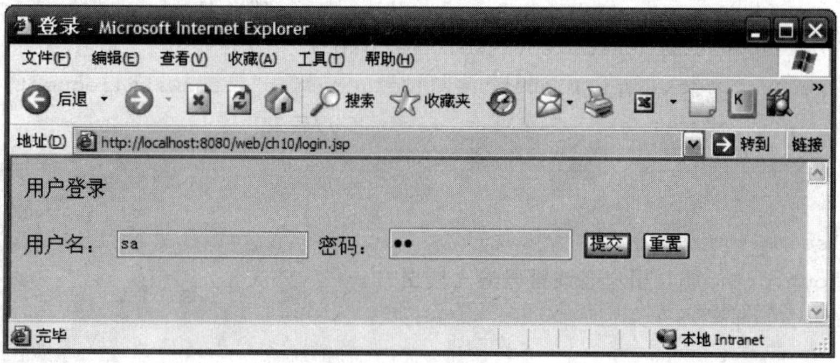

图 10.5　用户登录页面

图 10.6　欢迎页面

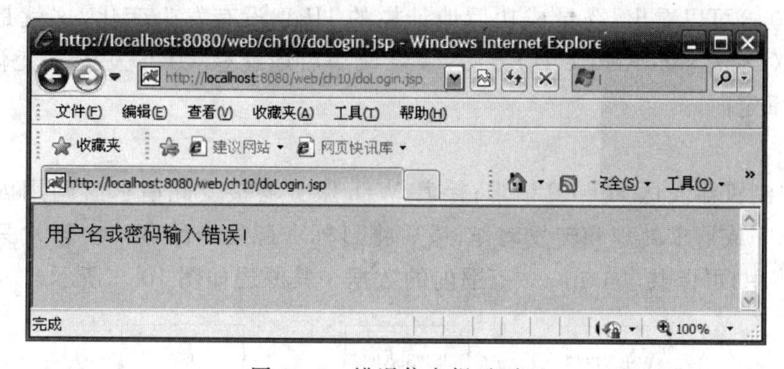


图 10.7　错误信息提示页面

来说就是页面指向了新的 URL。另外，利用 response 对象的 setHeader(String name, String value)方法也能实现页面的跳转。在实际项目开发中有时也用 request 对象的 getRequestDispatcher(String path)方法实现页面的跳转。利用 getRequestDispatcher()方法实现跳转的使用方法见例 10.5，该例子是对例 10.4 中的 doLogin.jsp 的页面跳转语句利用 getRequestDispatcher()方法进行了改写。

**例 10.5**　利用 request 对象的 getRequestDispatcher()方法实现页面跳转。

```
<%@page language="java" contentType="text/html;charset=GBK"%>
<%
    if (request.getParameter("uname").equals("sa")
```

```
        && request.getParameter("pwd").equals("sa")) {
    //response.sendRedirect("welcome.jsp");
    request.getRequestDispatcher("welcome.jsp").forward(request,
            response);                    //转发
%>
<%
    } else {
    out.println("用户名或密码输入错误!");
    }
%>
```

接下来在登录界面输入用户名“sa”、密码“sa”,运行结果如图10.8所示。

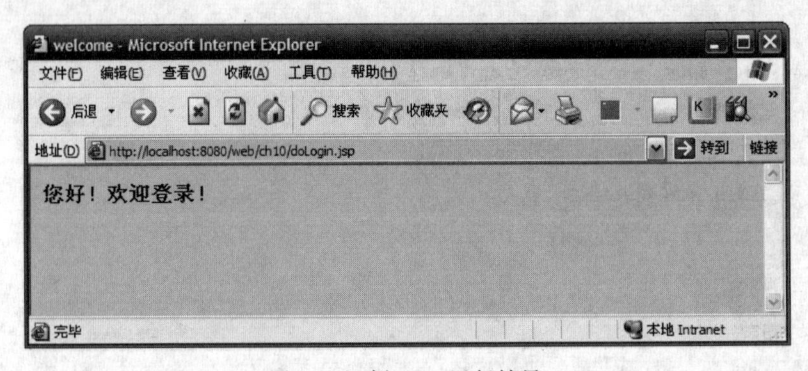


图10.8 例10.5运行结果

通过图10.8可以看出,登录成功后地址栏的URL没有发生变化,这就是转发。之前使用request对象的sendRedirect()方法,登录成功后地址栏URL发生了变化,如图10.6所示,这就是重定向。

**1. 转移**

首先客户浏览器发送HTTP请求;接着Web服务器接受此请求后调用内部的一个方法在容器内部完成请求处理和转发动作;最后将目标资源发送给客户。转发只能在同一个Web应用中使用,可以共享request范围内的数据。其原理如图10.9所示。

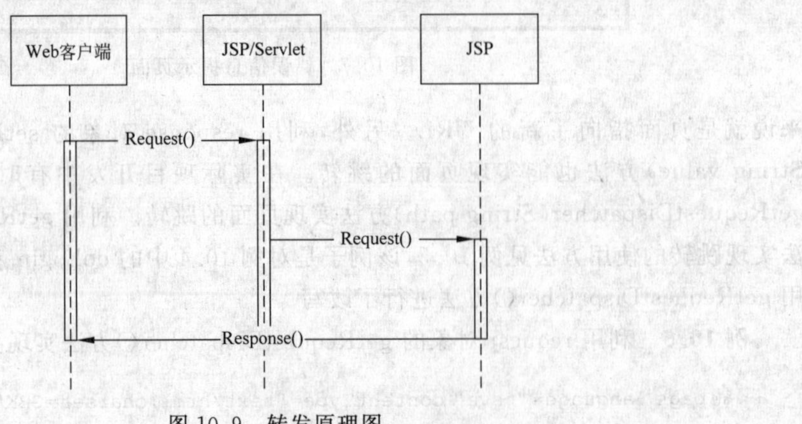


图10.9 转发原理图

**2. 重定向**

首先客户浏览器发送 HTTP 请求;然后 Web 服务器接收后响应要求客户浏览器发送一个新的 HTTP 请求;接着客户端浏览器接受此响应后再发送一个新的 HTTP 请求到服务器;最后服务器根据此请求寻找资源并发送给客户。重定向可以定向到任意 URL,但是不能共享 request 范围内的数据。其原理如图 10.10 所示。

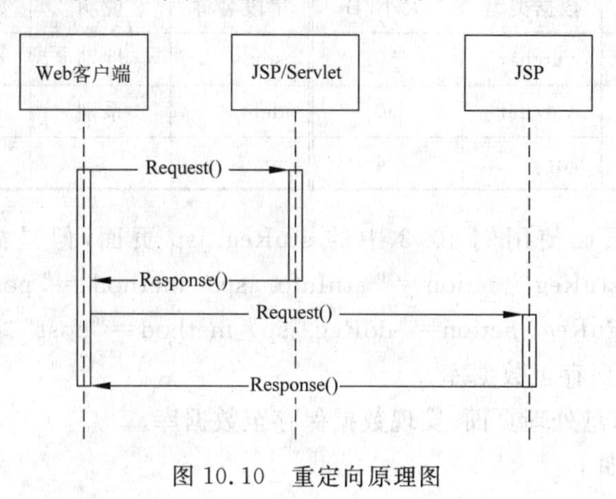


图 10.10　重定向原理图

## 10.2　JSP 访问数据库技术

### 10.2.1　JSP 访问数据库

JSP 中实现数据库访问是在 JSP 页面的小脚本中写入数据库访问代码。常使用 JDBC 或 JDBC-ODBC 桥连方式实现和数据库的连接,但在 JSP 实际使用中考虑到可移植性、易用性等,大部分采用 JDBC 实现数据库的连接。

JSP 通过 JDBC 访问数据库时有以下流程: 首先当 JSP 被调用时,它通过 JDBC API 来访问数据库并执行查询和更新;接着 JSP 处理这些记录并动态地生成 HTML 页面;最后浏览器将得到的页面显示给用户。

在 JSP 中通过 JDBC 和数据库建立连接和操作数据,具体操作步骤如下:

(1) JSP 代码通过带参数调用 Class. forName(),为 DriverManager 类实例化、加载驱动器。

(2) 在 JSP 中用 DriverManagere. getConnection()取得一个 Connection 对象。

(3) 用 Connection. createStatement()创建一个 Statement 对象。

(4) 用 JSP 代码通过 Statement. executeQuery()或 Statement. executeUpdate()查询或更新数据库。

(5) 如果执行了一个查询 JSP 代码会处理 Statement. executeQuery()返回 Result 对象。

(6) 将结果以 HTML 页面形式返回给客户端。

下面编写一个简单页面,实现将 10.1 节中的例 10.3 学生信息注册页面的数据提交到数据库中。如果保存成功则转入登录页面,用户名为学生姓名,密码为学号;若保存失败则返回出错信息。在数据库中建立新的数据源 student，学生信息表为 stuInfo，表结构如表 10.4 所示。在通过 API 方式访问数据库时，首先需要将相应的驱动添加到“Tomcat 安装目录\common\lib”文件夹下或网站(模块)的\WEB-INF\lib 下。详细代码见例 10.6。

**表 10.4　学生基本信息表 stuInfo**

| 字段名称 | 说明 | 数据类型 | 大小/B | 字段名称 | 说明 | 数据类型 | 大小/B |
| --- | --- | --- | --- | --- | --- | --- | --- |
| sno | 学号 | varchar | 50 | sex | 性别 | char | 2 |
| sname | 姓名 | varchar | 50 | dept | 系别 | varchar | 50 |
| age | 年龄 | int | 4 | | | | |

学生信息注册页面使用例 10.3 中的 stuReg.jsp 页面，但是需要将例 10.3 中的“<FORM name="stuReg" action="stuInfo.jsp" method="post">”语句修改为“<FORM name="stuReg" action="doReg.jsp" method="post">”，下面编写 doReg.jsp 页面，将学生信息保存至数据库。

**例 10.6**　学生信息处理页面，实现数据保存至数据库。

doReg.jsp 代码如下：

```
<%@page language="java" contentType="text/html;charset=GBK"%>
<%@page import="java.sql.*"%>

<%
    String driver="com.microsoft.sqlserver.jdbc.SQLServerDriver";
    String url="jdbc:sqlserver://localhost:1433;DatabaseName=student";
    String user="sa";
    String pad="11";
    request.setCharacterEncoding("GBK");
    String uName=request.getParameter("user");
    String sno=request.getParameter("sno");
    String ag=request.getParameter("age");
    String dept=request.getParameter("dept");
    String gender=request.getParameter("gender");
    int age=Integer.parseInt(ag);
    int sum=0;
    Connection conn=null;
    PreparedStatement pStmt=null;
    try {
        Class.forName(driver).newInstance();
        conn=DriverManager.getConnection(url, user, pad);
        pStmt=conn
                .prepareStatement("insert into  stuInfo values(?,?,?,?,?)");
        pStmt.setInt(1, sno);
        pStmt.setString(2, uName);
        pStmt.setInt(3, age);
        pStmt.setString(4, gender);
```

```
        pStmt.setString(5, dept);
        sum=pStmt.executeUpdate();
        pStmt.close();                                          //关闭 prepareStatement
        conn.close();                                           //关闭连接
    } catch (SQLException e) {
        e.printStackTrace();
    }
    if (sum>0) {
        response.sendRedirect("login.jsp");
    } else {
        out.println("<font color='red'>error!!!</font>");
    }
%>
```

由于需要从数据库中读取学生信息，以姓名为登录名，以学号为密码，因此需要修改例 10.4 中的 doLogin.jsp 页面，详细代码见例 10.7。

**例 10.7** 学生登录页面，实现从数据库查找用户名和密码进行验证。

doLogin.jsp 页面代码如下：

```
<%@page language="java" import="java.sql.* "
    contentType="text/html;charset=GBK"%>
<%
    request.setCharacterEncoding("GBK");
    String name=request.getParameter("uname");
    String pwd=request.getParameter("pwd");
    int sum=0;
    Connection conn=null;
    Statement stmt=null;
    ResultSet rst=null;
    try {
        Class.forName("com.microsoft.sqlserver.jdbc.SQLServerDriver");
        conn=DriverManager.getConnection(
                "jdbc:sqlserver://localhost:1433;DatabaseName=student",
                "sa", "11");
        stmt=conn.createStatement();
        String str="select * from stuInfo where sname='"+name
                +"' and sno='"+pwd+"'";
        rst=stmt.executeQuery(str);
        if (rst.next()) {
            sum=1;
        }
        rst.close();                                            //关闭结果集
        stmt.close();                                           //关闭 Statement
        conn.close();                                           //关闭连接
    } catch (Exception e) {
        e.printStackTrace();
```

```
    }
    if (sum==1) {
        response.sendRedirect("welcome.jsp");
    } else {
        out.print("<script language='javascript'>alert('用户名或密码错误');
        location='login.jsp'</script>");
        //response.sendRedirect("login.jsp");
    }
%>
```

接下来验证一下，首先在 stuReg.jsp 页面上输入学生基本信息，如图 10.11 所示。

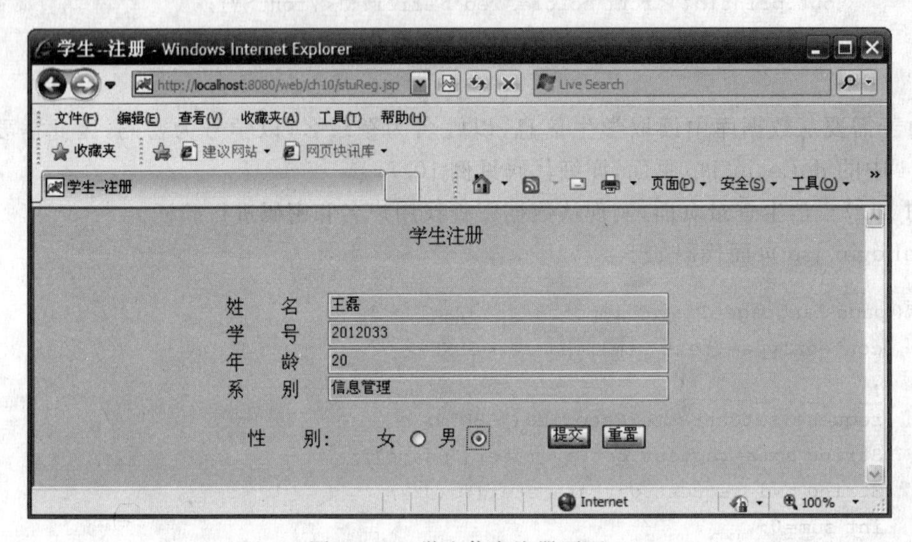


图 10.11　学生信息注册页面

选择提交后数据，若成功插入数据库，则转入登录页面 login.jsp，如图 10.12 所示。否则提示出错信息。

图 10.12　注册页面

接着在登录页面输入用户名和密码，其中用户名为学生姓名，密码为学生学号，选择提交。如果用户名和密码正确则转入欢迎页面，如图 10.13 所示，否则提示出错信息，如图 10.14 所示。

单击“确定”按钮后再次转入登录页面。

图 10.13 欢迎页面

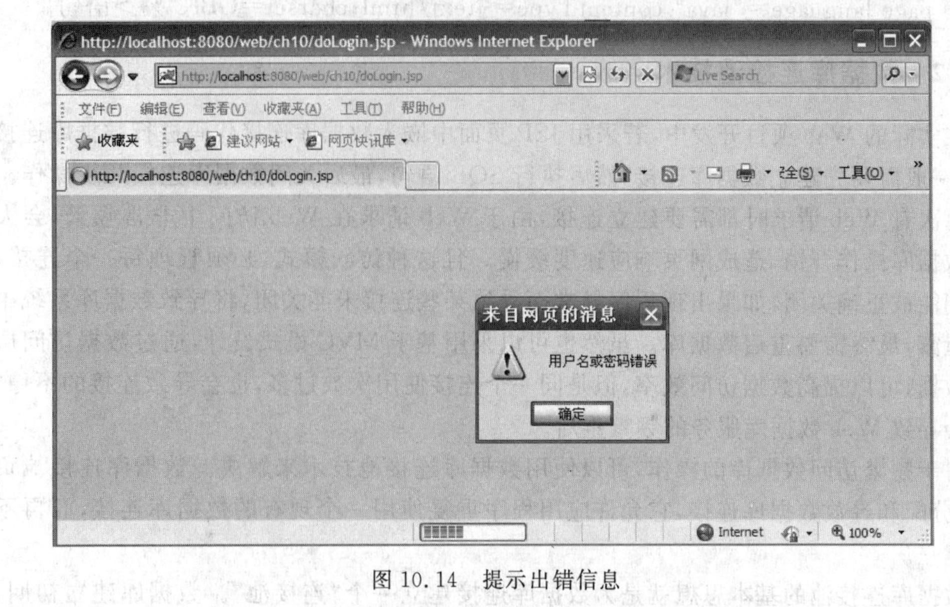


图 10.14 提示出错信息

为了提高代码的利用率，可以将 SQL Server 的驱动封装到一个文件中，再使用时将该文件通过 pege 指令中的 include 加入到 JSP 页面中即可。例如，可改写例 10.6 中的 doReg.jsp，在改写前需要编写一个 jdbc.jsp 文件实现驱动的封装，其详细代码见例 10.8。

**例 10.8** JDBC 驱动封装及 include 指令的使用。

(1) jdbc.jsp 代码如下：

```
<%
    String driver="com.microsoft.sqlserver.jdbc.SQLServerDriver";
    String url="jdbc:sqlserver://localhost:1433;DatabaseName=student";
    String user="sa";
    String pwd="11";
%>
```

(2) doReg.jsp 修改后部分代码如下：

```
<%@page language="java" contentType="text/html;charset=GBK"%>
<%@page import="java.sql.*"%>
```

```
<%@include file="jdbc.jsp"%>

<%
    //String driver="com.microsoft.sqlserver.jdbc.SQLServerDriver";
    //String url="jdbc:sqlserver://localhost:1433;DatabaseName=student";
    //String user="sa";
    //String pad="11";
    request.setCharacterEncoding("GBK");
    //……以下代码和例 10.6 中的 doReg.jsp 代码相同
%>
```

说明：由于在一个 JSP 页面中不能指定多个 contentType，因此在 jdbc.jsp 中不需加上 <%@ page language="java" contentType="text/html;charset=GBK"%>语句。

### 10.2.2 数据库连接池技术

在实际的 Web 项目开发中，若采用 JSP 页面中嵌入数据库连接代码进行数据库连接的方式，一般需要先建立数据库连接，然后执行 SQL 语句，最后关闭数据库连接几步操作。这使得每次有 Web 请求时都需要建立连接，由于 Web 请求在 Web 访问中非常频繁，会大大增加数据库操作开销，造成网页响应速度缓慢。且这种访问模式，必须管理每一个连接，确保它们能被正确关闭，如果出现程序异常而导致某些连接未能关闭，将导致数据库系统中的内存泄露，最终需要重启数据库。虽然也可以采用基于 MVC 模式设计，通过数据访问层来访问数据，可以提高数据访问效率，但是同一个连接使用次数过多，也会导致连接的不稳定，进而会导致 Web 数据库服务的频繁重启。

对于频繁访问数据库的操作，可以使用数据库连接池技术来解决。数据库连接池负责管理、分配和释放数据库连接，它允许应用程序重复使用一个现有的数据库连接，而再不是重新建立。

数据库连接池的基本思想就是为数据库连接建立一个“连接池”。数据库建立初期，预先在缓冲池中放入一定数量的连接，当需要建立数据库连接时，只需从“连接池”中申请一个，使用完毕之后再将该连接作为公共资源保存在“连接池”中，以供其他连接申请使用。在这种情况下，当需要连接时，就不用再需要重新建立连接，这样就在很大程度上提高了数据库连接处理的速度；同时，还可以通过设定连接池的最大连接数和最小连接数来控制数据库连接。

数据库连接池应用时通过 DataSource 对象（一个实现 javax.sql.DataSource 接口的实例）的方式代替原有通过 DriverManager 类来获得数据库连接的方式。其中 DataSource 对象由 Web 服务器（Tomcat）提供，在实际使用中需要使用 Java 的 JNDI（Java Naming and Directory Interface）技术获取 DataSource 对象。JNDI 是 Oracle 公司提供的一种标准的 Java 命名系统接口，JNDI 提供统一 JNDI 的客户端 API，为开发人员提供了查找和访问各种命名和目录服务的通用、统一的接口。应用程序可以通过 java.naming.Context 提供的接口获取 DataSource 对象。代码如下：

```
Context ctx=new InitialContext();
DataSource ds=(DataSource) ctx.lookup("jdbc/openbase");  //jdbc/openbase 为数据源名称
```

如果当前 DataSource 不支持数据库连接池，应用程序将获得一个和物理数据库连接对应的 Connection 对象。而如果当前的 DataSource 对象支持数据库连接池，应用程序自动获得重用的数据库连接而不用创建新的数据库连接。应用程序通过重用的连接正常的访问数据库，进行访问数据的操作，完成操作后应关闭数据库连接。

```
Connection conn=ds.getConnection("User", "Pwd");
...//数据库基本操作
conn.close();
```

当关闭数据连接后，当前使用的数据库连接将不会被物理关闭，而是放回到数据库连接池中进行重用。

使用数据库连接池技术实现数据库的访问，主要有以下步骤：

(1) 添加驱动。在 Tomcat 安装目录的\common\lib 目录(或者是 MyEclipse 中的 Web 项目的\WEB-INF\lib 目录)中安装 JDBC 的驱动程序。

(2) 配置 Tomact 的 server. xml。修改 Tomcat 安装目录的 conf 子目录中的 context. xml 文件，在＜Context＞节点中添加＜Resorce＞信息，用以配置连接数据库的各项信息，内容如例 10.9 所示。其中＜Resorce＞属性如表 10.5 所示。

**表 10.5　＜Resorce＞属性**

| 属　　性 | 说　　明 |
|---|---|
| name | 定义数据库连接的名称 |
| driverClassNam | 指定 JDBC 驱动器的类 |
| username | 表示登录数据库时使用的用户名 |
| password | 为登录数据库的密码 |
| maxIdle | 为数据库连接的最大空闲时间。超过此空闲时间，数据库连接将被标记为不可用，然后被释放。设为 0 表示无限制 |
| maxWait | 表示最大建立连接等待时间，如果超过此时间将接到异常。设为－1 表示无限制 |
| maxActive | 表示连接池的最大数据库连接数，设为 0 表示无限制 |
| url | 表示需要连接的数据库的地址和名称 |

**例 10.9**　配置 Tomcat 的 context. xml 文件。

```
<Resource
    name="jdbc/st"
    auth="Container"
    type="javax.sql.DataSource"
    username="sa"
    password="11"
    driverClassName="com.microsoft.sqlserver.jdbc.SQLServerDriver"
    maxIdle="10"
    maxWait="10000"
    maxActive="100"
```

```
url="jdbc:sqlserver://localhost:1433;DatabaseName=student" />
```

(3) 配置 Tomcat 的 web.xml。修改应用程序 WEB-INF\web.xml 文件，在</web-app>前添加例 10.10 所示内容。<resource-ref>详细属性说明见表 10.6。

**表 10.6 <resource-ref>详细属性**

| 属 性 | 说 明 |
|---|---|
| description | 说明引用资源 |
| res-ref-name | 引用资源的 JNDI 名称，与 context.xml 中<Resource>元素的 name 属性一致 |
| res-type | 引用资源的类名称，与 context.xml 中<Resource>元素的 type 属性一致 |
| res-auth | 引用资源的 Manager，与 context.xml 中<Resource>元素的 auth 属性一致 |

**例 10.10** 配置 Tomcat 的 web.xml 文件。

```
<resource-ref>
    <description>student DataSource</description>
    <res-ref-name>jdbc/st</res-ref-name>
    <res-type>javax.sql.DataSource</res-type>
    <res-auth>Container</res-auth>
</resource-ref>
```

(4) 测试。再次修改例 10.6 中的 doReg.jsp 文件，使用数据库连接池技术连接数据库，其部分代码如例 10.11 所示。

**例 10.11** 利用数据库连接池技术重写学生信息注册处理页面。

doReg.jsp 部分代码如下：

```
<%@page language="java" contentType="text/html;charset=GBK"%>
<%@page import="java.sql.*,javax.naming.*,javax.sql.*"%>
<%
    //String driver="com.microsoft.sqlserver.jdbc.SQLServerDriver";
    //String url="jdbc:sqlserver://localhost:1433;DatabaseName=student";
    //String user="sa";
    //String pad="11";
    request.setCharacterEncoding("GBK");
    String uName=request.getParameter("user");
    String sno=request.getParameter("sno");
    String ag=request.getParameter("age");
    String dept=request.getParameter("dept");
    String gender=request.getParameter("gender");
    int age=Integer.parseInt(ag);
    int sum=0;
    Connection conn=null;
    PreparedStatement pStmt=null;
```

```
    try {
        //Class.forName(driver).newInstance();
        //conn=DriverManager.getConnection(url, user, pwd);
        Context ic=new InitialContext();
        DataSource source=(DataSource) ic
                .lookup("java:comp/env/jdbc/st");
        //获取连接池对象
        conn=source.getConnection();
    //……以下代码和例 10.6 中的 doReg.jsp 代码相同
%>
```

### 10.2.3 JSP 分页技术

在数据库的查询中，一般记录比较多，在一个页面上显示所有数据不太可能，这时就需要分页显示。一般来说根据每页需要显示的数据数量来确定显示的页数，然后编写相应的 SQL 语句实现。下面用实例说明分页的使用。

要求实现学生管理系统的查询，可以根据学生的学号、姓名、系别查询学生信息，当一页显示不下时可以实现分页显示，并能跳转至任意页面。详细实现代码如例 10.12 所示。

**例 10.12** 实现查询的分页功能。

(1) 学生信息查询页面 search.jsp 代码如下：

```
<%@page language="java" contentType="text/html;charset=GBK"%>
<html>
    <head>
        <title>学生信息查询</title>
    </head>
    <body>
        <center>
            <font><b>学生信息查询</b>
            </font>
        </center>
        <form method="GET" action="doSearch.jsp">
            <div align="center">
                <p align="center">
                    <br />
                    姓     名  
                    <INPUT class="input" tabIndex="1" type="text" maxLength="20"
                        size="40" name="user">
                    <br />

                    学     号  
                    <INPUT class="input" tabIndex="2" type="text" maxLength="20"
                        size="40" name="sno">
                    <br />
```

```
                    系     别  
                    <INPUT class="input" tabIndex="2" type="text" maxLength="20"
                        size="40" name="dept">
                    <br />
            </div>
            <p align="center">
                <input type="submit" value="查询" name="btn_query">
                 
                <input type="reset" value="重置" name="B2">
            </p>
        </form>
</html>
```

学生信息查询页面如图 10.15 所示。

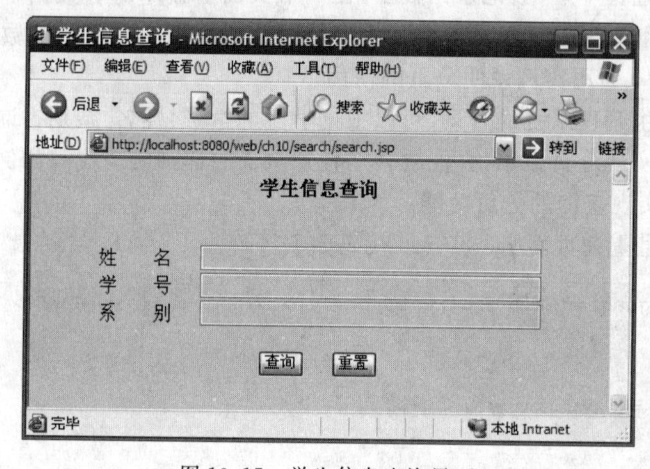


图 10.15　学生信息查询界面

(2) 学生信息查询处理页面 doSearch.jsp 代码如下：

```
<%@page contentType="text/html; charset=gbk" language="java"%>
<%@page import="java.sql.*"%>
<%@page import="javax.naming.Context"%>
<%@page import="javax.naming.InitialContext"%>
<%@page import="javax.sql.DataSource"%>
<%
    request.setCharacterEncoding("GBK");          //解决上一页请求传来中文的编码问题
    int rowCount, pageSize, pageCount;
    ResultSet rs=(ResultSet) session.getValue("rs");
    String strPage;
    int currPage;                                 //当前页
    response.setContentType("text/html;charset=gbk");
    if (rs==null) {
        Connection conn=null;
        Context ic=new InitialContext();          //连接池语句
        DataSource source=(DataSource)
```

```
            ic.lookup("java:comp/env/jdbc/st");
    conn=source.getConnection();
    String sno=request.getParameter("sno").trim();
    String sname=new String(request.getParameter("user").trim()
            .getBytes("iso-8859-1"));
    String dept=new String(request.getParameter("dept").trim()
            .getBytes("iso-8859-1"));
    String sql;
    sql="select sno,sname,dept from stuInfo where 1=1 ";
    String sql_count="select count(*) from stuInfo where 1=1";
    String appndsql="";
    if (!sno.equals(""))
        appndsql=appndsql+" and sno like '%"+sno+"%'";
    if (!sname.equals(""))
        appndsql=appndsql+" and sname like '%"+sname+"%'";
    if (!dept.equals(""))
        appndsql=appndsql+" and dept like '%"+dept+"%'";
    sql=sql+appndsql;
    sql_count=sql_count+appndsql;
    Statement stmtcount=conn.createStatement();
    ResultSet rscount=stmtcount.executeQuery(sql_count);
    rowCount=0;                                 //总的行(记录)数
    while (rscount.next()) {
        rowCount=rscount.getInt(1);
    }
    rscount.close();
    stmtcount.close();
    Statement stm=conn.createStatement(
            ResultSet.TYPE_SCROLL_INSENSITIVE,
            ResultSet.CONCUR_READ_ONLY);
    rs=stm.executeQuery(sql);
    pageSize=20;                                //每页行(记录)数
    //int pageCount;                            //总的页数
    pageCount=(rowCount+pageSize -1)/pageSize;
    //将参数存入session变量,下一页使用
    session.setAttribute("rowCount", String.valueOf(rowCount));
    session.setAttribute("pageSize", String.valueOf(pageSize));
    session.setAttribute("pageCount", String.valueOf(pageCount));
    session.putValue("rs", rs);                 //将变量放入session中去
    //session.setAttribute("rs",rs);也可行
    currPage=1;
} else {                            //如果不是第一次进入,则取回已经有的session变量
    rowCount=Integer.parseInt((String) session
            .getAttribute("rowCount"));
    pageSize=Integer.parseInt((String) session
            .getAttribute("pageSize"));
    pageCount=Integer.parseInt((String) session
```

```
                .getAttribute("pageCount"));
        strPage=(String) request.getParameter("page").trim();
        if (!strPage.equals("")) {
            currPage=Integer.parseInt(strPage);
        } else
            currPage=1;
        if (currPage<1)
            currPage=1;                           //如果没有带来要显示的页码,就显示第一页
        if (currPage>pageCount)
            currPage=pageCount;
    }
    int thepage=(currPage -1) * pageSize;
    int n=thepage;
    rs.absolute(thepage+1);                       //定位到页
%>
<html>
    <head>
        <title>学生信息查询结果</title>
    </head>
    <body>
      <center>
            <b><font size="4"><br>学生信息查询结果</font></b>
            <div align="center">
                <table width="60%" border="2" cellpadding="2" cellspacing="1">
                    <tr height="25">
                        <th width="10%" align="left">
                            序号
                        </th>
                        <th width="15%" align="left">
                            学号
                        </th>
                        <th width="15%" align="left">
                            姓名
                        </th>
                        <th width="25%" align="left">
                            系别
                        </th>
                    </tr>
                    <%
                        while (n<(thepage+pageSize) && !rs.isAfterLast()
                                && rowCount !=0) {
                    %>
                    <tr onmouseover=tuchu(this); onmouseout=tuchu2(this)>
                        <td width="10%"><%=++n%></td>
                        <td width="15%"><%=rs.getString("sno")%></td>
                        <td width="15%"><%=rs.getString("sname")%></td>
                        <td width="25%"><%=rs.getString("dept")%></td>
```

```
            </tr>
            <%
                rs.next();
                }
            %>
        </table>
    </div>
</center>
<form name="stu_info" method="get" action="doSearch.jsp">
    <div align="center">
        第<%=currPage%>页 共<%=pageCount%>页 共<%=rowCount%>条
        <%
        if (currPage>1) {
    %><a href="doSearch.jsp?page=1">首页</a>
        <%
            }
        %>
        <%
            if (currPage>1) {
        %><a href="doSearch.jsp?page=<%=currPage -1%>">上一页</a>
        <%
            }
        %>
        <%
            if (currPage<pageCount) {
        %><a href="doSearch.jsp?page=<%=currPage+1%>">下一页</a>
        <a href="doSearch.jsp?page=<%=pageCount%>">尾页</a>
        <%
            }
        %>
        <%
            if (pageCount>1) {
        %>跳到
        <input type="text" name="page" size="4">
        页
        <font face="宋体"><input type="submit" name="submit" size="4"
                value="确定"></font>
        <%
            }
        %>
    </div>
  </form>
 </body>
</html>
```

可以根据学号、姓名、系别的组合或分别进行模糊查询。如果没有查询条件，则显示数据库表中的全部记录。如在系别中输入“信息管理”查询结果如图10.16所示。

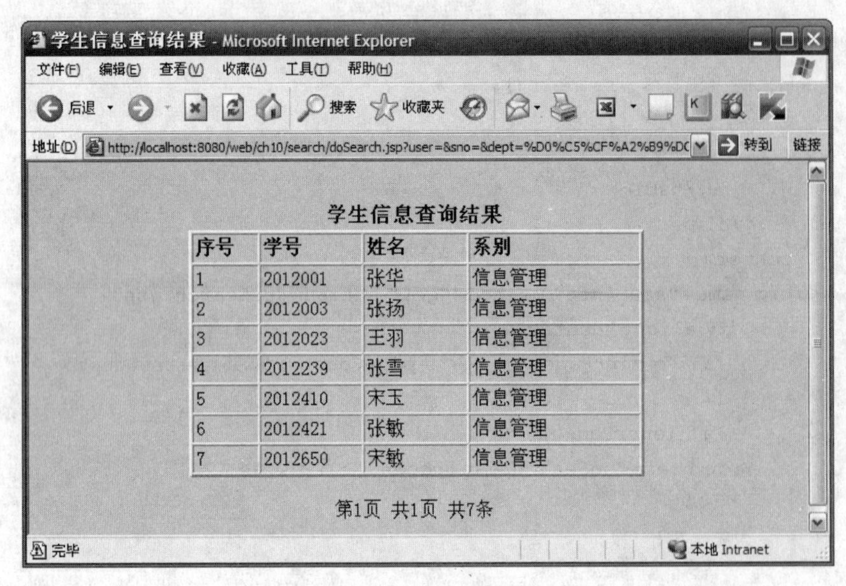


图 10.16　查询信息管理系的学生

当省略查询条件时，将显示数据表中的所有记录。当数据超过 15 条时就会分页显示，利用超链接就可以实现页面间的快速跳转，如图 10.17 所示。在该例中使用了 session 对象实现了页面间参数的传递，session 对象的详细用法在 10.3 节中进行详细的说明。

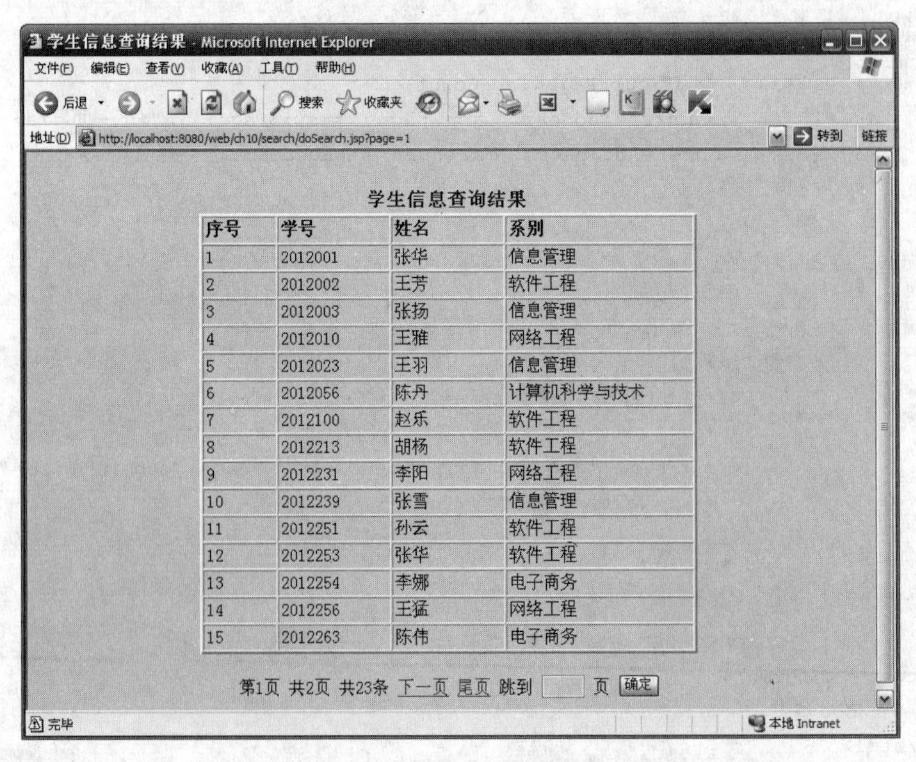


图 10.17　分页显示结果

## 10.3 JSP实现访问控制

很多情况下,用户可以正常浏览页面信息,但是要下载页面的文件时,系统会提示没有登录,需要登录后才能下载。在发邮件时,系统如何知道用户是否已经登录。这就是JSP的访问控制提供的功能。通过访问控制,可以区分已登录用户与未登录用户,实现页面的跳转,为不同的用户保存不同的数据。

会话,Web环境中的会话通常是指客户机的Web浏览器和一个特定的Web服务器之间的一组交互,它包含浏览器与服务器之间的多次请求、响应过程。会话从最初浏览器调用Web服务器的URL开始,到Web服务器结束会话。这个会话会在"超时",或当用户关闭浏览器时结束。会话数据是指在永久保存之前用户提供的在多个页面上使用的信息。JSP中常见的会话方式有四种,分别是:request、cookie、session和application。request的使用之前已经详细说明,下面重点说明后面三种的用法。

### 10.3.1 session对象

session表示一个请求的javax.servlet.http.HttpSession对象。指的是客户端与服务器的一次会话,从客户连到服务器的一个WebApplication开始,直到客户端与服务器断开连接为止。在此期间可以根据每一个别用户的要求,给予正确的响应。在JSP中经常使用session来实现访问控制,表10.7给出了session对象的常见用法。

表10.7 session对象的常用方法

| 方法 | 说明 |
|---|---|
| object getArrtibute(String name) | 获取与名字name相联系的属性值 |
| void setArrtibute(String name, object) | 设置指定名字的属性值,并存储在session中 |
| long getCreationTime() | 取得session产生的时间,单位是毫秒,由1970年1月1日零时算起 |
| public String getId() | 返回session创建时JSP引擎为它设的唯一ID号 |
| long getLastAccessedTime() | 取得用户最后通过这个session送出请求的时间,单位是毫秒,由1970年1月1日零时算起 |
| int getMaxInactiveInterval() | 取得最大session不活动的时间,若超过这时间,session将会失效,时间单位为秒 |
| String[] getValueNames() | 返回一个包含此session中所有可用属性的数组 |
| void invalidate() | 取消session对象,并将对象存放的内容完全抛弃 |
| boolean isNew() | 判断session是否为"新"的,所谓"新"的session,表示session已由服务器产生,但是client尚未使用 |
| void removeValue(String name) | 删除session中指定的属性 |
| void setMaxInactiveInterval() | 设定最大session不活动的时间,若超过这时间,session将会失效,时间单位为秒 |

session对象也可以储存或取得用户相关的数据,例如:用户放在购物车中的商品、用

户的名称等。下面利用 session 对象编写一个简单的登录页面，该登录页面功能需求如下：从登录页面获取用户的登录信息，然后从数据库查询该用户信息并判断该用户是否注册，如果已经注册，并且输入的用户名和密码正确则跳转至欢迎页面，在欢迎页面做登录验证，即从 session 中提取用户信息，如果用户信息存在，则提示用户信息并显示欢迎内容；如果用户信息不存在，则转入登录页面。为了保存登录用户的信息，需要建立一个类 Stu. java，详细代码见例 10.13。

**例 10.13** 用户信息的实体类 Stu. java。

```
package oo;

public class Stu {
    private String name;
    private String pwd;

    public Stu(String name, String pwd) {
        this.name=name;
        this.pwd=pwd;
    }

    public String getName() {
        return name;
    }

    public void setName(String name) {
        this.name=name;
    }

    public String getPwd() {
        return pwd;
    }

    public void setPwd(String pwd) {
        this.pwd=pwd;
    }
}
```

登录页面使用例 10.4 中的 login. jsp，修改其处理页面 doLogin. jsp 即可，详细代码见例 10.14。

**例 10.14** 将登录信息存入 session 中。

doLogin. jsp 代码如下：

```
<%@page language="java" import="java.sql.*"
    contentType="text/html;charset=GBK"%>
<%@page import="javax.naming.*,javax.sql.*"%>
<%@page import="oo.Stu"%>
```

```
<%
    request.setCharacterEncoding("GBK");
    String name=request.getParameter("uname");
    String pwd=request.getParameter("pwd");
    int sum=0;
    Connection conn=null;
    PreparedStatement pStmt=null;
    ResultSet rs=null;
    try {
        //Class.forName("com.microsoft.sqlserver.jdbc.SQLServerDriver");
        //conn=DriverManager.getConnection(
        //        "jdbc:sqlserver://localhost:1433;databasename=student",
        //        "sa", "11");
        //使用数据库连接池技术
        Context ic=new InitialContext();
        DataSource source=(DataSource) ic
                .lookup("java:comp/env/jdbc/st");
        conn=source.getConnection();
        pStmt=conn
                .prepareStatement("select * from stuInfo where sname='"
                        +name+"' and sno='"+pwd+"'");
        rs=pStmt.executeQuery();
        if (rs.next()) {
            sum=1;
        }
        rs.close();                                         //关闭结果集
        pStmt.close();                                      //关闭 prepareStatement
        conn.close();                                       //关闭连接
    } catch (Exception e) {
        e.printStackTrace();
    }
    if (sum==1) {
        Stu student=new Stu(name, pwd);
        session.setAttribute("stuLogin", student);     //将学生信息存入 session 中
        response.sendRedirect("welcome.jsp");
    } else {
        out.print("<script language='javascript'>alert('用户名或密码错误');
        location='login.jsp'</script>");
        //response.sendRedirect("login.jsp");
    }
%>
```

接下来需要在欢迎页面中加入登录验证模块。具体实现就是把保存在 session 中的用户登录信息取出来,如果用户信息存在,则提示用户信息并显示欢迎内容;如果用户信息不存在,则转入登录页面。下面对 welcome.jsp 页面进行修改,具体代码见例 10.15。

**例 10.15** 读取 session 中信息，并显示。

welcome.jsp 代码如下：

```
<%@page language="java" contentType="text/html;charset=GBK"%>
<%@page import="oo.Stu"%>
<html>
    <head>
        <title>welcome</title>
    </head>
    <body>
        <h3>
            <%
                Stu student=(Stu) session.getAttribute("stuLogin");
                                                    //将 session 中的信息取出
                if (student==null) {
                    response.sendRedirect("login.jsp");
            %>
            <%
                } else {
                    out.print(student.getName());
                }
            %>
             您好!欢迎登录!
        </h3>
        <br>
    </body>
</html>
```

本例中，用户首先通过 login.jsp 页面登录，在登录页面处理 doLogin.jsp，根据登录页面的信息判断该用户是否注册，如果已经注册并且用户名和密码匹配则转入 welcome.jsp 的欢迎页面，否则提示出错并转入登录页面。成功登录后，结果如图 10.18 所示。

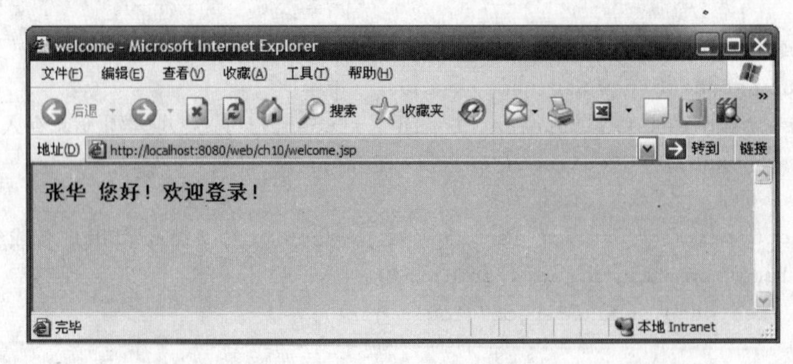


图 10.18 成功登录后的界面

### 10.3.2 application 对象

application 对象实现了 javax.servlet.ServletContext 接口，它存在于服务器的内存空

间中，服务器一旦启动，就会自动产生一个 application 对象，除非服务器被关闭，否则这个 application 对象将一直保持下去。application 对象有效地实现了用户数据的共享，可存放全局变量。服务器运行期间，此对象将一直存在。在任何地方对此对象属性的操作，都将影响到其他用户对它的访问。application 对象的常用方法如表 10.8 所示。

**表 10.8 application 对象的常用方法**

| 方　　法 | 说　　明 |
|---|---|
| Object getAttribute(String name) | 返回 name 属性，范围为 scope 的属性对象，回传类型为 java. lang. Object |
| Enumeration getAttributeNames() | 回传所有属性范围为 scope 的属性名称，回传类型为 Enumeration |
| void setAttribute(String name,Object obj) | 设定属性的属性值，并存放在 application 中 |
| void removeAttribute(String name) | 移除属性名称为 name 的属性对象 |
| String getServerInfo() | 返回 JSP(Servlet)引擎名及版本号 |
| String getRealPath(String path) | 取得本地端 path 的绝对路径 |
| ServletContext getContext(String uripath) | 回传目前此网页的执行环境(context)，例如：application 隐含对象 |
| RequestDispatcher getRequestDispatcher(String uripath) | 返回指定资源的 RequestDispatcher 对象 |

在实际使用过程中，application 经常用来统计在线人数，或者统计访问站点的访问量，下面修改 welcome. jsp，添加简单的人数访问统计功能。详细代码见例 10.16。

**例 10.16** 利用 application 实现访问人数的统计功能。

welcome. jsp 代码如下：

```
<%@page language="java" contentType="text/html;charset=GBK"%>
<%@page import="oo.Stu"%>
<html>
    <head>
        <title>welcome</title>
    </head>
    <body>
        <h3>
            <%
                Stu student= (Stu) session.getAttribute("stuLogin");
                                                        //将 session 中的信息取出
                if (student==null) {
                    response.sendRedirect("login.jsp");
            %>
            <%
                } else {
                    out.print(student.getName());
                }
```

```
            %>
             您好!欢迎登录!
            <%
                int n=0;
                String counter=(String)application.getAttribute("counter");
                if (counter !=null)
                    n=Integer.parseInt(counter);
                if (session.isNew())
                    ++n;
                out.print("您是第"+n+"位访客");
                counter=String.valueOf(n);
                application.setAttribute("counter", counter);
            %>
        </h3>
        <br>
    </body>
</html>
```

本例利用 application. getAttribute 方法返回计数器的值,访问者打开浏览器到关闭浏览器算一次访问,计数器累加一次,利用 session. isNew 实现打开首页,创建一个 session,这个 session 直到浏览器关闭才失效。程序运行结果如图 10.19 所示。

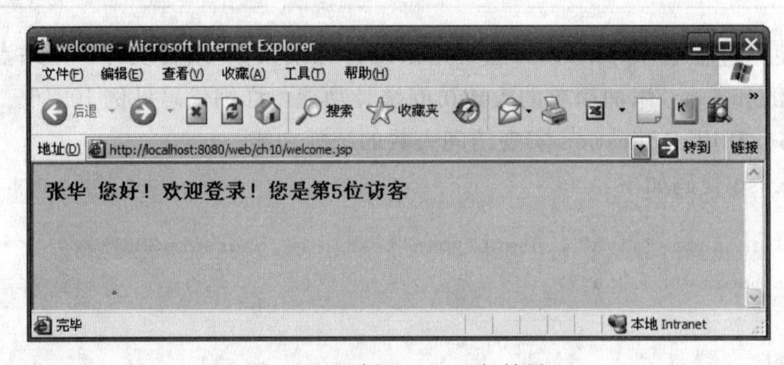


图 10.19　例 10.16 运行结果

### 10.3.3　Cookie 对象

Cookie 是一种 Web 服务器通过浏览器在访问者的硬盘上存储信息的手段。IE 浏览器把 Cookie 信息保存在硬盘上。当用户再次访问某个站点时,服务端将要求浏览器查找并返回先前发送的 Cookie 信息,来识别这个用户。使用 Cookie 可以实现以下功能:

(1) 跟踪特定访问者的访问次数、最后访问时间和访问者进入站点的路径。

(2) 统计网页浏览的次数。

(3) 利用 Cookie 的有效期,简化用户的登录。在用户不重新输入密码和用户名的情况下进入曾经浏览过的一些站点。

(4) 能帮助站点统计用户个人资料。

Cookie 创建的基本语法如下:

要创建 Cookie 需要引入相应的包。

```
import="javax.servlet.http.Cookie"
```

创建 Cookie。

```
Cookie cookie_name=new Cookie("Parameter","Value");
```

JSP 在使用 Cookie 时，采用调用 Cookie 对象的构造函数 Cookie(name, value)来创建 Cookie，然后通过 HttpServletResponse 的 addCookie 方法加入到 Set-Cookie 应答头，代码如下：

```
Cookie username_Cookie=new Cookie("username","cookieye");
response.addCookie(username_Cookie);
```

常见的 Cookie 属性如表 10.9 所示。

**表 10.9　Cookie 对象的常用方法**

| 方　法 | 说　明 |
|---|---|
| String getComment() | 返回 Cookie 中注释，如果没有注释的话将返回空值 |
| String getDomain() | 返回 Cookie 中适用的域名，即返回这个 Cookie 可以出现的区域。使用 getDomain() 方法可以指示浏览器把 Cookie 返回给同 一域内的其他服务器，而通常 Cookie 只返回给与发送它的服务器名字完全相同的服务器 |
| int getMaxAge() | 返回 Cookie 过期之前的最大时间，以秒计算 |
| String getName() | 返回 Cookie 的名字 |
| String getPath() | 返回 Cookie 适用的路径。如果不指定路径，Cookie 将返回给当前页面所在目录及其子目录下的所有页面 |
| boolean getSecure() | 如果浏览器通过安全协议发送 Cookies 将返回 true 值，如果浏览器使用标准协议则返回 false 值 |
| String getValue() | 返回 Cookie 的值 |
| int getVersion() | 返回 Cookie 所遵从的协议版本 |
| void setComment(String purpose) | 设置 Cookie 中注释 |
| void setDomain(String pattern) | 设置 Cookie 中 Cookie 适用的域名 |
| void setMaxAge(int expiry) | 以秒计算，设置 Cookie 过期时间 |
| void setPath(String uri) | 指定 Cookie 适用的路径 |
| void setSecure(boolean flag) | 指出浏览器使用的安全协议 |
| void setValue(String newValue) | Cookie 创建后设置一个新的值 |
| void setVersion(int v) | 设置 Cookie 所遵从的协议版本 |

接下来使用 Cookie 编写一个简单的登录页面。要求用户成功登录后能保存用户登录状态，在有效期内不需要登录即可进入欢迎页面。详细代码见例 10.17。

**例 10.17**　利用 Cookie 保存用户登录状态，并实现页面的跳转。

(1) 登录页面 login.jsp 代码如下：

```
<%@page language="java" contentType="text/html;charset=GBK"%>
<html>
    <head>
        <title>登录</title>
    </head>
    <body>
        <%
            Cookie[] cookies=request.getCookies();
            if (cookies !=null) {
                for (int i=0; i<cookies.length; i++) {
                    if (cookies[i].getName().equals("username"))
                        response.sendRedirect("welcome.jsp");
                }
            }
        %>
        <div align="left">
            用户登录
        </div>
        <form action="doLogin.jsp" method="post">
            用户名:
            <input type="text" name="uname">
            密码:
            <input type="password" name="pwd">
            <input type="submit" value="提交">
            <input type="reset" value="重置">
        </form>
    </body>
</html>
```

(2) 登录处理页面 doLogin.jsp 代码如下：

```
<%@page language="java" contentType="text/html;charset=GBK"%>
<%@page import="javax.servlet.http.Cookie"%>
<%@page import="javax.naming.*,javax.sql.*,java.sql.*,java.net.*"%>

<%
    request.setCharacterEncoding("GBK");
    String name=request.getParameter("uname");
    String pwd=request.getParameter("pwd");
    int sum=0;
    Connection conn=null;
    //Statement stmt=null;
    PreparedStatement pStmt=null;
    ResultSet rs=null;
```

```
    try {
        //使用数据库连接池技术
        Context ic=new InitialContext();
        DataSource source=(DataSource) ic
                .lookup("java:comp/env/jdbc/st");
        conn=source.getConnection();
        //stmt=conn.createStatement();
        pStmt=conn
                .prepareStatement("select * from stuInfo where sname='"
                        +name+"' and sno='"+pwd+"'");
        rs=pStmt.executeQuery();
        if (rs.next()) {
            sum=1;
        }
        rs.close();                                 //关闭结果集
        pStmt.close();                              //关闭 prepareStatement
        conn.close();                               //关闭连接
    } catch (Exception e) {
        e.printStackTrace();
    }
    if (sum==1) {
        Cookie username=new Cookie("username", URLEncoder.encode(name
                .trim(), "GBK"));
        username.setMaxAge(10);
        response.addCookie(username);
        response.sendRedirect("welcome.jsp");
    } else {
        out.print("<script language='javascript'>alert('用户名或密码错误');
        location='login.jsp'</script>");
        //response.sendRedirect("login.jsp");
    }
%>
```

(3) 欢迎页面 welcome.jsp 代码如下：

```
<%@page language="java" contentType="text/html;charset=GBK"%>
<%@page import="javax.servlet.http.Cookie,java.net.*"%>
<html>
    <head>
        <title>welcome</title>
    </head>
    <body>
        <h3>
            <%
                //读出用户硬盘上的Cookie,并将所有的Cookie放到一个cookie对象数组里面
                Cookie cookies[]=request.getCookies();
                Cookie sCookie=null;
```

```
            String svalue=null;
            String sname=null;
            for (int i=0; i<cookies.length -1; i++) {
                                                //用一个循环语句遍历刚才建立的 Cookie 对象数组
                sCookie=cookies[i];             //取出数组中的一个 Cookie 对象
                sname=sCookie.getName();        //取得这个 Cookie 的名字
                svalue=sCookie.getValue();      //取得这个 Cookie 的内容
        %>
        <%
            }
        %>
        <%=URLDecoder.decode(svalue, "GBK")%> 您好!欢迎登录!

      </h3>
      <br>
   </body>
</html>
```

由于 Cookie 中无法保存中文，可以使用 java.net.* 中的 UrlEncode 实现字符的转码，即：

```
<%new Cookie("username",URLEncoder.encode(value,"GBK"));%>
<%=URLDecoder.decode(cookies.getValue(),"GBK")%>
```

例 10.17 程序说明：

(1) 在 login.jsp 中调用 request.getCookies()从客户端读入 Cookie，用 getCookies()方法返回一个 HTTP 请求头中的内容对应的 Cookie 对象数组。通过循环访问该数组的各个元素，调用 getName 方法检查各个 Cookie 的名字，直至找到目标 Cookie，然后对该 Cookie 调用 getValue 方法取得与指定名字关联的值。

(2) 在登录处理页面 doLogin.jsp 中，利用 cookie.setMaxAge(10)，调用了 Cookie 中的 setMaxAge 方法，设定 Cookie 在用户机器硬盘上的存活期为 10 秒，在 10 秒以内进入登录页面 login.jsp 仍然会显示欢迎页面的信息。

(3) 一个 Cookie 在用户的硬盘里面存在的时间并不是无限期的，在建立 Cookie 对象的时候，必须制定 Cookie 的存活期，超过了这个存活期后，Cookie 文件就不再起作用，会被用户的浏览器自行删除。如果希望用户在下次访问这个页面的时候，Cookie 文件仍然有效而且可以被网页读出来的话，可以将 Cookie 的存活期设得稍微长一些。例如：

```
cookie.setMaxAge(365*24*60*60)
```

可以让 Cookie 文件在一年内有效。

### 10.3.4 exception 对象

exception 对象是一个例外对象，当一个页面在运行过程中发生了例外，就产生这个对象。如果要使用 exception 对象，则必须和 page 指令一起使用，即在 page 指令中将 isErrorPage 设为 true，否则无法编译。exception 对象的常见方法如表 10.10 所示。

表 10.10　exception 对象的常用方法

| 方　法 | 说　明 |
| --- | --- |
| String getMessage() | 返回错误信息字符串 |
| String getLocalizedMessage() | 返回本地化语言的异常错误 |
| void printStackTrace(new java.io.PrintWriter(out)) | 以标准错误的形式输出一个错误和错误的堆栈 |
| String toString() | 该方法以字符串的形式返回一个对异常的简短描述 |

# 10.4　项目练习

## 10.4.1　上机任务 1

**1. 训练目标**

(1) 掌握处理表单请求的方法。

(2) 掌握页面跳转和重定向的使用。

**2. 需求说明**

创建员工信息注册请求页面,当注册成功则转入登录页面,否则转入失败页面。

**3. 参考提示**

(1) 创建员工信息注册请求页面 doReg.jsp。

(2) 设置请求字符集并处理获得的请求数据。

(3) 根据结果实现页面的跳转。

**例 10.18**　员工信息的注册处理页面,并根据状态实现页面间跳转。

doReg.jsp 代码如下:

```
<%@page language="java"
import="com.entity.*,com.dao.*,com.daoImpl.*,java.util.*,java.text.*"
pageEncoding="GBK"%>

<%
request.setCharacterEncoding("GBK");
int id=Integer.parseInt(request.getParameter("employeeID"));
String employeeName=request.getParameter("employeeName");
boolean sex=Boolean.parseBoolean(request.getParameter("sex"));
String birth=request.getParameter("birth");
String phone=request.getParameter("phone");
String place=request.getParameter("place");
String pwd=request.getParameter("password");
String joinTime=request.getParameter("joinTime");
boolean isLead=Boolean.parseBoolean(request
        .getParameter("isLead"));
SimpleDateFormat sm=new SimpleDateFormat("yyyy-mm-dd");
```

```
Date date1=new Date();
Date date2=new Date();
try {
    date1=sm.parse(birth);
    date2=sm.parse(joinTime);
} catch (Exception e) {
    e.printStackTrace();
}
EmployeeDAO employeeDao=new EmployeeDAOImpl();
Employee employee=new Employee();
employee.setEmployeeID(id);
employee.setEmployeeName(employeeName);
employee.setEmployeeSex(sex);
employee.setEmployeeBirth(date1);
employee.setEmployeePhone(phone);
employee.setEmployeePlace(place);
employee.setPassword(pwd);
employee.setJoinTime(date2);
employee.setLead(isLead);
int num=employeeDao.addEmployee(employee);
if (num==1) {
    response.sendRedirect("statusRecognise.jsp");

} else {
    response.sendRedirect("employeeReg.jsp");
}
%>
```

**4. 练习**

(1) 编写消息发布的处理页面,实现发布消息后的成功跳转。

(2) 编写消息回复的处理页面,实现回复消息后的成功跳转。

(3) 编写消息审核的处理页面,实现审核消息后的成功跳转。

(4) 编写一个 JSP 页面,要求提供一组复选框,让用户选择其出行时常乘坐的交通工具。提交后,在页面输出用户的所有选项。

### 10.4.2 上机任务 2

**1. 训练目标**

掌握 JSP 的分页技术。

**2. 需求说明**

在消息列表页面添加分页功能,当一页显示不下时可以实现分页显示,并能实现在上一页、下一页、首页和尾页间跳转。

**3. 参考提示**

(1) 创建一个页面数据类。

(2) 根据页面数据确定分页情况。

(3) 在 JSP 页面中调用此方法实现分页显示。

运行结果如图 10.20 所示。

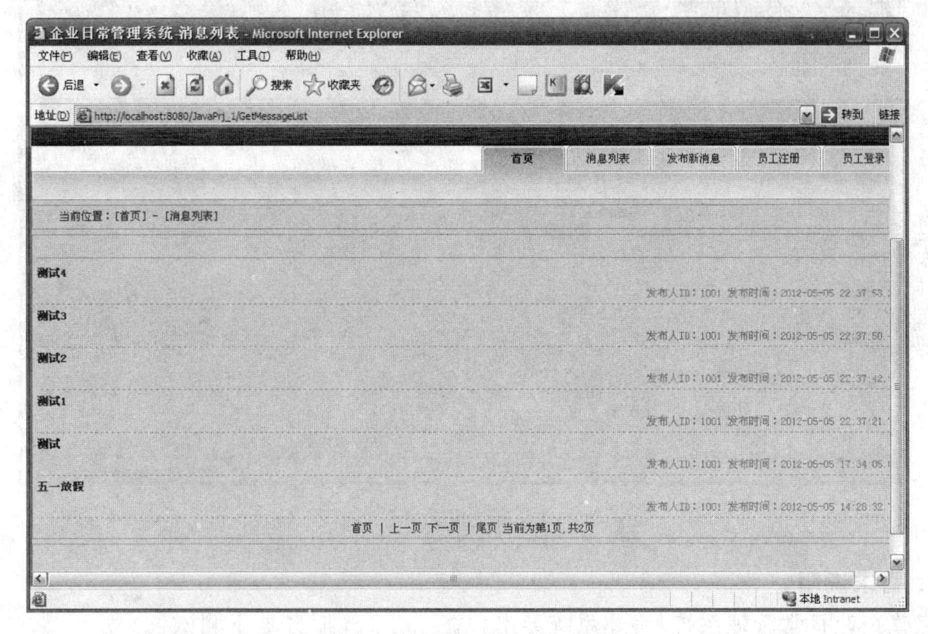


图 10.20 消息列表分页效果

**4. 练习**

编写一个简单页面，从数据库中取出员工信息，实现分页显示(要求使用数据库连接池技术，直接在 JSP 页面中用 Java 脚本实现)。

## 10.4.3 上机任务 3

**1. 训练目标**

掌握 session 和 application 的用法。

**2. 需求说明**

创建员工登录请求处理页面，当登录成功则转入首页并显示员工基本信息，否则提示登录失败。

**3. 参考提示**

(1) 创建员工登录请求处理页面 dostatusRecognise.jsp。

(2) 设置请求字符集并处理获得的请求数据。

(3) 根据结果实现页面的跳转。

运行结果如图 10.21 所示。

## 10.4.4 上机任务 4

**1. 训练目标**

熟悉 JSP 的基本原理和用法。

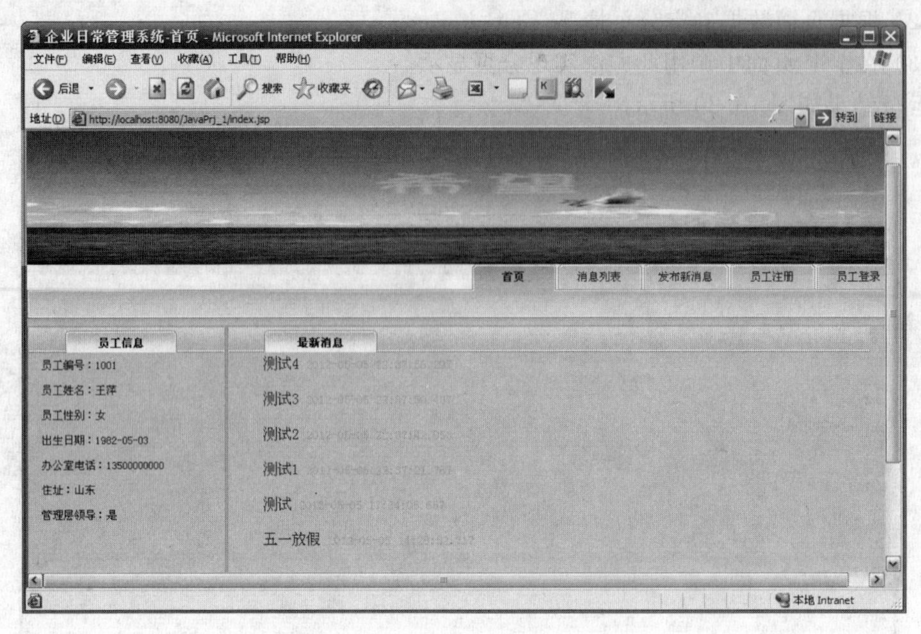


图 10.21　员工成功登录后页面

**2. 需求说明**

完善企业日常管理系统，将此系统导出并在 Tomcat 服务器下测试。

# 第 11 章　JSP 优化处理

**本章要点**

- JavaBean 技术的应用
- JSP 标签的应用
- EL 表达式的应用

## 11.1　JavaBean 技术

### 11.1.1　JavaBean 简介

JavaBean 是用 Java 语言编写的一个可重用组件，简单来说就是一个类。它遵循一个接口格式，为函数命名、底层行为以及继承或实现提供方便，可以把类看做标准的 JavaBean 组件进行构造和应用，这个 Java 类通常具有如下特点：

(1) 类中必须具有一个无参的构造函数并且属性必须私有化。

(2) 私有化的属性必须通过 public 类型的方法暴露给其他程序，并且方法的命名也必须遵守一定的命名规范。

(3) JavaBean 的属性可以分为简单(Simple)、索引(Indexd)、绑定(Bound)、约束(Constrained)四类，每个 JavaBean 可以有多个属性。

(4) 每个属性通常都需要具有相应的 setter、getter 方法，setter 方法称为属性修改器，getter 方法称为属性访问器。如果属性 xxx 是布尔型的，则不用 getter 方法取值而用 isXXX 方法取值。

下面定义一个简单的学生信息 Bean 类，详细代码见例 11.1。

**例 11.1**　定义学生信息 StuInfo bean 类。

```
stuInfo.java
package student;

public class StuInfo {
    //设置私有属性
    private String sno;
    private String sname;
    private int age;
    private String sex;
    private String dept;

    public StuInfo() {                              //添加无参构造方法

    }
```

```
    //添加私有属性的赋值和取值的方法
    public String getSno() {
        return sno;
    }

    public void setSno(String sno) {
        this.sno=sno;
    }

    public String getSname() {
        return sname;
    }

    public void setSname(String sname) {
        this.sname=sname;
    }

    public int getAge() {
        return age;
    }

    public void setAge(int age) {
        this.age=age;
    }

    public String getSex() {
        return sex;
    }

    public void setSex(String sex) {
        this.sex=sex;
    }

    public String getDept() {
        return dept;
    }

    public void setDept(String dept) {
        this.dept=dept;
    }
}
```

这样，一个简单的学生信息 Bean 就完成了，接下来就可以使用封装后的 JavaBean 来操作数据。

### 11.1.2 JavaBean 在 JSP 中的使用

在 JSP 的页面中使用 JavaBean 可以使得 JSP 页面变得清晰。同时可以节省软件开发时间,降低系统维护的难度,为 JSP 应用带来了更多的可伸缩性,使系统变得健壮和灵活。在 JSP 中 JavaBean 是通过标签<jsp:useBean>来声明实现的,常用的使用 JavaBean 的 JSP 标签有<jsp:useBean>、<jsp:setProperty>和<jsp:getProperty>。

**1. <jsp:useBean>标签**

```
<jsp:userBean id="beanName" class="className"
          scope="page/request/session/application type="typeSpec"></jsp:
          userBean>
```

其中 id 是 JavaBean 的实例名,在 JSP 中通过 id 来引用和标识 JavaBean;class 属性指明 JavaBean 对象的具体的存放位置,一般编译后的 class 文件放在 WEB-INF/classes 下;type 属性指定了脚本变量定义的类型,默认为省略,即脚本变量定义和 class 中的属性一致;scope 属性指明 JavaBean 的生存周期,即 JavaBean 的实例在 JSP 中的有效范围,其值有 page、request、session 和 application,具体含义如下:

① page,在当前创建这个 JavaBean 的 JSP 页面文件中进行操作,常用于进行一次性操作,如表单的提交。

② request,保存在 request 对象中,可以存在于所有处理请求的 JSP 页面中。这个对象只有在请求全部处理完毕后才会被释放掉,常用于共享同一次请求的 JSP 页面中。

③ session,存在 session 对象中,生存周期是整个 session,只有当 session 过期后才能释放掉,常用于共享同一 session 的 JSP 页面。

④ application,保存在 application 对象中,生存周期是整个 application,也就是整个应用程序,当 Web Server 停掉才会消失掉。常用于共享相同 application 的 JSP 程序中。

**2. <jsp:setProperty>标签**

<jsp:setProperty>标签用于设置 JavaBean 的属性值,其基本语法如下。

```
<jsp:setProperty name="bean_name" property="property_name"
      value="property_value" param=request_parameter />
```

其中,name 为 Bean 的实例名,由 userBean 中的 id 确定;property 为要设定的 JavaBean 的属性名。如果设置 property="*",程序就会查找 ServletRequest 的所有参数,找到与 JavaBean 中相匹配的属性,然后通过 JavaBean 中属性的 set 方法赋值 value 给这个属性。如果 value 属性为空,则不会修改 Javabean 中的属性值;value 指定了 property 的具体值;param 代表了页面请求的参数名字,在<jsp:setProperty>标签不能同时使用 param 和 value。

**3. <jsp:getProperty>标签**

<jsp:getProperty>标签用于获取 JavaBean 的属性值,通过<jsp:setProperty>标签设置好 JavaBean 的属性值之后,就可以使用<jsp:getProperty>获取具体的数值。基本语法如下。

```
<jsp:getProperty name="name" property="propertyName" />
```

对第10章中的例子学生注册登录操作使用JavaBean进行重新改写,实例要求学生能通过注册页面输入个人信息:姓名、学号、年龄、性别和系别,提交至数据库并给出相应提示信息。为了充分使用JavaBean,需要将数据库操作封装为Bean,详细代码见例11.2。

**例11.2** 数据库操作代码封装为Bean。

数据库操作StudentReg.java代码如下:

```
package student;

import java.sql.Connection;
import java.sql.PreparedStatement;

import javax.naming.Context;
import javax.naming.InitialContext;
import javax.sql.DataSource;
public class StudentReg {
    private StuInfo stuInfo;
    private Connection conn;

    public StudentReg() {
        try {                                           //使用数据库连接池
            Context ic=new InitialContext();
            DataSource source=(DataSource) ic.lookup("java:comp/env/jdbc/st");
            conn=source.getConnection();
        } catch (Exception e) {
            e.printStackTrace();
        }
    }

    public void setStuInfo(StuInfo stuInfo) {
        this.stuInfo=stuInfo;
    }

    public void regist() throws Exception               //学生信息注册
    {
        try {
            PreparedStatement pstmt=conn
                    .prepareStatement("insert into stuInfo values(?,?,?,?,?)");
            pstmt.setString(1, stuInfo.getSno());
            pstmt.setString(2, stuInfo.getSname());
            pstmt.setInt(3, stuInfo.getAge());
            pstmt.setString(4, stuInfo.getSex());
            pstmt.setString(5, stuInfo.getDept());
```

```
            pstmt.executeUpdate();
        } catch (Exception e) {
            e.printStackTrace();
            throw e;
        }
        conn.close();
    }
}
```

**例 11.3** 学生注册页面 stuReg.html。

```
<html>
    <head>
        <title>学生信息注册</title>
        <script language="javascript">
function check() {
if(document.stuReg.user.value==""){
    alert("姓名不能为空");
    return false;
}
if(document.stuReg.sno.value==""){
    alert("学号不能为空");
    return false;
}
}
</script>
    </head>
    <body>
        <form name="stuReg" onsubmit="return check()" action="doReg.jsp"
            method="post">
            <p align="center">
                学生信息注册
            </p>
            <p align="center">
                <br />
                姓     名  
                <input class="input" type="text" size="40" name="user">
                <br />

                学     号  
                <input class="input" type="text" size="40" name="sno">
                <br />
                年     龄  
                <input class="input" type="text" size="40" name="age">
                <br />
                系     别  
```

```
                <input class="input" type="text" size="40" name="dept">
                <br />
                <br />
                性     别:     女
                <input type="radio" name="gender" value="女">
                男
                <input type="radio" name="gender" value="男" />
                    
                <input class="btn" tabIndex="4" type="submit" value="提交">
                <input type="reset" value="重置">
        </form>
    </body>
</html>
```

程序运行结果如图 11.1 所示。

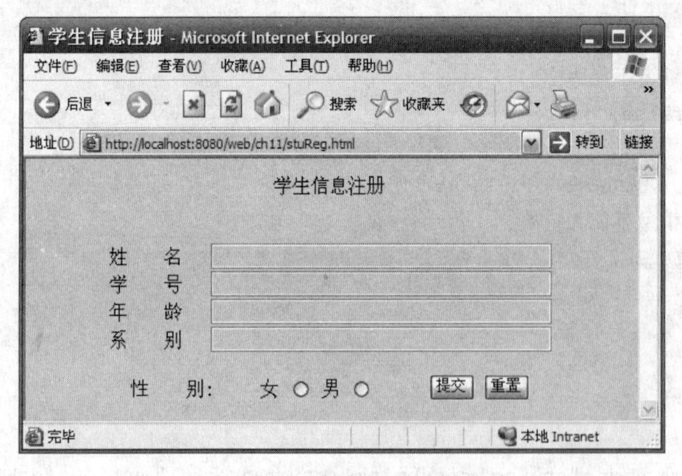


图 11.1 学生信息注册页面

注册信息处理页面 doReg.jsp 的详细代码见例 11.4。

**例 11.4** 重新编写学生信息处理页面。

```
<%@page language="java" contentType="text/html;charset=GBK"%>
<%
    request.setCharacterEncoding("GBK");
%>
<jsp:useBean id="stuInfo" class="student.StuInfo" scope="page">
    <jsp:setProperty name="stuInfo" property="*" />
</jsp:useBean>
<jsp:useBean id="studentReg" class="student.StudentReg" scope="page" />
<html>
    <head>
        <title>学生注册信息处理页面</title>
        <meta http-equiv="Content-Type" content="text/html; charset=GBK">
    </head>
```

```
    <body>
        <font size="4"><%
    studentReg.setStuInfo(stuInfo);
    studentReg.regist();
    out.println("注册成功,欢迎使用!");
%></font>
    </body>
</html>
```

在 doReg.jsp 中,使用了 JSP 的标准动作 userBean 时,会调用 JavaBean 的无参构造方法。通过 setProperty 调用了 StuInfo 的 setter 方法实现赋值。例子中"property=" * ""则说明将用户在表单中提交的信息全部输入 JavaBean 实例中。"scope=" page""则说明 JavaBean 只能在当前页面中使用,当加载新页面就会销毁。

本例中的 doReg.jsp 页面和第 10 章的学生注册处理页面相比,注册处理页面非常简洁,实现了 Java 代码的封装,充分发挥了 Java 组件的重用优势,同时极大地提高了 JSP 使用的方便性。

## 11.2 JSP 常用标签

在 JSP 页面中由于使用 Java 脚本代码和相应的表达式,JSP 页面非常杂乱,增加了维护的工作量。JSP 提供 JSP 标签以简化页面代码,增强代码的可读性。11.1 节已经介绍了几个 JSP 标签,本节再介绍几个常见的 JSP 标签。

### 11.2.1 <jsp:forward>标签

<jsp:forward>实现了客户端请求的重定向,可以从一个 JSP 网页重定向到一个 HTML 文件、JSP 文件,或者是一个程序段。<jsp:forward>的基本语法如下:

```
<jsp:forward page={"relativeURL"|"<%=expression%>"} />
```

<jsp:forward>只有一个属性 page。page 的值,可以是一个相对路径,即重定向的网页位置,也可以是经过表达式运算出的相对路径。由于<jsp:forward>标签实现了页面的跳转,因此在<jsp:forward>标签之后的程序代码就不会被执行。下面用一个简单实例加以说明。

**例 11.5** 利用 JSP 标签实现页面的重定向。

```
<%@page language="java" contentType="text/html;charset=GBK"%>
<%
    out.println("您好,欢迎使用 JSP 标签! ");
%>
<jsp:forward page="welcome.jsp"/>
<%
    out.println("欢迎再次使用 JSP 标准动作标签!");
%>
```

在该例子中首先会在屏幕输出“您好，欢迎使用JSP标签！”，然后迅速跳转至welcome.jsp页面，所以不会在屏幕看见“欢迎再次使用JSP标准动作标签！”字样。在<jsp:forward>标签使用中有时要进行参数传递，这时就要用<jsp:param>实现。

### 11.2.2 <jsp:include>标签

<jsp:include>元素可以包含动态文件和静态文件。对于静态文件，只是将包含文件的内容放入JSP文件中；对于动态文件，则被包含的文件也会被JSP编译器执行。<jsp:include>基本语法如下：

```
<jsp:include page="{urlSpec|<%=expression%>}" flush="true|false" />
```

<jsp:include>有两个属性：page和flush。page表示一个相对路径，该路径可以是文件具体位置或是经过表达式所运算出的相对路径。flush表示接受的值，类型为boolean，若为true，则缓冲区满时将清空，其默认值为false。它与include指令即<%@ include file=" relativeURI "%>的主要区别如下：

(1) <%@ include file= "relativeURI "%>在翻译阶段执行，并且在引入静态文本时，在JSP页面被转化成servlet之前和它融和到一起。

(2) <jsp:include page="relativeURI" flush= "true" />在请求处理阶段执行，引入的是引入执行页面或servlet所生成的应答文本。

<jsp:include>也可以和<jsp:param>一起使用，实现参数的传递。

**例 11.6** <jsp:include>和<jsp:param>结合实现参数传递。

```
<jsp:include page="ch09/index1.jsp" />
<jsp:include page="Hello.html" />
<jsp:include page="ch11/welcome.jsp">
   <jsp:param name="username" value="王辉" />
   <jsp:param name="pwd" value="11" />
</jsp:include>
```

### 11.2.3 <jsp:param>标签

<jsp:param>元素常用以“键-值”对的形式为其他标签提供附加信息。常和<jsp:include>、<jsp:forward>、<jsp:plugin>一起使用。具体语法格式如下：

```
<jsp:param name="ParameterName" value="ParameterValue" />
```

<jsp:param>有两个属性：其中name的值为parameter的名称；value的值为parameter的值。下面通过实例说明<jsp:param>、<jsp:include>和<jsp:forward>相互配合使用。

**1. <jsp:param>与<jsp:include>结合使用**

编写两个页面index.jsp和info.jsp。在index.jsp页面中加载info.jsp页面，并将参数传递给info.jsp，具体实现代码见例11.7。

**例 11.7** 在index.jsp页面中加载info.jsp页面，并实现参数的传递。

(1) index.jsp页面代码如下：

```
<%@page language="java" contentType="text/html;charset=GBK"
    pageEncoding="GBK"%>
<html>
    <head>
        <title>JSP 动作标签-include-param</title>
    </head>
    <%
        request.setCharacterEncoding("GBK");
    %>
    <body>
    <!--加载 info.jsp 页面,并实现参数的传递   -->
        <jsp:include page="info.jsp">
            <jsp:param name="name" value="王萍" />
            <jsp:param name="dept" value="信息管理" />
        </jsp:include>
    </body>
</html>
```

(2) info.jsp 页面代码如下:

```
<%@page language="java" contentType="text/html;charset=GBK"
    pageEncoding="GBK"%>
<html>
    <head>
        <title>JSP 动作标签-include-param</title>
    </head>
    <body>
        <%
            request.setCharacterEncoding("GBK");
        %>
        <%
            //获取 index.jsp 页面传递来的参数
            String name=request.getParameter("name");
            String dept=request.getParameter("dept");
        %>
        <h3>
            <%=dept%>系的,<%=name%>您好!欢迎浏览!
        </h3>
    </body>
</html>
```

在 IE 浏览器中运行 index.jsp 页面,程序运行结果如图 11.2 所示。

**2. <jsp:param>与<jsp:forward>结合使用**

可以编写一个简单的登录页面 login.jsp,在登录处理 doLogin.jsp 中通过<jsp:param>与<jsp:forward>标签完成身份的确认和页面的跳转,即如果登录成功则转入欢迎页面,否则转入登录页面。详细代码见例 11.8。

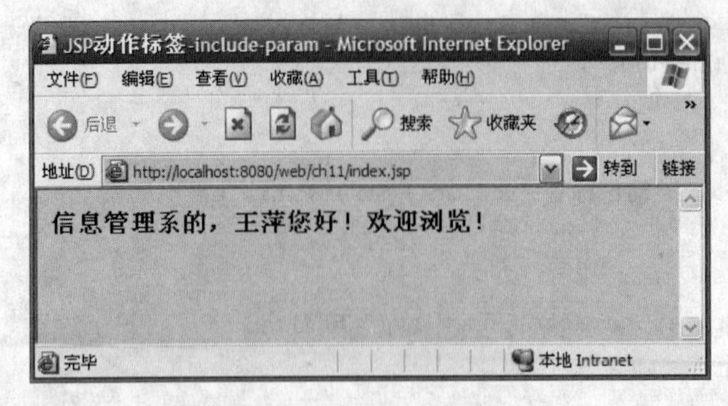


图 11.2　index.jsp 页面运行结果

**例 11.8**　利用<jsp:param>与<jsp:forward>重新编写登录页面及登录处理页面。

(1) 登录页面 login.jsp 代码如下：

```
<%@page language="java" contentType="text/html;charset=GBK"
    pageEncoding="GBK"%>
<%
    request.setCharacterEncoding("GBK");
%>
<html>
    <head>
        <title>登录页面</title>
    </head>
    <body>
        <!--dologin.jsp 处理登录请求 -->
        <form action="doLogin.jsp" method="get">
            <table>
                <tr>
                    <td>
                        用户名:
                    </td>
                    <td>
                        <input type="text" name="uname"
                            value=<%=request.getParameter("user")%>>
                    </td>
                </tr>
                <tr>
                    <td>
                        密   码:
                    </td>
                    <td>
                        <input type="password" name="pwd">
                    </td>
                </tr>
                <tr>
```

```
                <td>
                    <input type="submit" value="登录">
                    <input type="reset" value="重置">
                </td>
            </tr>
        </table>
    </form>
  </body>
</html>
```

(2) 登录处理页面 doLogin.jsp 代码如下：

```
<%@page language="java" contentType="text/html;charset=GBK"%>
<%
    request.setCharacterEncoding("GBK");
%>
<html>
    <head>
        <title>登录处理</title>
    </head>
    <body>
        <%
            String name=request.getParameter("uname");
            String password=request.getParameter("pwd");
            if (name.equals("admin") && password.equals("123")) {
        %>
        <jsp:forward page="success.jsp">
            <jsp:param name="user" value="<%=name%>" />
        </jsp:forward>
        <%
            } else {
        %>
        <jsp:forward page="login.jsp">
            <jsp:param name="user" value="<%=name%>" />
        </jsp:forward>
        <%
            }
        %>
    </body>
</html>
```

(3) 欢迎页面 success.jsp 代码如下：

```
<%@page language="java" contentType="text/html;charset=GBK"%>
<%
    request.setCharacterEncoding("GBK");
%>
<html>
```

```
    <head>
        <title>登录成功</title>
    </head>
    <body>
        <h3>
            欢迎<%=request.getParameter("user")%>访问！
        </h3>
    </body>
</html>
```

上述例 11.8 在登录页面中输入用户名和密码即可登录，如图 11.3 所示。

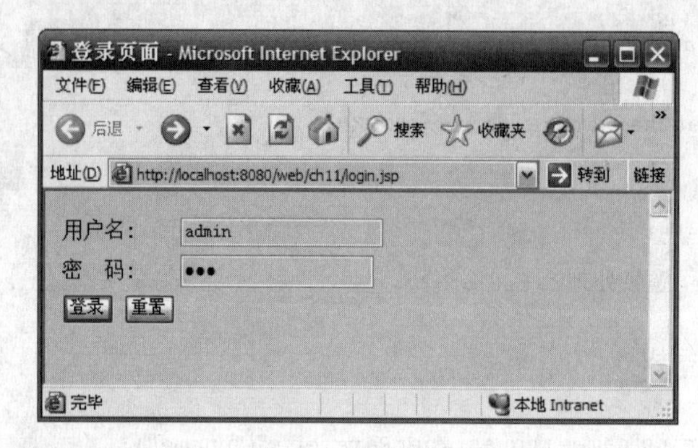


图 11.3 登录页面

如果用户名和密码正确，即可进入成功登录页面，如图 11.4 所示。

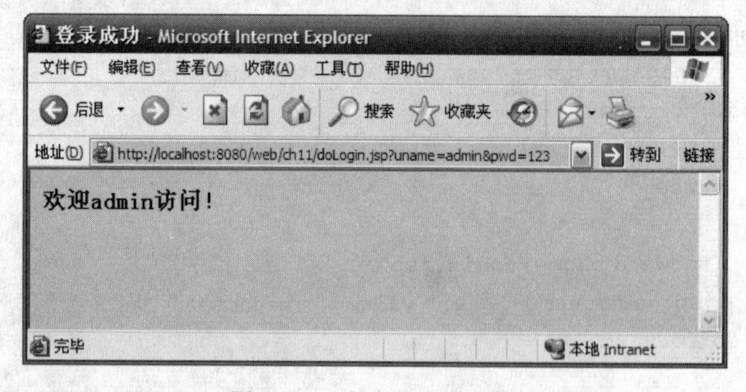


图 11.4 成功登录后页面

如果登录失败，则返回初始登录页面，如图 11.3 所示。

通过 JSP 标签的使用，可以减少 JSP 页面的 Java 脚本，从而提高程序的可阅读性，增加了可维护性。

## 11.3 EL 表达式

在 JSP 2.0 之后，EL(Expression Language)表达式已经成为一种规范。它是一种简单的语言，基于可用的命名空间、嵌套属性和对集合、操作符的访问符、映射到 Java 类中静态方法的可扩展函数以及一组隐式对象。它提供了在JSP中简化表达式的方法，可以使JSP写起来更加简单。

### 11.3.1 EL基本语法

#### 1. 语法结构

使用EL表达式可以简化操作，提高效率，基本语法结构如下：

```
${表达式}
```

所有EL都是以${为起始、以}为结尾，在大括号之间是表达式。表示式中第一个命名变量是一个隐式对象，或者是某个作用域中的一个属性。

#### 2. 运算符

EL提供"."和"[]"两种运算符来存取数据，其中"."称为点号操作符。在点号操作符的左边可以是EL的隐式对象也可以是JavaBean对象，操作符的右边是映射键或JavaBean属性。一般使用"."来操作的对象都可以使用"[]"来操作。如${sessionScope.user.name}可以写成${sessionScope.user["name"]}。当存取的属性名称中包含一些特殊的非字母或数字的符号时，就要使用"[]"操作，另外在需要动态取值时，一般也用"[]"操作来实现。

#### 3. 变量

使用EL表达式就可以实现变量的存取。如${sname}表示取出名称为sname的变量，由于该变量没指定范围，因此取值时会从Page、Request、Session和Application中查找，若找到"sname"，就将值回传后停止查找，否则返回null。Page、Request、Session和Application在EL中名称如表11.1所示。

表11.1 EL中属性范围名称

| 属性 | EL中表示方法 | 属性 | EL中表示方法 |
|---|---|---|---|
| Page | PageScope | Session | SessionScope |
| Request | RequestScope | Application | ApplicationScope |

### 11.3.2 EL常用隐含对象

在JSP中常用Request、Session等隐式对象获取相应的信息，在EL中也存在相应的隐式对象，常见的如表11.2所示。

表11.2 EL中常见隐式对象

| 对象名 | 说明 |
|---|---|
| PageScope | 取得Page范围的属性名称所对应的值 |
| RequestScope | 取得Request范围的属性名称所对应的值 |
| SessionScope | 取得Session范围的属性名称所对应的值 |
| ApplicationScope | 取得Application范围的属性名称所对应的值 |
| param | 同ServletRequest.getParameter(Stringname)，返回String类型的值 |
| paramValues | 同ServletRequest.getParameterValues(String name)，返回String []类型的值 |

例 10.3 的注册页面 stuReg.jsp 运行结果如图 11.5 所示。下面通过一个简单例子说明 EL 表达式的使用。编写一个学生信息注册页面和处理页面。

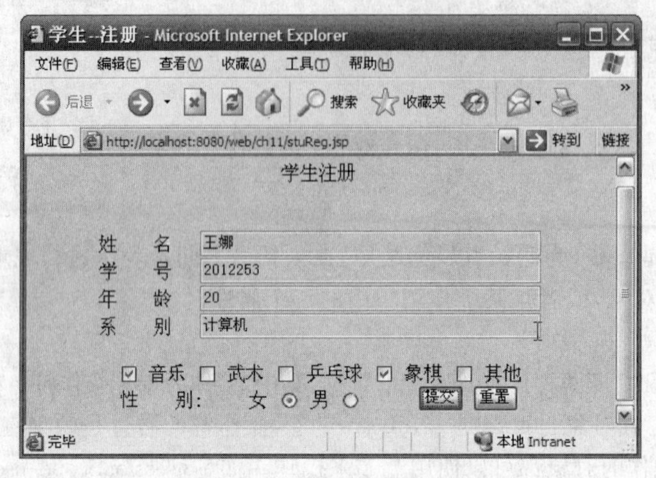


图 11.5 学生注册页面

利用 EL 表达式编写注册处理页面，将学生填写的信息显示出来，详细代码见例 11.9。

**例 11.9** 利用 EL 表达式改写学生注册信息显示页面。

学生注册信息显示页面 stuInfo.jsp 代码如下：

```
<%@page language="java" contentType="text/html;charset=GBK"%>
<%
    request.setCharacterEncoding("GBK");
%>
<html>
    <head>
        <title>您输入的注册信息 EL 表达式</title>
    </head>
    <body>
        <div align="center">
            您输入的注册信息
            <table width="600" border="0" align="center">
                <tr>
                    <td colspan="2">
                        姓名:${param.user}
                    </td>
                </tr>
                <tr>
                    <td height="19" colspan="2">
                        学号:${param.sno}
                    </td>
                </tr>
                <tr>
                    <td height="19" colspan="2">
```

```
                年龄:${param.age}
            </td>
        </tr>
        <tr>
            <td height="19" colspan="2">
                系别:${param.dept}
            </td>
        </tr>
        <tr>
            <td height="19" colspan="2">
                性别:${param.gender}
            </td>
        </tr>
        <tr>
            <td height="19" colspan="2">
            兴趣: ${paramValues.like[0]} ${paramValues.like[1]}
        ${paramValues.like[2]} ${paramValues.like[3]}
        ${paramValues.like[4]}
            </td>
        </tr>
    </table>
  </div>
 </body>
</html>
```

程序运行结果如图 11.6 所示。

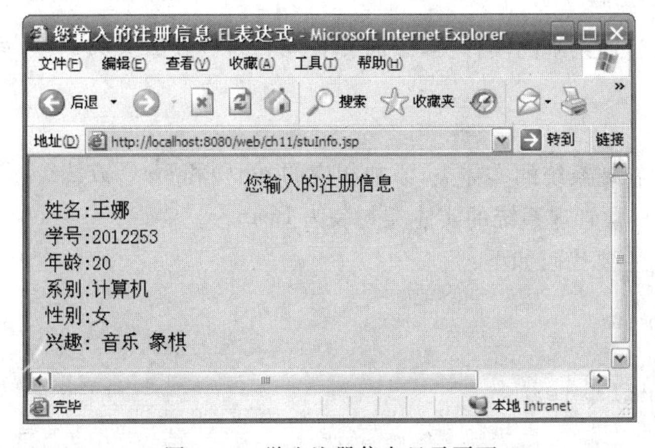


图 11.6　学生注册信息显示页面

例 11.9 中通过 ${param.user}，${param.age}等语句在指定位置显示所注册的学生的姓名、年龄等相关信息，利用 ${paramValues.like[0]} 返回以字符串数组存储的兴趣信息。

为了在页面不出现中文乱码，需要加上一条脚本语句：

```
<%
    request.setCharacterEncoding("GBK");
%>
```

当然也可以不使用脚本，这时就需要使用 JSTL(Java Server Pages Standard Tag Library,JSP 标准标签库)。对于例 11.9 使用 JSTL 修改后，部分代码见例 11.10。

**例 11.10** 使用 JSTL 设置显示字符的编码。

```
<%@page language="java" contentType="text/html;charset=GBK"%>
<%@taglib prefix="fmt" uri="http://java.sun.com/jsp/jstl/fmt"%>
<html>
    <head>
        <title>您输入的注册信息 EL 表达式</title>
    </head>
    <body>
        <fmt:requestEncoding value="GBK" />
…………以下部分代码和例 11.9 相同
</html>
```

# 11.4 项目练习

## 11.4.1 上机任务 1(可选)

**1. 训练目标**

掌握 JavaBean 的基本原理及使用。

**2. 需求说明**

修改企业日常管理系统的实体类，添加 get()和 set()方法实现 JavaBean 的创建并修改 JSP 页面。

**3. 参考提示**

修改企业日常管理系统的实体类，添加相应的 get()和 set()方法。

**例 11.11** 将日常管理系统的实体类封装为 Bean。

Message.java 主要代码如下：

```
package com.bean;

import java.util.Date;

public class Message {
    private int messageID;                        //消息 ID
    private String messageTitle;                  //消息标题
    private String messageContent;                //消息内容
    private int employeeID;                       //发布人 ID
    private Date publishTime;                     //发布时间
```

```
    public int getMessageID() {
        return messageID;
    }

    public void setMessageID(int messageID) {
        this.messageID=messageID;
    }

    public String getMessageTitle() {
        return messageTitle;
    }

    public void setMessageTitle(String messageTitle) {
        this.messageTitle=messageTitle;
    }

    public String getMessageContent() {
        return messageContent;
    }

    public void setMessageContent(String messageContent) {
        this.messageContent=messageContent;
    }

    public int getEmployeeID() {
        return employeeID;
    }

    public void setEmployeeID(int employeeID) {
        this.employeeID=employeeID;
    }

    public Date getPublishTime() {
        return publishTime;
    }

    public void setPublishTime(Date publishTime) {
        this.publishTime=publishTime;
    }
}
```

### 11.4.2 上机任务 2(可选)

**1. 训练目标**

(1) 掌握 EL 表达式的基本用法。

(2) 熟悉基本的JSP标签的用法。

**2. 需求说明**

修改该系统的JSP页面,减少Java脚本的使用,提高JSP编码效率。

**3. 参考提示**

(1) 在JSP页面引入标签库。

(2) 使用JSP标签修改Java脚本。

**例11.12** 利用EL表达式和JSP标签修改index.jsp页面。

```
<%@page language="java" import="java.util.*" pageEncoding="GBK"%>
<%@page import="com.dao.MessageDAO"%>
<%@page import="com.bean.Message"%>
<%@taglib  prefix="c" uri="http://java.sun.com/jsp/jstl/core"%>
<!DOCTYPE html PUBLIC "-//W3C//DTD XHTML 1.0 Transitional//EN" "http://www.w3.org/
TR/xhtml1/DTD/xhtml1-transitional.dtd">
<html xmlns="http://www.w3.org/1999/xhtml">
<head>
<meta http-equiv="Content-Type" content="text/html; charset=gb2312" />
<title>企业日常管理系统-首页</title>
<link href="css.css" type="text/css" rel="stylesheet" media="all" />
<script src="menu.js" type="text/javascript"></script>
<style type="text/css">
<!--
.STYLE1 {font-size: 16px}
.STYLE2 {
    color: #CCCCCC;
    font-size: 14px;
}
.STYLE3 {font-size: 14px}
-->
</style>
</head>

<body>
<div id="topexplain">企业日常管理系统</div>
<div id="topmenu"><img src="images/banner.jpg" width="970" height="147" /></div>
<div id="bookmunu">
<div class="jsmenu" id="jsmenu">
<ul>
  <li class="active"><a href="index.jsp" urn="#default_Info" rel="conmenu">首页
  </a></li>
  <li class="normal"><a urn="jsmenu1" rel="conmenu" href="GetMessageList">消息
  列表</a></li>
  <li class="normal"><a urn="jsmenu2" rel="conmenu" href="publishNewMsg.jsp">发
  布新消息</a></li>
  <li class="normal"><a urn="jsmenu3" rel="conmenu" href="employeeReg.jsp">员工
```

```
  注册</a></li>
  <li class="normal"><a urn="jsmenu4" rel="conmenu" href="statusRecognise.jsp">员工
  登录</a></li>
  </ul>
</div>
<div id="conmenu"></div>

</div>
<div id="indexfirst">
<div id="thenew">
<div class="tit">
  <h1>最新消息</h1>
</div>
<div class="STYLE1" id="therecom">
    <%
        MessageDAO messageDAO=MessageDAOFactory.getMessageAOInstance();
        Page pageX=PageUtil.createPage(6, messageDAO.findAllCount(), 1);
        List<Message>messages=messageDAO.findAllMessagee(pageX);
        for(Message message : messages) {
    %>
        <p><a href="GetMessage?messageID=<%=message.getMessageID()%>"><%=
        message.getMessageTitle()%></a>
        <span class="STYLE2"><%=message.getPublishTime()%></span></p>
         <p> </p>
    <%
        }
    %>
</div>
</div>
<div id="menunav">
<div class="tit">
  <h1>员工信息</h1>
</div>
<div id="employee">
    <c:choose>
        <c:when test="${empty sessionScope.employee}">
            没有登录,请先进行登!
        </c:when>
        <c:otherwise>
            <ul>
              <li>员工编号: ${employee.employeeID}</li>
              <li>员工姓名: ${employee.employeeName}</li>
              <li>员工性别: ${employee.employeeSex ? "男" : "女"}</li>
              <li>出生日期: ${employee.employeeBirth}</li>
              <li>办公室电话: ${employee.employeePhone}</li>
```

```
            <li>住址：${employee.employeePlace}</li>
            <li>管理层领导：${employee.lead ?'是':'否'}</li>
          </ul>
        </c:otherwise>
    </c:choose>
</div>
</div>
</div>
<div id="indexsec"></div>
<div class="copyright"><ul><li></li>
<li>企业日常管理系统  &copy;2011-2012</li>
</ul>
</div>
<div class="end"></div>
<script type=text/javascript>
startajaxtabs("jsmenu");
var iTab=GetCookie("nets_jsmenu");
    iTab=iTab ?parseInt(iTab):parseInt(Math.random() * 5);
    if(iTab!=0) getElement("jsmenu").getElementsByTagName("h1")[iTab].LoadTab();
    iTab++;
    if(iTab>4) iTab=0;
    SetCookie("nets_jsmenu",iTab,365);
function getElement(aID)
{
  return (document.getElementById) ?document.getElementById(aID)
                                   : document.all[aID];
}
</script>
</body>
</html>
```

### 11.4.3 上机任务3(可选)

**1. 训练目标**

熟悉JSP+Servlet+JavaBean的开发模式。

**2. 需求说明**

用Servlet实现页面的请求和跳转。

**3. 参考提示**

(1) 去掉该系统中所有的do*.jsp处理请求页面。

(2) 编写相应的Servlet实现do*.jsp的功能。

(3) 修改相应的JSP页面的处理请求方式。

(4) 导出该系统并在Tomcat服务器下测试。

**例11.13** 员工登录页面的Servlet实现。

```
package com.sanqing.servlet;

import java.io.IOException;

import javax.servlet.RequestDispatcher;
import javax.servlet.ServletContext;
import javax.servlet.ServletException;
import javax.servlet.http.HttpServlet;
import javax.servlet.http.HttpServletRequest;
import javax.servlet.http.HttpServletResponse;

import com.sanqing.bean.Employee;
import com.sanqing.dao.EmployeeDAO;
import com.sanqing.factory.EmployeeDAOFactory;

public class StatusRecognise extends HttpServlet {
    public void doGet(HttpServletRequest request, HttpServletResponse response)
            throws ServletException, IOException {
        ServletContext servletContext=getServletContext(); //获得 ServletContex
        RequestDispatcher dispatcher=null;
        String employeeID=request.getParameter("employeeID");    //接受员工编号参数
        String password=request.getParameter("password");  //接受系统密码参数
        if (employeeID==null||"".equals(employeeID)) {       //判断是否输入员工编号
            request.setAttribute("error", "请输入员工编号!");
            dispatcher=servletContext
                .getRequestDispatcher("/statusRecognise.jsp");  //设置跳转页面
        } else {
            if (password==null||"".equals(password)) {       //判断是否输入系统密码
                request.setAttribute("error", "请输入系统口令!");
                dispatcher=servletContext
                    .getRequestDispatcher("/statusRecognise.jsp");  //设置跳转页面
            } else {
                EmployeeDAO employeeDAO=EmployeeDAOFactory
                    .getEmployeeDAOInstance();                //获得 DAO 实现类实例
                Employee employee=employeeDAO.findEmployeeById(Integer
                    .parseInt(employeeID));                   //查询员工
                if (employee==null) {
                    request.setAttribute("error", "该员工编号不存在!");
                    dispatcher=servletContext
                        .getRequestDispatcher("/statusRecognise.jsp");
                } else {
                    if (password.equals(employee.getPassword())) {
                        request.getSession().setAttribute("employee", employee);
                                                   //将员工信息保存到 session 范围
                        response.sendRedirect("index.jsp");
```

```
                    return;
                } else {
                    request.setAttribute("error", "系统口令不正确!");
                    dispatcher=servletContext
                            .getRequestDispatcher("/statusRecognise.jsp");
                }
            }
        }
    }
    dispatcher.forward(request, response);                //进行跳转
}

public void doPost(HttpServletRequest request, HttpServletResponse response)
        throws ServletException, IOException {
    doGet(request, response);
}

}
```

# 第 12 章　JavaEE 框架

**本章要点**

- Struts 框架
- Spring 框架
- Hibernate 框架

## 12.1　Struts 框架基本原理

### 12.1.1　Struts 简介

Struts 是 Java 的开源框架之一，主要是采用 Servlet 和 JSP 技术来实现，把 Servlet、JSP、自定义标签和信息资源整合到一个统一的框架中。Struts 是基于 MVC 的一种实现，继承了 MVC 的各项特性，并根据 J2EE 的特点，做了相应的变化与扩展。Struts 以通用控制器 Controller 为基础，通过配置文件 struts-config. xml 实现了模型和视图的分离，用 Action 封装了用户的请求，简化了开发过程。Struts 工作原理如图 12.1 所示。

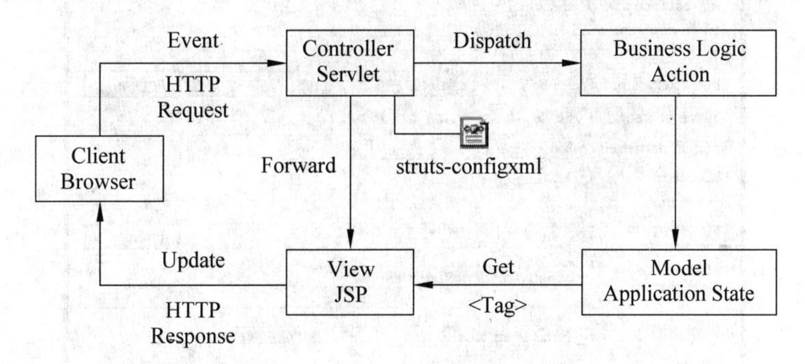


图 12.1　Struts 工作原理图

在 Struts 中可以分成控制器组件、模型组件和视图组件。

**1. 控制器组件**

在 Struts 中，控制器组件包括 ActionServlet 和自定义 Action。其中 ActionServlet 是一个通用的控制组件起着一个控制器(Controller)的作用。这个控制组件提供了处理所有发送到 Struts 的 HTTP 请求的入口点，它截取和分发这些请求到相应的动作类(这些动作类都是 Action 类的子类)。该组件用相应的请求参数填充 Form Bean，并传给动作类(Action Bean)。Action 调用业务逻辑方法，得到最后的返回值。所有这些控制逻辑利用 Struts-config. xml 文件来配置。

**2. 模型组件**

在 Struts 中，主要存在三种 bean，分别是 Action、ActionForm 和 EJB(或者 JavaBean)。ActionForm 用来封装客户请求信息，Action 取得 ActionForm 中的数据，再由 EJB 或者

JavaBean 进行处理。

**3. 视图组件**

主要是由 JSP 来控制页面输出的。它接收到 Action Form 中的数据，利用 html、taglib、bean 等显示数据。

### 12.1.2　Struts 简单应用

下面使用 Struts 完成第 10 章的学生注册页面的基本功能。在学生信息注册页面填写学生基本信息，填写完成后提交到 StuAction，然后转入确认页面；如果用户选择"确认"，则提交至 StuAction，然后调用业务方法保存至数据库；如果选择"修改"，则返回信息注册页面。如果数据保存成功则转入欢迎页面；若保存失败则提示出错信息。下面使用 MyEclipse 开发工具完成任务开发。

**1. 新建 Web 项目并添加 Struts 支持**

右击建立的项目，从弹出的快捷菜单中依次选择 MyEclipse|Add Struts Capablities 命令，如图 12.2 所示。

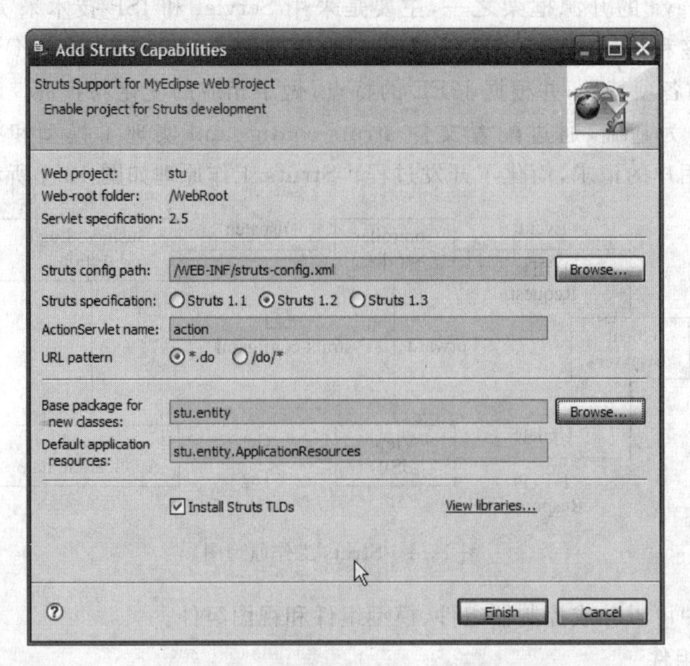


图 12.2　项目添加 Struts 支持

单击 Finish 按钮即可完成添加。

**2. 创建 Action 和 ActionForm 类**

创建 StuForm 继承 ActionForm，实现表单数据的封装。右击项目键，在弹出的快捷菜单中选择 New|Other 命令，在弹出窗口中选择 Struts 1.2Form，如图 12.3 所示。

接着输入相应的名称和属性即可完成创建，如图 12.4 所示。

在 StuForm.java 中填写相关代码即可完成创建，详细代码见例 12.1。

**例 12.1**　ActionForm 类。

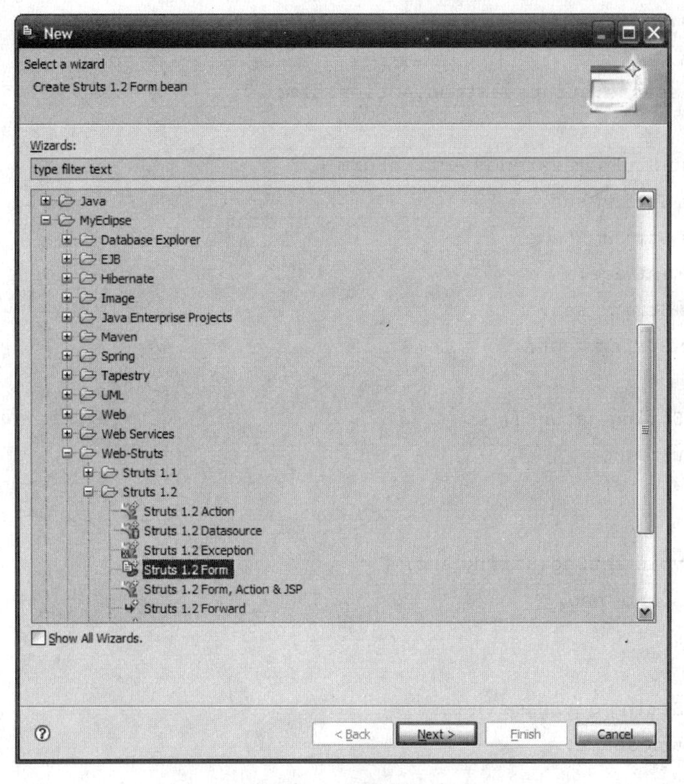


图 12.3　创建 Form

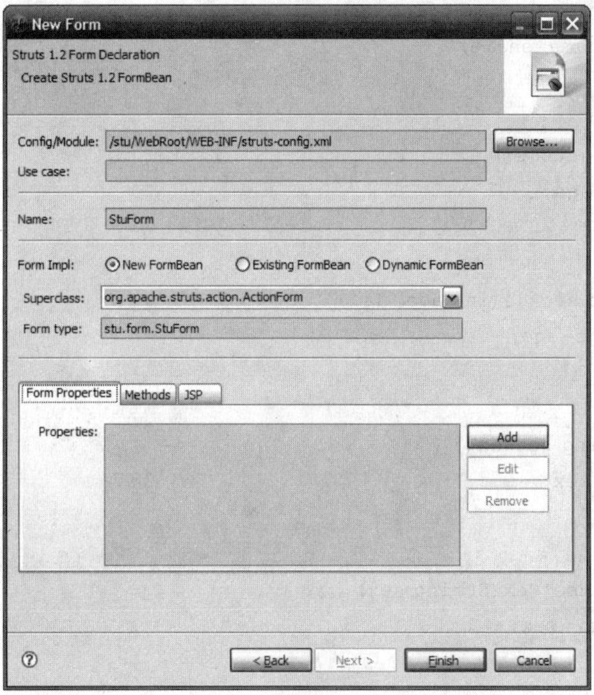

图 12.4　创建 FormBean

```
package stu.entity;

import org.apache.struts.action.ActionForm;

public class StuForm extends ActionForm {
    private String sno;
    private String sname;
    private int age;
    private String sex;
    private String dept;

    public String getSno() {
        return sno;
    }

    public void setSno(String sno) {
        this.sno=sno;
    }

    public String getSname() {
        return sname;
    }

    public void setSname(String sname) {
        this.sname=sname;
    }

    public int getAge() {
        return age;
    }

    public void setAge(int age) {
        this.age=age;
    }

    public String getSex() {
        return sex;
    }

    public void setSex(String sex) {
        this.sex=sex;
    }

    public String getDept() {
        return dept;
```

```
    }

    public void setDept(String dept) {
        this.dept=dept;
    }
}
```

例中,ActionForm 的创建就是定义类的私有属性,并为该属性添加一组赋值和取值方法。完成 ActionForm 创建后就可编写处理用户注册的 StudentAction 类,名称为 StudentAction.java。在 MyEclipse 中可以利用向导创建并关联相应的 Action 转发页面。创建过程和 ActionForm 相似,如图 12.5 所示。

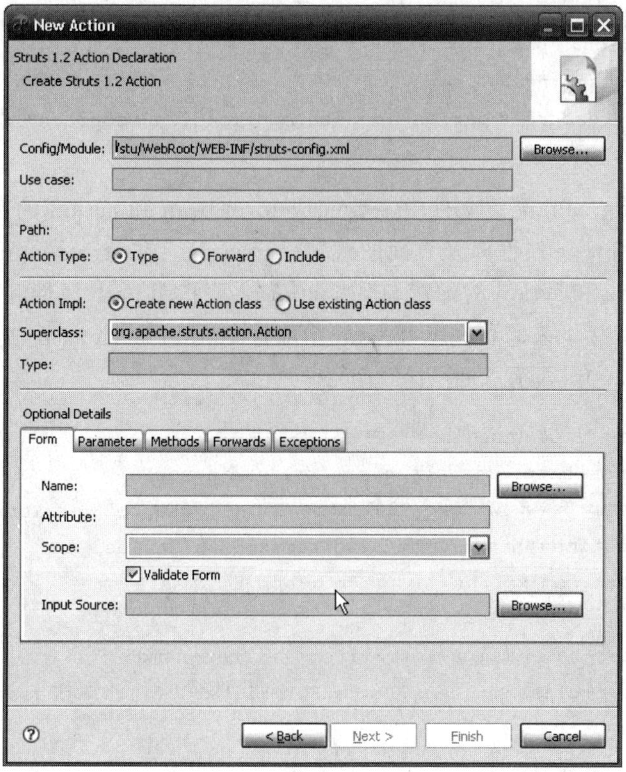

图 12.5　创建 Action

在创建时需要设定 Path 和 Type 属性,本例中 Path 指定为“/reg”。Type 为 Action 存放的位置,例子中设置为 type="stu.action.StuAction",完成后即可创建 Action,完成 struts-config.xml 的配置,其 struts-config.xml 代码见例 12.2。

**例 12.2**　struts-config.xml 配置文件。

```
<?xml version="1.0" encoding="UTF-8"?>
<!DOCTYPE struts - config PUBLIC " -//Apache Software Foundation//DTD Struts Configuration 1.2//EN" "http://struts.apache.org/dtds/struts-config_1_2.dtd">

<struts-config>
```

```
    <data-sources />
    <form-beans>
        <form-bean name="stuForm" type="stu.form.StuForm" />
    </form-beans>
    <global-exceptions />
    <global-forwards />
    <action-mappings>
        <action attribute="stuForm" name="stuForm" path="/reg"
            scope="session" type="stu.action.StuAction">
            <forward name="success" path="/welcome.jsp" />
            <forward name="error" path="/error.jsp" />
            <forward name="stuInfoConfirm" path="/stuInfoConfirm.jsp" />
        </action>
    </action-mappings>
    <message-resources parameter="stu.ApplicationResources" />
</struts-config>
```

在 struts-config. xml 配置文件中主要完成 form-bean 和 action 的配置，其中 action 主要指明 path 属性和 type 属性以及页面的跳转(forward)。在 struts-config. xml 配置文件中主要完成 form-bean 和 action 的配置，其中 action 主要指明 path 属性和 type 属性以及页面的跳转(forward)。接下来需要在 web. xml 中配置 ActionServlet。配置代码见例 12.3。

**例 12.3** web. xml 配置文件。

```
<?xml version="1.0" encoding="UTF-8"?>
<web-app xmlns="http://java.sun.com/xml/ns/javaee"
xmlns:xsi="http://www.w3.org/2001/XMLSchema-instance" version="2.5"
xsi:schemaLocation="http://java.sun.com/xml/ns/javaee
http://java.sun.com/xml/ns/javaee/web-app_2_5.xsd">
  <filter>
      <filter-name>TomcatFormFilter</filter-name>
      <filter-class>filters.TomcatFormFilter</filter-class>
  </filter>

  <filter-mapping>
      <filter-name>TomcatFormFilter</filter-name>
      <url-pattern>/*</url-pattern>
  </filter-mapping>
  <servlet>
    <servlet-name>action</servlet-name>
    <servlet-class>org.apache.struts.action.ActionServlet</servlet-class>
    <init-param>
      <param-name>config</param-name>
      <param-value>/WEB-INF/struts-config.xml</param-value>
    </init-param>
    <init-param>
```

```
        <param-name>debug</param-name>
        <param-value>3</param-value>
      </init-param>
      <init-param>
        <param-name>detail</param-name>
        <param-value>3</param-value>
      </init-param>
      <load-on-startup>0</load-on-startup>
    </servlet>
    <servlet-mapping>
      <servlet-name>action</servlet-name>
      <url-pattern>*.do</url-pattern>
    </servlet-mapping>
    <welcome-file-list>
      <welcome-file>index.jsp</welcome-file>
    </welcome-file-list>
</web-app>
```

web.xml 中的 ActionServlet 的配置文件在 MyEclipse 中会自动完成,其中的粗体部分为通过 MyEclipse 自动添加的配置文件。该配置文件指明了 servlet-name 为 action,用 *.do 表示所有以.do 结尾的请求都由 Struts 处理。完成 ActionServlet 配置后就可以编写 StuAction.java,实现不同情况下的转发,详细代码见例 12.4。

**例 12.4** Action 类详细代码。

```
package stu.action;

import javax.servlet.http.HttpServletRequest;
import javax.servlet.http.HttpServletResponse;

import org.apache.struts.action.Action;
import org.apache.struts.action.ActionForm;
import org.apache.struts.action.ActionForward;
import org.apache.struts.action.ActionMapping;

import stu.dao.StuDao;
import stu.entity.Student;
import stu.form.StuForm;
import stu.impl.StuDaoImpl;

public class StuAction extends Action {
    private StuDao dao=new StuDaoImpl();

    public ActionForward execute(ActionMapping mapping, ActionForm form,
            HttpServletRequest request, HttpServletResponse response) {
        String confirm=request.getParameter("stuInfoConfirm");
```

```java
        if (null==confirm||!"yes".equals(confirm)) {
            return mapping.findForward("stuInfoConfirm");
        }

        try {
            StuForm stuForm=(StuForm) form;                    //实现页面数据的封装
            Student stu=new Student();
            stu.setAge(stuForm.getAge());
            stu.setDept(stuForm.getDept());
            stu.setSex(stuForm.getSex());
            stu.setSname(stuForm.getSname());
            stu.setSno(stuForm.getSno());
            dao.insert(stu);
            request.setAttribute("msg", "注册成功");
            return mapping.findForward("success");             //转向成功页面
        } catch (Exception e) {
            request.setAttribute("msg", "出错啦"+e.getMessage());
            return mapping.findForward("error");               //转向出错页面
        }
    }
}
```

在本例中,StuAction 类必须实现一个 execute 方法,方法的参数有 4 个,分别为 ActionMapping、ActionForm、HttpServletRequest 和 HttpServletResponse。mapping 实现了页面转发信息的封装;form 实现了页面传入数据的封装;request 是客户的请求对象;response 是响应对象。该方法执行完将转发到相应的 JSP 页面。写好 Action 之后,接下来编写相应的 JSP 页面。

**3. 编写相应的 JSP 页面**

下面主要介绍学生信息注册页面 stuReg. jsp、信息确认页面 stuInfoConfirm. jsp 和欢迎页面 welcome. jsp。stuReg. jsp 页面代码见例 12.5。

**例 12.5** 学生信息注册页面。

```jsp
<%@page language="java" contentType="text/html;charset=GBK"%>
<html>
    <head>
        <title>学生--注册</title>
        <script language="javascript">
function check() {
if(document.stuReg.sname.value==""){
    alert("姓名不能为空");
    return false;
}
if(document.stuReg.sno.value==""){
    alert("学号不能为空");
    return false;
```

```
        }
    }
</script>
    </head>
    <body>
        <form name="stuReg" onsubmit="return check()" action="doReg.do"
        method="post">
        <p align="center">
            学生注册
        </p>
        <p align="center">
            <br />
            姓     名  
            <input class="input" tabIndex="1" type="text" maxLength="20"
                size="40" name="sname">
            <br />

            学     号  
            <input class="input" tabIndex="2" type="text" maxLength="20"
                size="40" name="sno">
            <br />
            年     龄  
            <input class="input" tabIndex="2" type="text" maxLength="20"
                size="40" name="age">
            <br />
            系     别  
            <input class="input" tabIndex="2" type="text" maxLength="20"
                size="40" name="dept">
            <br />
            <br />
            性     别:     女
            <input type="radio" name="sex" value="女">
            男
            <input type="radio" name="sex" value="男" />
                
            <input class="btn" tabIndex="4" type="submit" value="提交">
            <input type="reset" value="重置">
        </form>
    </body>
</html>
```

由于使用 Struts 实现框架,因此页面代码中的 form 用“action="doReg. do"”表示,这样该请求就可以交由 Struts 处理。

信息确认页面 stuInfoConfirm. jsp,详细代码见例 12.6。

**例 12.6** 学生信息确认页面。

```
<%@page language="java" contentType="text/html;charset=GBK"%>
```

```
<%@taglib prefix="fmt" uri="http://java.sun.com/jsp/jstl/fmt"%>
<html>
    <head>
        <title>注册信息确认</title>
    </head>
    <body>
        <fmt:requestEncoding value="GBK" />
        <div align="center">
            您输入的注册信息
            <table width="600" border="0" align="center">
                <tr>
                    <td colspan="2">
                        姓名:${StuForm.sname}
                    </td>
                </tr>
                <tr>
                    <td height="19" colspan="2">
                        学号:${StuForm.sno}
                    </td>
                </tr>
                <tr>
                    <td height="19" colspan="2">
                        年龄:${StuForm.age}
                    </td>
                </tr>
                <tr>
                    <td height="19" colspan="2">
                        性别:${StuForm.sex}
                    </td>
                </tr>
                <tr>
                    <td height="19" colspan="2">
                        系别:${StuForm.dept}
                    </td>
                </tr>
                <tr>
                    <td>
                        <form action="reg.do" method="post">
                    <input type="hidden" name="stuInfoConfirm" value="yes"/>
                    <input type="submit" value="提交" class="btn"/>
                    <input type="button" value="修改" onclick="history.go(-1);"/>
                </form>
                    </td>
                </tr>
            </table>
```

```
        </div>
        </body>
</html>
```

本例使用了 EL 表达式，显示 StuForm 中的属性值，简化了 JSP 页面。欢迎页面 welcome.jsp 和出错页面 error.jsp 详细代码见例 12.7。

**例 12.7** 欢迎页面和出错页面详细代码。

welcome.jsp 代码如下：

```
<%@page language="java" contentType="text/html;charset=GBK"%>
<html>
    <head>
        <title>welcome</title>
    </head>
    <body>
        <h3>
            ${requestScope.msg}!您好,欢迎访问!
        </h3>
        <br>
    </body>
</html>
```

error.jsp 代码如下：

```
<%@page language="java" contentType="text/html;charset=GBK"%>
<html>
    <head>
        <title>error.jsp</title>
    </head>
    <body>
        ${requestScope.msg}
        <br>
    </body>
</html>
```

欢迎页面 welcome.jsp 和出错页面 error.jsp 都使用 El 表达式“${requestScope.msg}”，用于取出 request 对象的 attribute 属性中的值，会根据转向页面不同显示不同内容。

**4. 编写业务逻辑代码**

定义实体类 student，详细代码见例 12.8。

**例 12.8** 实体类实现代码。

Student.java 代码如下：

```
package stu.entity;

public class Student {
    private String sno;
    private String sname;
```

```java
    private int age;
    private String sex;
    private String dept;

    public String getSno() {
        return sno;
    }

    public void setSno(String sno) {
        this.sno=sno;
    }

    public String getSname() {
        return sname;
    }

    public void setSname(String sname) {
        this.sname=sname;
    }

    public int getAge() {
        return age;
    }

    public void setAge(int age) {
        this.age=age;
    }

    public String getSex() {
        return sex;
    }

    public void setSex(String sex) {
        this.sex=sex;
    }

    public String getDept() {
        return dept;
    }

    public void setDept(String dept) {
        this.dept=dept;
    }
}
```

本例实现了属性的封装。下面定义接口 StuDao. java 和接口的实现 StuDaoImpl. java，详细代码见例 12.9 和例 12.10。

**例 12.9** 接口的定义。

StuDao.java 代码如下：

```
package stu.dao;

import stu.entity.Student;

public interface StuDao {
public void insert(Student stu);
}
```

**例 12.10** 接口方法的实现。

StuDaoImpl.java 代码如下：

```
package stu.impl;

import stu.dao.BaseDao;
import stu.dao.StuDao;
import stu.entity.Student;

public class StuDaoImpl extends BaseDao implements StuDao {
    public void insert(Student stu) {
        super.getConnection();
        try {
            pstmt=dbConnection
                    .prepareStatement("insert into stuInfo values(?,?,?,?,?)");
            pstmt.setString(1, stu.getSno());
            pstmt.setString(2, stu.getSname());
            pstmt.setInt(3, stu.getAge());
            pstmt.setString(4, stu.getSex());
            pstmt.setString(5, stu.getDept());
            pstmt.executeUpdate();
        } catch (Exception e) {
            e.printStackTrace();
        }
        super.closeAll();
    }
}
```

为了实现代码的重用，将数据库连接和关闭在一个类 BaseDao.java 中实现，代码见例 12.11。

**例 12.11** 数据库连接和关闭实现类。

BaseDao.java 代码如下：

```
package stu.dao;

import java.sql.Connection;
import java.sql.DriverManager;
```

```
import java.sql.PreparedStatement;
import java.sql.ResultSet;
import java.sql.SQLException;

public class BaseDao {
    private static final String DRIVER_CLASS = "com.microsoft.sqlserver.jdbc.
    SQLServerDriver";
    private static final String DATABASE_URL= "jdbc:sqlserver://localhost:1433;
    DatabaseName=student";
    private static final String DATA_USER="sa";
    private static final String DATA_PASSWORD="11";
    protected Connection dbConnection=null;
    protected PreparedStatement pstmt=null;
    protected ResultSet rs=null;

    public Connection getConnection() {
        Connection dbConnection=null;
        try {
            Class.forName(DRIVER_CLASS);
            dbConnection=DriverManager.getConnection(DATABASE_URL, DATA_USER,
                    DATA_PASSWORD);
        } catch (Exception e) {
            e.printStackTrace();
        }
        this.dbConnection=dbConnection;
        return dbConnection;
    }

    public void closeAll() {
        if (rs !=null) {
            try {
                rs.close();
            } catch (SQLException e) {
                e.printStackTrace();
            }
        }
        if (pstmt !=null) {
            try {
                pstmt.close();
            } catch (SQLException e) {
                e.printStackTrace();
            }
        }
        if (dbConnection !=null) {
            try {
                dbConnection.close();
            } catch (SQLException e) {
```

```
                e.printStackTrace();
            }
        }
    }
}
```

**5. 测试**

完成上述基本功能的设计后，即可测试基于 Struts 框架的学生信息注册系统。在 stuReg.jsp 中输入注册信息，如图 12.6 所示。选择提交后进入信息确认页面，如图 12.7 所示。这时如果选择“提交”，则信息写入数据库，如果写入数据成功转入成功页面，如图 12.8 所示，否则转入出错页面；若选择“修改”，则返回注册页面修改信息。通过该例子可以体验到利用 Struts 框架带来的好处，利用 Struts 能够快速地搭建开发模型，提供灵活、稳健的开发方法。

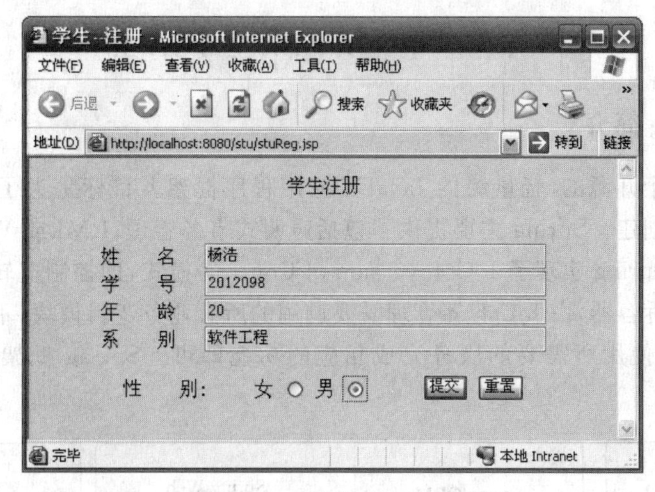


图 12.6 学生信息注册页面

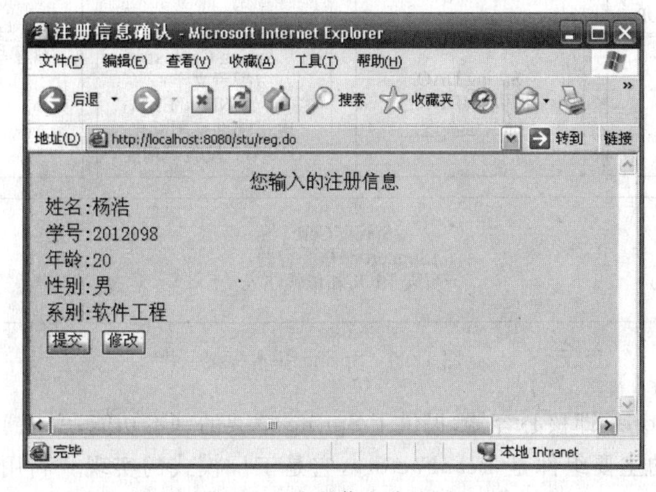


图 12.7 注册信息确认页面

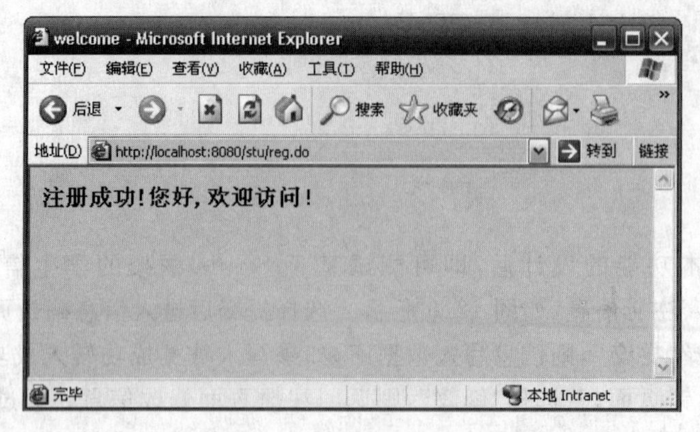

图 12.8 信息注册成功页面

## 12.2 Spring 框架基本原理

### 12.2.1 Spring 简介

Spring 是一个开源的、轻量级的 JavaEE 应用程序框架。目标是为了解决企业应用程序开发复杂性而创建。Spring 主要提供了包括声明式事务管理,RMI 或 Web Services 远程访问业务逻辑。Spring 实现了 IoC(Inversion of Control)模式,即控制反转。在需要业务逻辑组件服务时告诉容器,由 IoC 容器管理需要调用的所有业务逻辑模块,不用自己直接实例化对象,程序直接使用所需要的服务完成相应的功能即可。Spring 框架的基本结构如图 12.9 所示。

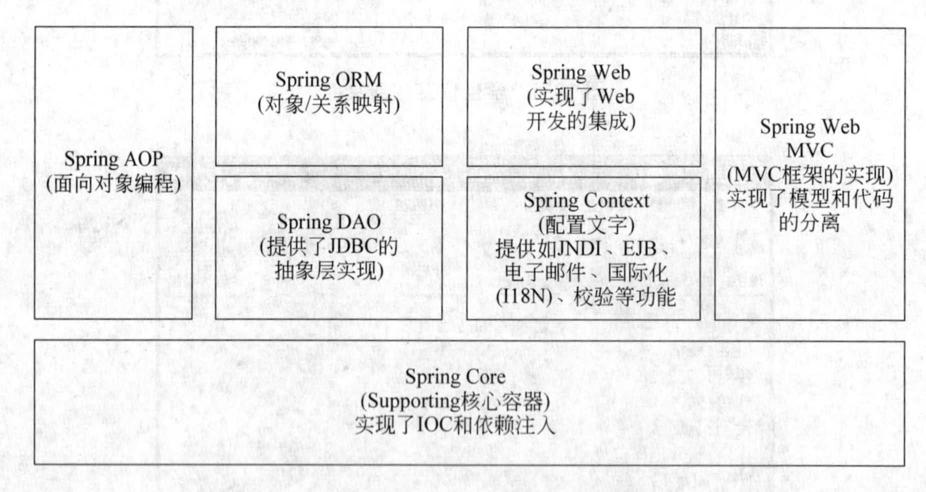

图 12.9 Spring 基本框架

(1) Spring Core:即核心容器,提供了 Spring 框架的基本功能,实现了 IoC 和依赖注入特性。核心容器的主要组件是 BeanFactory,它是工厂模式的实现。利用 IoC 可以将应用程序的配置和依赖性规范与实际的应用程序代码分开。

(2) Spring Context:该模块是一个配置文件,可以提供如 JNDI、EJB、电子邮件、国际化(I18N)、校验和调度等功能。

(3) Spring AOP：即面向对象编程，该模块直接将面向方面的编程功能集成到了Spring 框架中。通过使用面向对象编程，不用依赖 EJB 组件，就可以将声明性事务管理集成到应用程序中，减弱代码的功能耦合。

(4) Spring DAO：提供了 JDBC 的抽象层，消除冗长的 JDBC 编码和解析数据库厂商特有的错误代码。通过声明性事务管理方法，不仅实现了特定接口，而且对所有的 POJOs (plain old Java objects)都适用。

(5) Spring ORM：提供了常用的“对象/关系”映射。其中包括 JPA、JDO、Hibernate 和 iBatis。

(6) Spring Web：该模块提供了基础的针对 Web 开发的集成特性，并且支持与 Struts 的集成。Web 模块还简化了处理多部分请求以及将请求参数绑定到域对象的工作。

(7) Spring Web MVC：提供了 Web 应用的 MVC 实现，同时实现了模型代码和 Web form 之间的清晰分离。

### 12.2.2 Spring 简单应用

Spring 的依赖注入，就是先定义组件的接口，然后独立开发组件，最后根据组件间的依赖关系组装运行的开发方式。下面创建一个基于 Spring 框架的项目，用于从文件中读取字符输出。

(1) 定义一个接口，代码见例 12.12。

**例 12.12** HelloDao.java 接口的定义。

```
package com.dal;

public interface HelloDAO {
    public String getContent();
}
```

(2) 实现该接口，从属性文件中读取字符串，代码见例 12.13。

**例 12.13** HelloDao.java 接口的实现类。

```
package com.dal;

import java.io.IOException;
import java.io.InputStream;
import java.util.Properties;

public class HelloDAOImpl implements HelloDAO {

    private String fileName;

    public HelloDAOImpl(String fileName) {
        this.fileName=fileName;
    }
```

```
    public String getContent() {
        String hello=null;

        try {
            //从属性文件中读取字符串,赋值给 hello 变量
            Properties p=new Properties();
            InputStream is=HelloDAOImpl.class.getResourceAsStream(fileName);
            p.load(is);
            is.close();
            hello=p.getProperty("hello");
        } catch (IOException e) {
            e.printStackTrace();
        }
        return hello;
    }
}
```

(3) 实现业务封装,详细代码见例 12.14。

**例 12.14** 业务封装的实现。

```
package com.service;

import com.dal.HelloDAO;

public class HelloManager {
    private HelloDAO helloDAO;

    public HelloManager(HelloDAO dao) {
        helloDAO=dao;
    }

    public HelloDAO getHelloDAO() {
        return helloDAO;
    }

    public void setHelloDAO(HelloDAO dao) {
        this.helloDAO=dao;
    }

    public String getContent() {
        String hello=helloDAO.getContent().toUpperCase();
        return hello;
    }
}
```

(4) 添加 Spring 支持。和添加 Struts 支持一样，右击项目，从弹出的快捷菜单中选择 MyEclipse|Add Spring Capablities 命令，如图 12.10 所示。

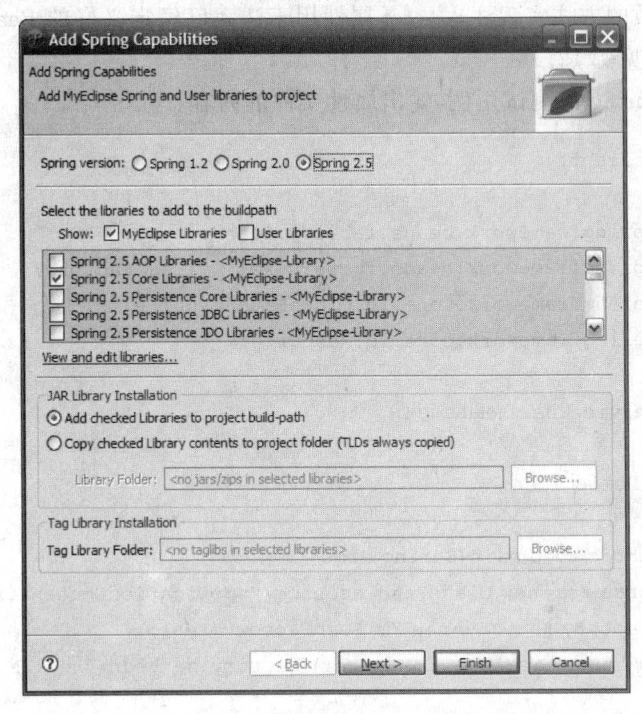


图 12.10 给项目添加 Spring 支持

添加完成后，在 src 的目录下就会创建 applicationContect.xml，即 Spring 的配置文件。经过配制后的 applicationContect.xml 详细代码见例 12.15。

**例 12.15** Spring 的配置文件 applicationContect.xml。

```
<?xml version="1.0" encoding="UTF-8"?>
<beans xmlns="http://www.springframework.org/schema/beans"
    xmlns:xsi="http://www.w3.org/2001/XMLSchema-instance"
    xsi:schemaLocation="http://www.springframework.org/schema/beans
    http://www.springframework.org/schema/beans/spring-beans-2.5.xsd">
    <bean id="helloDAO" class="com.dal.HelloDAOImpl">
        <constructor-arg>
            <value>main.properties</value>
        </constructor-arg>
    </bean>

    <bean id="helloManager" class="com.service.HelloManager">
        <constructor-arg>
            <ref bean="helloDAO" />
        </constructor-arg>
    </bean>
</beans>
```

在 Spring 配置文件中，使用<bean>创建 Bean 的实例，id 属性表示 bean 实例的名称；class 属性表示定义的 bean 的类型。<constructor-arg>子标签，来指定构造函数的参数，表示通过构造函数的方式实现注入。ref 属性用于注入已经定义好的 Bean。下面编写一个类进行简单测试，见例 12.16。

**例 12.16** Spring 的测试用例，输出属性文件的内容。

```
package com.client;

import org.springframework.beans.factory.BeanFactory;
import org.springframework.beans.factory.xml.XmlBeanFactory;
import org.springframework.core.io.ClassPathResource;
import org.springframework.core.io.Resource;

import com.service.HelloManager;

public class HelloClient {

    public static void main(String args[]) {
        Resource res=new ClassPathResource("applicationContext.xml");
        BeanFactory factory=new XmlBeanFactory(res);
        HelloManager mgr=(HelloManager) factory.getBean("helloManager");

        String hello=mgr.getContent();
        System.out.println(hello);
    }
}
```

程序运行结果如图 12.11 所示。

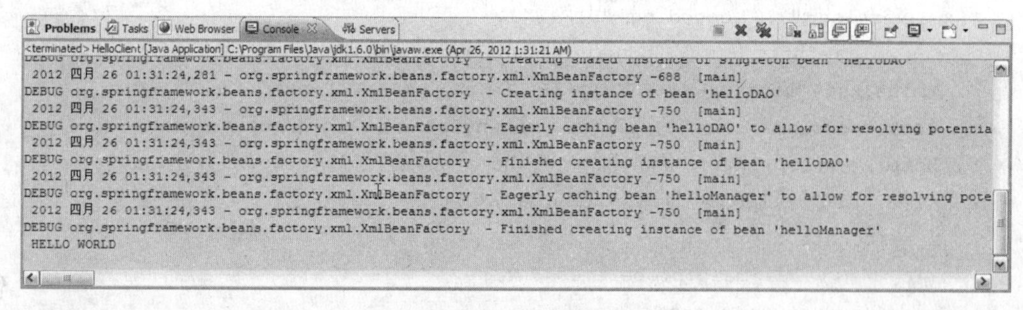


图 12.11　运行结果

# 12.3 Hibernate 基本原理

## 12.3.1 Hibernate 简介

Hibernate 是一个开放源代码的对象关系映射框架，它实现了 JDBC 的轻量级的对象封装,Java 程序员可以随心所欲地使用对象编程思维来操纵数据库。Hibernate 是一个优秀的 Java 持久化层解决方案,较好地实现了 ORM(Object-Relational Mapping)框架。利用 ORM 框架可以实现 Java 对象和关系数据库之间的映射,把 SQL 语句传给数据库,并且把数据库返回的结果封装成对象。内部封装了 JDBC 访问数据库的操作,向上层应用提供了面向对象的数据库访问 API。另外 Hibernate 可以在应用 EJB 的 J2EE 架构中取代 CMP (Container Managed Persistence),完成数据持久化的重任。典型的 Hibernate 框架结构如图 12.12 所示。

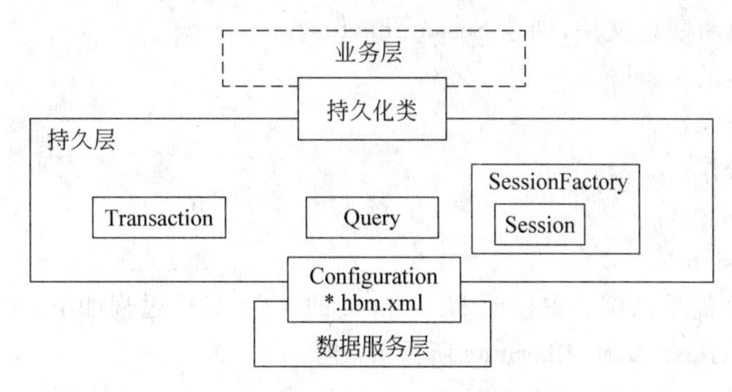


图 12.12　Hibernate 框架结构

下面对 Hibernate 对象进行简单介绍。

**1. SessionFactory (org.hibernate.SessionFactory)**

SessionFactory 主要功能是负责初始化 Hibernate,创建 Session 对象并充当数据存储源的代理,是线程安全的。由于 SessionFactory 是非轻量级的,所以通常一个项目只创建一个 SessionFactory。只是在操作多个数据库时才为每个数据库指定一个 SessionFactory。

**2. Session (org.hibernate.Session)**

Session 负责应用程序与持久储存层之间交互操作,此对象生存期很短,是非线程安全的。利用 Session 可以实现 JDBC 连接的隐藏,是 Transaction 的工厂。Hibernate 中的 Session 不同于 JSP 中的 HttpSession。

**3. Query**

Query 主要负责执行各种数据库查询。

**4. Transaction**

Transaction 对象是可选的,该对象是单线程的,生命周期很短。它实现了应用和底层具体的 JDBC、JTA 以及 CORBA 事务的分离。一个 Session 可能包含多个 Transaction 对象。在使用底层的 API 或者 Transaction 对象,需要实现事务边界的开启与关闭。

**5. Configuration**

Configuration 主要任务是负责配置并启动 Hibernate,并创建 SessionFactory 对象。当 Hibernate 启动时,Configuration 类的实例首先定位映射文档位置、读取配置,然后创建 SessionFactory。

### 12.3.2　Hibernate 简单应用

使用 Hibernate 可以封装 JDBC 访问数据库的代码,简化数据操作。一般来说在项目中使用 Hibernate 需要以下几个步骤。

(1) 在项目文件中加入 Hibernate 所需要的 jar 包;

(2) 在项目中添加 Hibernate 的配置文件,默认名称为 hibernate. cfg. xml,并完成相应的配置;

(3) 完成映射文件的配置。

Hibernate 在项目中执行持久化操作的运行过程如下:

(1) 读取并解析 Hibernate 的配置文件。

(2) 读取并解析映射文件,创建 SessionFactory。

(3) 打开对应的 session。

(4) 开始事务操作。

(5) 持久化操作。

(6) 提交事务。

(7) 关闭 session。

下面通过一个简单的例子来说明 Hibernate 的使用,具体过程如下。

**1. 通过 MyEclipse 添加 Hibernate 所需 jar 包。**

为本章第 1 节中的项目 stu 添加 Hibernate 所需 jar 包。在 MyEclipse 中添加 jar 包的过程和添加 Struts、Spring 中一样,如图 12.13 所示。

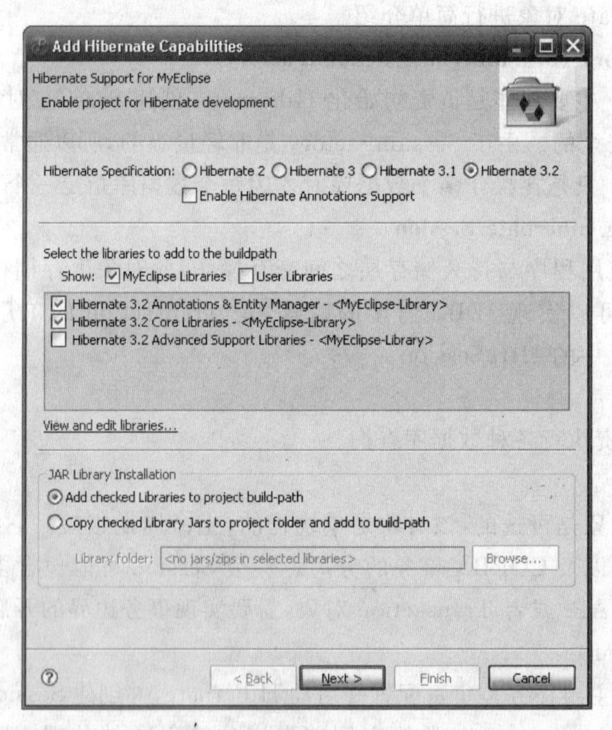


图 12.13 添加 Hibernate 支持

**2. 修改 Hibernate 的配置文件 hibernate. cfg. xml**

打开 Hibernate 的配置文件 hibernate. cfg. xml,如图 12.14 所示。

先配置数据库连接,选择使用 JDBC 连接。单击 DB Driver 边上的 New 按钮,会弹出新

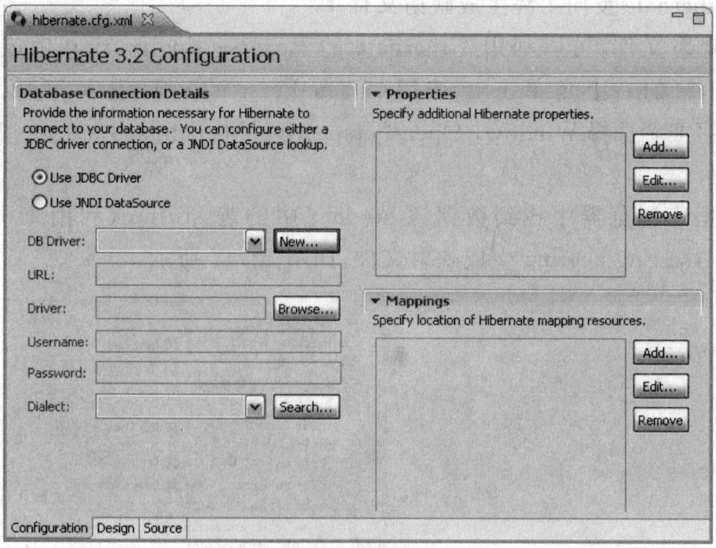

hibernate.cfg.xml

Hibernate 3.2 Configuration

Database Connection Details
Provide the information necessary for Hibernate to connect to your database. You can configure either a JDBC driver connection, or a JNDI DataSource lookup.

Use JDBC Driver
Use JNDI DataSource

DB Driver: New...
URL:
Driver: Browse...
Username:
Password:
Dialect: Search...

Properties
Specify additional Hibernate properties.
Add... Edit... Remove

Mappings
Specify location of Hibernate mapping resources.
Add... Edit... Remove

Configuration Design Source

图 12.14　Hibernate 的配置文件 hibernate.cfg.xml

的窗口，如图 12.15 所示。

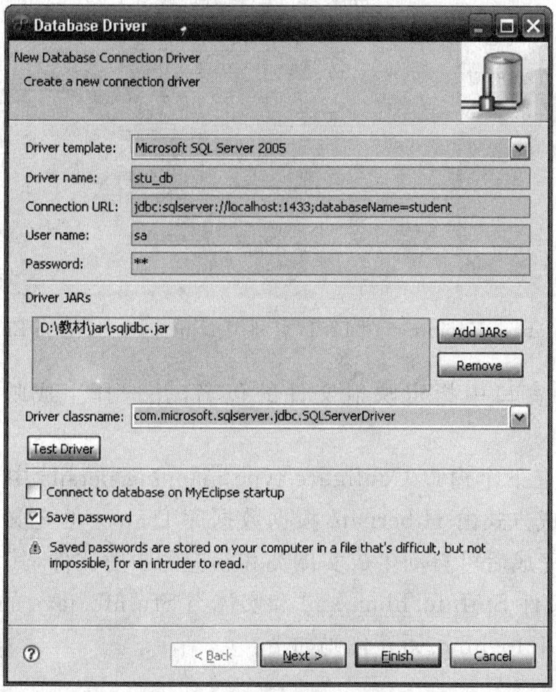

Database Driver

New Database Connection Driver
Create a new connection driver

Driver template: Microsoft SQL Server 2005
Driver name: stu_db
Connection URL: jdbc:sqlserver://localhost:1433;databaseName=student
User name: sa
Password: **
Driver JARs
D:\教材\jar\sqljdbc.jar
Add JARs
Remove
Driver classname: com.microsoft.sqlserver.jdbc.SQLServerDriver
Test Driver
Connect to database on MyEclipse startup
Save password
Saved passwords are stored on your computer in a file that's difficult, but not impossible, for an intruder to read.

< Back　Next >　Finish　Cancel

图 12.15　配置数据库连接

在图 12.15 中填写相应的内容即可完成数据库的连接配置。完成数据库连接之后还可以配置图 12.14 中的 Properties，例如添加 show_sql 参数为 true。这样执行的 SQL 语句将同时会在控制台输出。

### 3. 利用 Hibernate 反向工程生成映射文件

为了配置映射文件，可以利用 Hibernate 的 Reverse Engineering 生成映射文件。在 MyEclipse 工作区的右上角单击按钮（Open Perspective），进入 MyEclipse Database Explore 透视图（或者选择 Window| Open Perspective|MyEclipse Database Explore 命令），如图 12.16 所示。

接下来数据库浏览器中找到数据源 student 中的表 stuInfo，利用 Hibernate 提供的 Hibernate Reverse Engineering 生成映射文件，如图 12.17 所示。

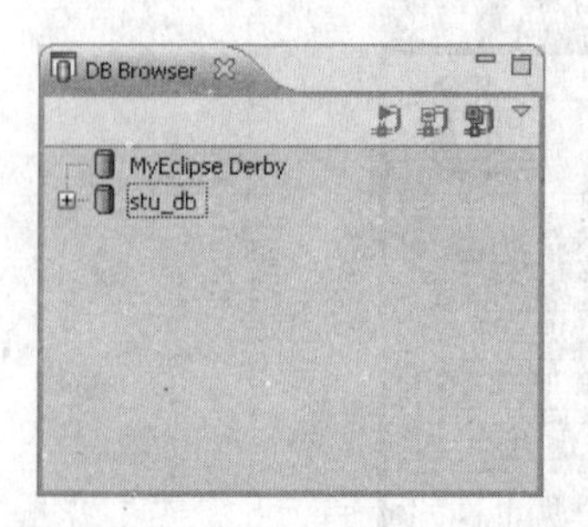


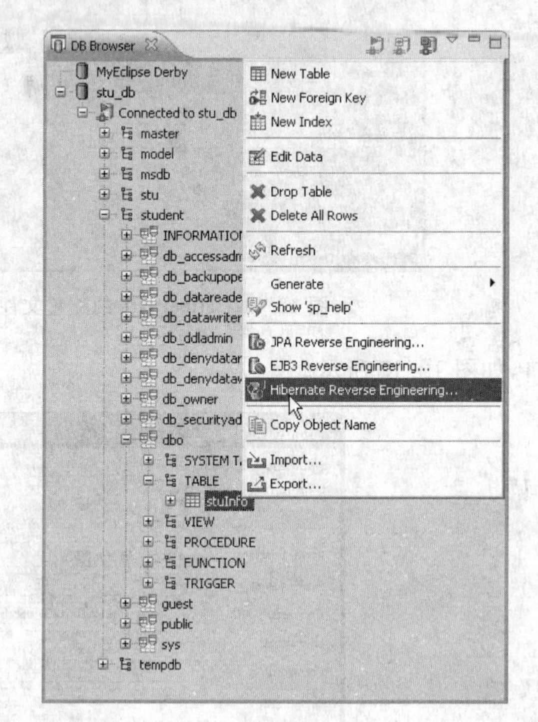


图 12.16 MyEclipse Database Explore　图 12.17 利用 Hibernate Reverse Engineering 生成映射文件

接下来在弹出的窗口中指定映射文件的包名，并选择生成映射文件和实体类，如图 12.18 所示。

单击 Next 按钮，在下个窗口 Configure type mapping details 中，Id Generator 项选择 native（表示主键的生成方式由 Hibernate 根据数据库 Dialect 的定义来决定），其余复选框可不选（关联映射）。完成后可自动生成实体类和相应的映射文件，其详细代码见例 12.17。

**例 12.17** 映射文件 StuInfo. hbm. xml 和实体类 StuInfo. java 的详细代码。

（1）映射文件 StuInfo. hbm. xml 代码如下：

```
<?xml version="1.0" encoding="utf-8"?>
<!DOCTYPE hibernate-mapping PUBLIC "-//Hibernate/Hibernate Mapping DTD 3.0//EN"
"http://hibernate.sourceforge.net/hibernate-mapping-3.0.dtd">
<!--
    Mapping file autogenerated by MyEclipse Persistence Tools
-->
<hibernate-mapping>
```

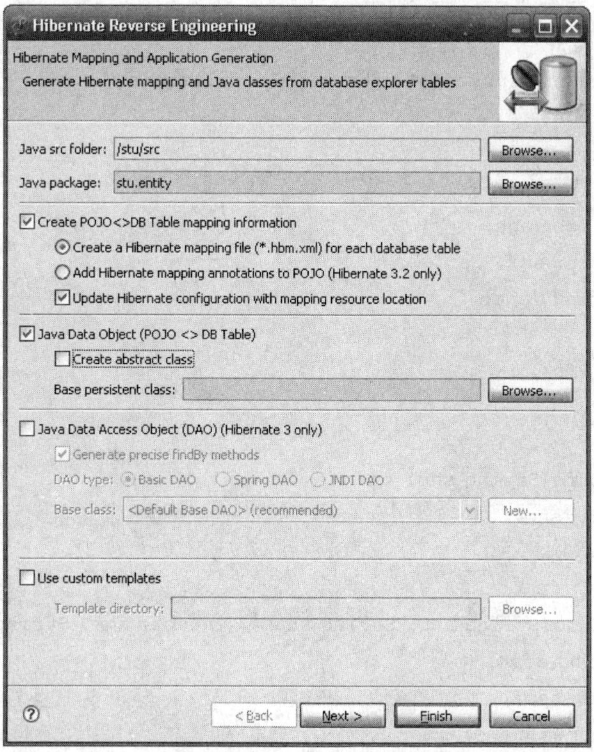

图 12.18　配置并生成映射文件

```
    <class name="stu.hiber.StuInfo" table="stuInfo" schema="dbo"
        catalog="student">
        <id name="sno" type="java.lang.String">
            <column name="sno" length="50" />
            <generator class="native" />
        </id>
        <property name="sname" type="java.lang.String">
            <column name="sname" length="50" />
        </property>
        <property name="age" type="java.lang.Integer">
            <column name="age" />
        </property>
        <property name="sex" type="java.lang.String">
            <column name="sex" length="2" />
        </property>
        <property name="dept" type="java.lang.String">
            <column name="dept" length="50" />
        </property>
    </class>
</hibernate-mapping>
```

(2) 实体类 StuInfo.java 代码如下：

```
package stu.hiber;

public class StuInfo implements java.io.Serializable {
    private Integer id;
    private String sno;
    private String sname;
    private Integer age;
    private String sex;
    private String dept;

    public StuInfo() {
    }

    public StuInfo(String sno) {
        this.sno=sno;
    }

    public StuInfo(String sno, String sname, Integer age, String sex,
            String dept) {
        this.sno=sno;
        this.sname=sname;
        this.age=age;
        this.sex=sex;
        this.dept=dept;
    }

    public Integer getId() {
        return this.id;
    }

    public void setId(Integer id) {
        this.id=id;
    }

    public String getSno() {
        return this.sno;
    }

    public void setSno(String sno) {
        this.sno=sno;
    }

    public String getSname() {
        return this.sname;
    }
```

```java
    public void setSname(String sname) {
        this.sname=sname;
    }

    public Integer getAge() {
        return this.age;
    }

    public void setAge(Integer age) {
        this.age=age;
    }

    public String getSex() {
        return this.sex;
    }

    public void setSex(String sex) {
        this.sex=sex;
    }

    public String getDept() {
        return this.dept;
    }

    public void setDept(String dept) {
        this.dept=dept;
    }
}
```

本例中的实体类和之前编写的实体类 Student.java 相比，添加了默认构造方法并实现了 implements java.io.Serializable 的接口。因此为了使用之前的实体类 Student.java，只需在 Student.java 中添加默认构造方法并实现 implements java.io.Serializable 接口并修改 StuInfo.hbm.xml。下面的工作就是利用 Hibernate 重新实现 StuDao 的接口。为了实现封装，编写一个类实现持久化操作，详细代码见例 12.18。

**例 12.18** 持久化操作的实现类。

```java
package stu.dao;

import org.hibernate.Session;
import org.hibernate.Transaction;

import stu.bean.HibernateSessionFactory;

public class BaseHibernateDao {
```

```
        protected Session getSession() {
            return HibernateSessionFactory.getSession();
        }

        protected void insert(Object stu) {
            Transaction tx=null;
            Session session=HibernateSessionFactory.getSession();
            try {
                tx=session.beginTransaction();
                session.save(stu);
                tx.commit();
                session.close();
            } catch (Exception e) {
                tx.rollback();
                e.printStackTrace();
            }
        }
    }
```

由于使用 Hibernate 实现了持久化操作，之前的 StuDao 接口实现类需要重写，详细代码见例 12.19。

**例 12.19** 重写 StuDao 接口的实现类。

```
package stu.impl;

import stu.dao.BaseHibernateDao;
import stu.dao.StuDao;
import stu.entity.Student;

public class StuHibDaoImpl extends BaseHibernateDao implements StuDao{
public void insert(Student stu){
    super.insert(stu);

}
}
```

通过使用 Hibernate 实现了对象的持久化，接口实现类的代码非常简洁，提高了编程的效率，同时也极大地降低了维护的难度。

## 12.4 Struts、Spring 和 Hibernate 的集成

软件的多层体系结构系统一般分为：表现层、业务逻辑层和数据访问层。通过三层架构模式可以通过层之间的责任划分，保证软件有较好的可维护性和扩展性。一般来说，使用 Struts 作为表现层的框架，由 Spring 实现业务逻辑层，数据访问层则采用 Hibernate 框架。通过 SSH 的整合提供了一个可靠的 Web 应用程序开发框架。Struts 是一个优秀的 MVC

设计模式，适用于表示层。Spring 框架提供声明性事务管理和资源管理，用于业务逻辑层去管理业务对象，并且能与 Hibernate 很好的结合。Hibernate 较好地实现了数据的访问，提供了有力的 O/R 映射支持。

### 12.4.1 Spring 与 Hibernate 的整合

利用 Spring 对 Hibernate 的支持重新配置数据源，项目添加 Spring 支持之后就会生成相应的配置文件，可以使用其 LocalSessionFactoryBean 给出 Hibernate 的配置文件，代码见例 12.20。

**例 12.20** Spring 的配置文件。

```
<?xml version="1.0" encoding="UTF-8"?>
<beans xmlns="http://www.springframework.org/schema/beans"
    xmlns:xsi="http://www.w3.org/2001/XMLSchema-instance"
    xsi:schemaLocation="http://www.springframework.org/schema/beans
http://www.springframework.org/schema/beans/spring-beans-2.5.xsd">


    <bean id="sessionFactory"
        class="org.springframework.orm.hibernate3.LocalSessionFactoryBean">
        <property name="configLocation"
            value="classpath:hibernate.cfg.xml">
        </property>
    </bean>
</beans>
```

下面就可以继承 org. springframework. orm. hibernate3. support，重新实现 StuDao 接口。详细代码见例 12.21。

**例 12.21** 利用 HibernateDaoSupport 重新实现 StuDao。

StuDao. java 代码如下：

```
package stu.dao;

import stu.entity.Student;

public interface StuDao {
public void insert(Student stu);
    }
    StuHibDaoImpl.java
package stu.impl;

import org.springframework.orm.hibernate3.support.HibernateDaoSupport;

import stu.dao.StuDao;
import stu.entity.Student;
```

```java
public class StuHibDaoImpl extends HibernateDaoSupport implements StuDao {
    public void insert(Student stu) {
        super.getHibernateTemplate().save(stu);
    }
}
```

由于要和数据源集成，因此需修改例 12.20 中的配置文件 applicationContext. xml，详细代码见例 12.22。

**例 12.22** 修改 Spring 的配置文件并定义 sessionFactory。

```xml
<?xml version="1.0" encoding="UTF-8"?>
<beans xmlns="http://www.springframework.org/schema/beans"
    xmlns:xsi="http://www.w3.org/2001/XMLSchema-instance"
    xsi:schemaLocation="http://www.springframework.org/schema/beans
    http://www.springframework.org/schema/beans/spring-beans-2.5.xsd">
    <bean id="dataSource"
        class="org.springframework.jdbc.datasource.DriverManagerDataSource">
        <property name="driverClassName">
            <value>com.microsoft.sqlserver.jdbc.SQLServerDriver</value>
        </property>
        <property name="url">
            <value>
                jdbc:sqlserver://localhost:1433;DatabaseName=student
            </value>
        </property>
        <property name="username">
            <value>sa</value>
        </property>
        <property name="password">
            <value>11</value>
        </property>
    </bean>

    <!--Choose the dialect that matches your "dataSource" definition -->
    <bean id="sessionFactory"
        class="org.springframework.orm.hibernate3.LocalSessionFactoryBean">
        <property name="dataSource">
            <ref bean="dataSource" />
        </property>
        <property name="mappingResources">
            <list>
                <value>stu/hiber/StuInfo.hbm.xml</value>

            </list>
        </property>
```

```
        <property name="hibernateProperties">
            <props>
                <prop key="hibernate.dialect">
                    org.hibernate.dialect.SQLServerDialect
                </prop>
                <prop key="hibernate.show_sql">true</prop>
            </props>
        </property>
    </bean>
</beans>
```

### 12.4.2 Spring 与 Struts 的整合

通过 Spring 的 ContextLoadPlugIn 可以实现和 Struts 的整合，具体步骤如下：

(1) 修改 Struts 的配置文件，指明 Spring 的配置文件的位置，因此需要在 struts-config. xml 中添加如下部分代码并修改 Action 类的 type 属性，见例 12.23。

**例 12.23** 修改 struts-config. xml 的配置文件。

```
<plug-in
    className="org.springframework.web.struts.ContextLoaderPlugIn">
        <set-property property="contextConfigLocation"
            value="/WEB-INF/applicationContext.xml"/>
    </plug-in>
```

修改 Action 类的 type 属性：

```
type="org.springframework.web.struts.Delegating-ActionProxy"
```

(2) 在 Spring 中依次配置 DataSource、SessionFactory、DAO、Service、Action。

这样由 Struts 搭建基本的 MVC 框架，Hibernate 实现持久化，Spring 管理依赖。SSH 架构实现了 Web 系统的完美开发。

# 参 考 文 献

[1] Bruce Eckel 著. Java 编程思想(第二版). 侯捷译. 北京：机械工业出版社，2002.

[2] 北京阿博泰克北大青鸟信息技术有限公司. 开发基于 JSP/Servlet/JavaBean 的网上交易系统. 北京：科学技术文献出版社，2008.

[3] 赵文靖. Java 程序设计基础与上机指导. 北京：清华大学出版社，2006.

[4] 林上杰，林康司. JSP 2.0 技术手册. 北京：电子工业出版社，2004.

[5] 丁跃潮. Web 编程技术——JSP、XML 和 J2EE. 北京：科学出版社，2008.

[6] Struts 2.0 中文帮助手册. http://www.blogjava.net/max/category/16130.html.

[7] Spring Framework 开发参考手册. http://www.sf.net/projects/springframework.

[8] Hibernate 技术手册. http://www.hibernate.org/SupportTraining.

[9] James Cohoon，Jack Davidson. Java 程序设计. 黄晓彤，等译. 北京：清华大学出版社，2005.